ARITHMÉTIQUE

ÉLÉMENTAIRE

THÉORIQUE ET PRATIQUE

AVEC EXERCICES SIMPLES

ET PROBLÈMES EN GRAND NOMBRE

À L'USAGE DES ÉCOLES PRIMAIRES

Par C. P. F. J.

QUATRIÈME ÉDITION, CONSIDÉRABLEMENT AUGMENTÉE.

LIVRE DE L'ÉLÈVE.

POITIERS

HENRI OUDIN, LIBRAIRE-ÉDITEUR

RUE DE L'ÉPERON, 4.

1865

ARITHMÉTIQUE

ÉLÉMENTAIRE

THÉORIQUE ET PRATIQUE.

PROPRIÉTÉ.

Poitiers, typographie et stéréotypie de Henri Oudin.

ARITHMÉTIQUE

ÉLÉMENTAIRE

THÉORIQUE ET PRATIQUE

AVEC

EXERCICES SIMPLES ET PROBLÈMES EN GRAND NOMBRE

A L'USAGE DES ÉCOLES

DIRIGÉES

PAR LES FRÈRES DE SAINT-GABRIEL

PAR C. P. F. J.

QUATRIÈME ÉDITION, CONSIDÉRABLEMENT AUGMENTÉE.

———◆———

LIVRE DE L'ÉLÈVE.

———◆———

POITIERS

HENRI OUDIN, LIBRAIRE-ÉDITEUR

RUE DE L'ÉPERON, 4

1865

AVERTISSEMENT.

Intéressante jeunesse des écoles primaires, enfants et jeunes gens, à qui il est donné d'étudier sous un maître, nous voudrions porter jusqu'au fond de vos âmes la conviction la plus intime, que de l'intègre accomplissement de vos devoirs d'écoliers dépend en grande partie le bien-être de votre avenir. Aussi, sommes-nous heureux d'avoir à vous exhorter, au commencement de ce livre, à l'étudier avec zèle, ainsi que tous ceux dont le but est de vous donner quelque connaissance utile ; et ce qui nous meut, croyez-le bien, c'est le grand intérêt que nous vous portons ; car nous avons l'expérience que les connaissances qui vous seront données sur les bancs de l'école seront pour vous, dans la suite, d'une indispensable nécessité.

En vous exhortant à étudier avec zèle tous les livres qu'on vous met entre les mains, nous voulons vous faire comprendre qu'il est utile, avantageux, et même quelquefois nécessaire de posséder des connaissances variées ; mais, d'un autre côté, nous devons vous dire qu'il y a des sciences qui sont plus particulières à telle ou telle position sociale, et ces spécialités demandent une attention plus grande, des soins plus assidus, au risque de manquer le but qu'on se propose.

Nous ne pouvons développer ici ce sujet qu'en ce qui concerne l'arithmétique, la science du calcul ; et nous vous dirons tout d'abord, qu'elle doit être la spécialité de tous, qu'elle doit être la compagne de toutes les autres connaissances, car elle les corrobore toutes ; disons plus, elle peut se passer des autres; mais nulle ne peut se passer d'elle, et c'est ce que nous voulons vous prouver.

Voyons, cherchez bien, et montrez-nous une seule condition humaine qui n'ait des calculs à faire, des comptes à régler. Que deviendraient, sans le calcul, le propriétaire, l'industriel, le marchand, le cultivateur et l'ouvrier? Le ministre dans son cabinet, le général à la tête de ses phalanges, et le prince même sur son trône, n'en ont-ils pas tous les jours un impérieux besoin? Et, à quoi servirait-il aux uns aussi bien qu'aux autres, d'avoir les plus vastes connaissances d'ailleurs, si leur incapacité et leur insouciance en fait de comptabilité les laissaient exposés à devenir dupes de leurs subordonnés, ou de ceux avec qui ils sont en relations d'affaires? Non, cela ne peut être; savoir bien compter est un des premiers besoins de l'homme, quel qu'il soit.

Eh! qui pourrait énumérer les malheurs qui sont résultés d'une condamnable incurie sous ce rapport? et qui oserait soutenir qu'elle n'ait souvent été, et qu'elle ne soit encore tous les jours, pour plusieurs, une cause de ruine et de calamité?

Il demeure donc bien démontré que la science du calcul est nécessaire à tous?— Oui; et, comprenez-le bien, enfants, souvent plus nécessaire à l'homme du peuple, à l'homme de condition professionnelle qu'à tout autre; car, lui, il n'a personne sur qui il puisse se reposer pour ses intérêts. Et puis, dans bien des métiers, dans bien des industries, tout roule sur des combinaisons qui exigent une certaine habileté en mathématique.

Et le cultivateur, le paisible habitant de la campagne, dira-t-on qu'il peut s'en passer? — Impossible : parler ainsi ce serait proférer une absurdité, puisque chez lui tout repose sur de sages spéculations. Ne faut-il pas, en effet, qu'il suppute à l'avance ce que pourra lui produire le champ qu'il arrose de ses sueurs, et qu'il médite sérieusement sur les moyens à prendre pour vendre le plus avantageusement possible les produits divers de ses pénibles travaux?

Vous le voyez, enfants, jeunes gens, pour qui nous écrivons ces lignes, le calcul vous est indispensable; et nous vous disons même, qu'après la science qui conduit à Dieu, il n'en est point qui vous soit plus nécessaire. Elle vous est nécessaire pour vous-mêmes, pour le bon règlement de vos affaires ; mais aussi elle vous est nécessaire pour les autres, pour être justes et sans reproches dans vos rapports avec eux.

Nous vous disons donc encore une fois, chers lecteurs, étudiez, étudiez ce livre avec intérêt, zèle et persistance, puisqu'il renferme, ainsi que nous vous l'avons démontré, un trésor si précieux pour vous. Que les difficultés que vous y rencontrerez ne vous déconcertent jamais ; allez toujours en avant, car ce que vous ne comprenez pas pour le moment, vous le comprendrez aisément plus tard, à un second, à un troisième passage.

Il est pour tous, il est accessible à tous : nous espérons donc que tous y trouveront ce qui leur sera nécessaire, chacun selon sa condition.

Dieu vous soit en aide, chers enfants, et à celui qui vous aime en Dieu et pour Dieu.

ARITHMÉTIQUE

ÉLÉMENTAIRE.

PREMIÈRE PARTIE.

DÉFINITIONS PRÉLIMINAIRES.

1.—L'*Arithmétique* est la science des nombres.

2.—Le *calcul* est l'art de composer et de décomposer les nombres.

3.—On appelle *quantité* tout ce qui peut être augmenté ou diminué. Telles sont : la *valeur*, l'*étendue*, la *pesanteur*, etc.

4.—L'*unité* est une quantité que l'on adopte pour servir de terme de comparaison à d'autres quantités de même espèce. Ainsi, quand on dit : *cet objet pèse vingt kilogrammes*, l'unité est *un kilogramme*, parce que c'est à cette quantité que l'on compare le poids de l'objet en question.

5.—Le *nombre* exprime combien il y a d'unités ou de parties d'une unité dans une quantité. EXEMPLES : *quatre mètres, huit francs, six dixièmes de mètre*.

6.—Le nombre est *entier*, quand il contient l'unité une ou plusieurs fois exactement : *neuf, douze, trente* sont des nombres entiers.

1.—Qu'est-ce que l'Arithmétique ?
2.—Qu'est-ce que le calcul ?
3.—Qu'appelle-t-on quantité ?
4.—Qu'est-ce que l'unité ?
5.—Qu'est-ce que le nombre ?
6.—Qu'est-ce que le nombre entier ?

Le maître exigera que l'élève donne un exemple à l'appui de chaque réponse.

1

7. — Le nombre est *fractionnaire*, quand il contient des unités entières et des parties d'unité : *six et demi*, *sept mètres cinq centimètres* sont des nombres fractionnaires.

8. — Le nombre est dit *fraction*, quand il contient moins de parties qu'il n'en faut pour composer une unité : *quatre centièmes*, *un tiers*, sont des nombres fractions.

9. — On appelle *abstrait* le nombre qu'on énonce sans nommer aucune espèce d'unités : EXEMPLES : *neuf, vingt, trois unités, quinze centièmes*.

10. — On appelle *concret* le nombre qu'on énonce en nommant l'espèce des unités. EXEMPLES : *quarante francs, cent litres, vingt centimètres*.

11. — On nomme nombre *complexe* celui qui est composé d'unités entières et de subdivisions non décimales. EXEMPLES : *huit jours cinq heures ; sept degrés trente-cinq minutes*.

12. — Le nombre *incomplexe* est celui qui ne renferme qu'une seule espèce d'unités, comme : *quinze jours ; six degrés*.

NUMÉRATION DES NOMBRES ENTIERS.

13. — *La numération est l'art de former les nombres, de les représenter et de les énoncer.*

FORMATION DES NOMBRES, OU NUMÉRATION PARLÉE.

14. — On *forme* les nombres en ajoutant *un* à lui-même, ce qui donne le nombre *deux*. *Deux*, augmenté d'*un*, donne le nombre *trois* ; et, en continuant ainsi d'ajouter *un* au dernier nombre formé, on obtient les nombres

---

7.—Quand est-ce que le nombre est dit *fractionnaire* ?
8.—Quand est-il dit *fraction* ?
9.—Qu'appelle-t-on nombre abstrait ?
10.—Qu'appelle-t-on nombre concret ?
11.—Que nomme-t-on nombre complexe ?
12.—Qu'est-ce que le nombre incomplexe ?

13.—Qu'est-ce que la numération ?
14.—Comment forme-t-on les nombres ?

quatre, cinq, six, sept, huit, neuf. Ces neuf premiers nombres sont appelés *unités simples,* ou *unités du premier ordre.*

15.—1° En ajoutant *un* à *neuf,* on obtient le nombre *dix,* qu'on appelle encore *dizaine,* ou *unités du deuxième ordre.* —2° On compte par dizaines comme par unités simples, et l'on dit : *une dizaine* ou *dix, deux dizaines* ou *vingt, trois dizaines* ou *trente, quatre dizaines* ou *quarante, cinq dizaines* ou *cinquante, six dizaines* ou *soixante, sept dizaines* ou *soixante-dix, huit dizaines* ou *quatre-vingt, neuf dizaines* ou *quatre-vingt-dix.* — 3° On forme les nombres compris entre deux dizaines consécutives, en joignant au nom de chacune les noms des neuf unités simples ; mais, par exception, on dit : *onze, douze, treize, quatorze, quinze, seize,* au lieu de : *dix-un, dix-deux, dix-trois, dix-quatre, dix-cinq, dix-six.* Puis, revenant à la règle, on dit : *dix-sept, dix-huit, dix-neuf, vingt, vingt-un, vingt-deux,... trente-un..., quarante-un... cinquante-un..., soixante-un..., soixante-onze..., quatre-vingt-un..., quatre-vingt-onze.*

16.—1° On parvient de la sorte au nombre *quatre-vingt-dix-neuf,* qui, augmenté d'*un,* donne le nombre appelé *cent* ou *centaine :* c'est l'unité du troisième ordre.—2° On compte par centaines comme par unités et par dizaines, et l'on dit *une centaine* ou *cent, deux centaines* ou *deux cents...* — 3° Puis pour passer d'une centaine à une autre, on insère les quatre-vingt-dix-neuf unités entre deux centaines consécutives, de sorte que neuf cent quatre-vingt-dix-neuf plus *un* donne le nombre *mille* ou unité de quatrième ordre. — 4° Le cinquième, le sixième... ordre se forment d'une manière analogue.

5° Et de même que dix fois *un* font *dix,* ainsi

---

15. —1° Comment forme-t-on le nombre *dix,* et comment appelle-t-on ce nombre ?

2° Comment compte-t-on par dizaines ?

3° Comment forme-t-on les nombres compris entre deux dizaines consécutives ?

16.— 1° Comment forme-t-on le nombre *cent,* et quelles sont les autres noms qu'on donne à ce nombre ?

2° Comment compte-t-on par centaines ?

3° Comment passe-t-on d'une centaine à une autre ?

4° Comment se forment le cinquième, le sixième... ordre ?

5° Combien font 10 fois 10 ? — 10 fois 100 ? — 10 fois 1000 ? —etc.

dix fois dix font *cent* ; dix fois cent, *mille* ; dix fois mille, *dix mille* ; dix fois dix mille, *cent mille* ; et dix fois cent mille, *un million*... Donc les différents ordres d'un nombre sont de dix en dix fois plus grands les uns que les autres.

17. — Trois ordres consécutifs pris ensemble, à partir des unités, forment une classe. Ainsi *les unités, les dizaines* et *les centaines* forment la 1re classe, dite classe des UNITÉS ; *les mille, les dizaines* et *les centaines de mille* forment la 2e classe, dite classe des MILLE ; *les millions, les dizaines* et *centaines de millions*, forment la 3e, dite classe des MILLIONS... — D'où il suit que mille fois un font *mille* ; mille fois mille, *un million*; mille fois un million, un *milliard* ou *un billion*; mille fois un billion, *un trillon*.... Donc les différentes classes d'un nombre sont de mille en mille fois plus fortes les unes que les autres.

REPRÉSENTATION DES NOMBRES, OU NUMÉRATION ÉCRITE.

18. — On représente tous les nombres possibles au moyen de dix chiffres, dont les neuf premiers prennent les noms des neuf unités simples. Ces chiffres sont :

1, 2, 3, 4, 5, 6, 7, 8, 9, 0.
Un, deux, trois, quatre, cinq, six, sept, huit, neuf, zéro.

19. — Pour représenter les nombres plus grands que neuf unités, on est convenu que le premier chiffre à droite représenterait les *unités simples* ; le deuxième, *les dizaines*; le troisième, *les centaines* ; le quatrième, *les mille* ; etc. Dans 4444, le premier chiffre à *droite* représente 4 *unités* ; le deuxième, 4 *dizaines*; le troisième, 4 *centaines*; et le quatrième, 4 *mille*.

20. — 1° Il suit de là que les neuf premiers chiffres, appelés

---

17. — Combien faut-il prendre d'ordres consécutifs, en commençant par les unités simples, pour former une classe? — Exemple. Que résulte-t-il de cette classification?

18. — De quels caractères se sert-on pour représenter les nombres? Nommez ces chiffres.
19. — De quoi est-on convenu pour représenter les nombres plus grands que 9? — Que vaut chacun des chiffres du nombre 4444?
20 — 1° Que résulte-t-il de ce que vous venez de dire?

significatifs, ont une valeur absolue et une valeur relative. — 2° La valeur absolue d'un chiffre est celle qu'il a par lui-même, étant considéré seul ; — 3° sa valeur relative est celle que lui donne le rang qu'il occupe dans un nombre. *Dans 99, la valeur absolue de chacun des chiffres est 9 unités ; mais la valeur relative du deuxième, à gauche, est 9 dizaines.*

21. — Le zéro n'a par lui-même nulle valeur, mais il augmente ou diminue la valeur des autres chiffres, en tenant, dans un nombre, la place des ordres qui peuvent y manquer. *Dans 10 (dix), le zéro donne au chiffre 1 une valeur dix fois plus grande, en tenant la place des unités. Dans 100 (cent), les deux zéros donnent au chiffre 1 une valeur cent fois plus grande, en tenant la place des dizaines et des unités* [1].

22. — Il suit de là que, 1° pour rendre un nombre entier dix fois, cent fois, mille fois... plus grand, il suffit d'écrire sur sa droite un zéro pour dix, deux pour cent, trois pour mille, etc. ; et que, — 2° pour rendre un nombre dix fois, cent fois, mille fois... plus petit, il suffit de supprimer sur sa droite un zéro pour dix, deux pour cent, trois pour mille, etc. *Ainsi, pour rendre dix fois plus grand le nombre 26, écrivez 260.*

Le nombre 260 est bien dix fois plus grand que 26, puisque les 6 unités sont, par l'addition du zéro, devenues 6 dizaines, et les 2 dizaines, 2 centaines. Chaque chiffre ayant acquis une valeur dix fois p'us grande, le nombre tout entier est devenu dix fois plus grand. Par un raisonnement analogue, on démontrera qu'en supprimant 2 zéros sur la droite de 2500, ce nombre deviendra cent fois plus petit.

[1] Zéro placé sur la gauche d'un nombre entier n'en change pas la valeur : ainsi, 07 ne vaut que 7 et 009 ne vaut que 9.

2° Qu'est-ce que la valeur absolue d'un chiffre ?
3° Qu'est-ce que sa valeur relative ? Exemples :
21. — Quelle est la valeur du zéro, et à quoi sert-il ?
22. — Que suffit-il de faire : — 1° Pour rendre un nombre entier dix fois, cent fois, mille fois... plus fort ? — 2° Pour rendre un nombre entier dix fois, cent fois, mille fois... plus faible ?

ÉNONCÉ DES NOMBRES.

23.—*Pour énoncer un nombre composé de deux chiffres, on énonce d'abord les* dizaines, *puis les* unités. *Ainsi* 99 *s'énonce* quatre-vingt-dix-neuf.

24.—*Pour énoncer un nombre composé de trois chiffres, on énonce d'abord les* centaines, *puis les* dizaines, *puis les* unités. *Ainsi* 325 *s'énonce* trois cent vingt-cinq.

25.—*Quant aux nombres qui contiennent des ordres supérieurs ou troisième, on les partage en tranches de trois chiffres, en partant de la droite; puis on énonce successivement les* centaines, *les* dizaines *et les* unités *de chacune de ces tranches, en commençant par la dernière à gauche, qui souvent n'a que deux ou même qu'un chiffre. On prononce également le nom des tranches, immédiatement après avoir énoncé les unités de chacune* (17).

Tableau des différentes tranches ou classes d'un Nombre.

MISE EN PRATIQUE DE CE QUI EST DIT N° 17.

5. CLASSE des trillions.	4. CLASSE des billions.	3. CLASSE des millions.	2. CLASSE des mille.	1. CLASSE des unités simples
Trillions	billions	millions	mille	unités
5 1 7	1 7 2	7 6 3	4 9 8	9 4 5

Ainsi pour énoncer le nombre représenté dans ce tableau, commencez par la 5e classe, et dites : *cinq cent dix-sept* trillions, *cent soixante-douze* billions, *sept cent soixante-trois* millions, *quatre cent quatre-vingt-dix-huit* mille, *neuf cent quarante-cinq* unités.

26.—*On n'énonce pas les classes qui ne contiennent que des zéros.* Pour énoncer le nombre 4 000 907, je le partage ainsi : 4 000 907, puis je dis *quatre* millions *neuf cent sept* unités.

23.—Comment énonce-t-on, ou nombre-t-on le nombre qui n'est composé que de 2 chiffres ?

24.—Comment, celui qui est composé de 3 chiffres ?

25.—Comment nombre-t-on celui qui est composé de plus de 3 chiffres ?

26.—Énonce-t-on les classes qui ne contiennent que des 0 ?

ÉCRIRE LES NOMBRES SOUS LA DICTÉE.

27.—*Pour écrire en chiffres un nombre sous la dictée,* **on** *écrit d'abord la première tranche qu'on entend prononcer, puis la deuxième à droite de la première, la troisième à droite de la deuxième, ainsi de suite jusqu'à la dernière.* Pour écrire cent vingt-deux mille deux cent quarante-cinq, écrivez d'abord 122, puis 245, ou 122 245.

28.—*Il faut remplacer par des zéros les ordres qui peuvent manquer dans le nombre à écrire.* Dans 305, l'ordre des dizaines est représenté par un zéro; dans 5 008, les centaines et les dizaines le sont par deux zéros; dans 7 000, la classe des unités l'est par trois zéros (21).

29. —Le système de numération, tel qu'il vient d'être exposé, se nomme système *décimal*, parce qu'on y emploie *dix* chiffres, et que les divers ordres y sont de dix en dix fois plus grands ou plus petits les uns que les autres.

30. —Tableau de Numération représentant les degrés des principaux ordres.

Première classe ou classe des unités, de un à mille.			
1er ordre...	Unités........	1	2	3 etc.
2e ordre...	Dizaines......	10	20	30, etc.
3e ordre...	Centaines.....	100	200	300, etc.

Deuxième classe ou classe des mille, de mille à un million.			
4e ordre...	Unités de.....	1.000	2.000	3.000, etc.
5e ordre...	Dizaines de...	10.000	20.000	30.000, etc.
6e ordre...	Centaines de..	100.000	200.000	300.000, etc.

Troisième classe ou classe des millions, de un million à un billion.			
7e ordre...	Unités de.....	1.000.000	2.000.000	3.000.000, etc.
8e ordre...	Dizaines de...	10.000.000	20.000.000	30.000.000, etc.
9e ordre...	Centaines de..	100.000.000	200.000.000	300.000.000, etc.

CHIFFRES ROMAINS.

31. — Les Romains se servaient de sept lettres pour

27.—Comment faut-il s'y prendre pour écrire un nombre sous la dictée?

28.—Par quoi remplace-t-on les ordres qui peuvent manquer dans le nombre à écrire?

29.—Comment s'appelle ce système de numération ? — Pourquoi l'appelle-t-on ainsi ?

---

31. — De quoi les Romains se servaient-ils pour représenter les nombres ?

représenter les nombres. Voici ces sept lettres avec leurs valeurs en chiffres arabes :

I ou J;	V ou v;	X ou x;	L ou l;	C ou c;	D ou d;	M ou m;
1	5	10	50	100	500	1000

32. — Les mêmes lettres surmontées d'un trait ont une valeur mille fois plus grande. *Ainsi* $\overline{V}$ *vaut* 5000; $\overline{X}$ *vaut* 10 000.

33. — Le principe fondamental de cette numération est que *un chiffre de moindre valeur, placé à gauche d'un plus grand, le diminue de la sienne. Ainsi le nombre XL ne vaut que* 40, *parce que* X *diminue* L *de* 10.

I.	1	XX.	20	MDLXII.	1.562
II.	2	XXX.	30	MDLXIII.	1.563
III.	3	XL.	40	MDCCLXVIII.	1.768
IV.	4	L.	50	MDCCXCIII.	1.793
V.	5	LX.	60	MDCCXCV.	1.795
VI.	6	LXX.	70	MDCCCL.	1.850
VII.	7	LXXX.	80	$\overline{IX}$	60.000
VIII.	8	XC.	90	$\overline{C}$	100.000
IX.	9	C.	100		
X.	10	CC.	200		
XI.	11	CCC.	300		

Les anciens n'avaient point de nombre plus grand que 100.000; pour exprimer les nombres plus grands, ils disaient : *deux fois, trois fois cent mille*, etc.

NUMÉRATION DES QUANTITÉS DÉCIMALES [1].

34. — *On appelle fractions décimales ou simplement décimales des quantités qui sont de dix en dix fois plus petites que l'unité.*

[1] On appelle *nombre décimal* le nombre qui contient des entiers et des parties décimales; et *fraction décimale*, celui qui n'a que des parties décimales; mais on les désigne l'un et l'autre sous le nom général de *nombres décimaux*.

Nommez ces lettres avec leurs valeurs.
32. — Quelle est la valeur de ces lettres surmontées d'un trait ?
33. — Quel est le principe fondamental de cette numération ?

---

34. — Qu'appelle-t-on décimales ? — Faites comprendre cela sur un objet sensible.

Ainsi, si l'on partage une pomme en *dix parties égales*, chaque partie sera *un dixième* de la pomme. Si l'on partage chacun de ces dixièmes en dix parties égales, chaque nouvelle partie sera un dixième de dixième : conséquemment, *un centième*. En partageant également les centièmes chacun en dix parties égales, on aura des dixièmes de centièmes : par conséquent, *des millièmes*. En continuant cette division, on obtiendrait successivement des *dix-millièmes*, des *cent-millièmes*, des *millionièmes*... de l'unité, qui est ici la pomme en question.

35.—Il suit de ce qui précède que l'unité vaut 10 *dixièmes*, 100 *centièmes*, 1000 *millièmes*, etc. ; que le dixième vaut 10 *centièmes*, 100 *millièmes*, etc. ; que le centième vaut 10 *millièmes*, etc. ; que, conséquemment, 4 entiers valent 40 *dixièmes*, 400 *centièmes*, 4000 *millièmes*, etc.

REPRÉSENTATION DES QUANTITÉS DÉCIMALES.

36.—*Pour représenter un nombre décimal, on écrit les dixièmes à droite des entiers, dont on les sépare par une virgule ; les centièmes à droite des dixièmes ; les millièmes à droite des centièmes, etc. (voir le tableau n° 41).* Pour représenter 4 *entiers*, 6 *dixièmes*, 2 *centièmes*, 8 *millièmes*, écrivez 4,628.

37 —*S'il manquait un ou plusieurs ordres de décimales dans le nombre à écrire, on les remplacerait par autant de zéros.* Ainsi, 8 *entiers*, 68 *millièmes*, se représentent par 8,068.

38.—*Quand on n'a que des décimales à écrire, on met un zéro pour tenir la place des unités.* Ainsi, *trente-cinq centièmes* s'écrivent 0,35.

ÉNONCÉ DES QUANTITÉS DÉCIMALES.

39.—1° *Pour énoncer un nombre décimal, on lit d'abord la partie entière, puis la partie décimale, comme si c'était un nombre entier, ayant soin de prononcer, à la fin de l'énoncé, le nom de la plus petite subdivision.* Le nombre

---

35.—Que résulte-t-il de ce qui vient d'être dit ?

36.—Comment représente-t-on un nombre décimal ? Exemples.

37.—Que fait-on quand il manque quelques ordres de décimales dans le nombre à écrire ?

38.—Comment représente-t-on le nombre qui ne contient que des décimales, c'est-à-dire une fraction décimale ?

39.—1° Comment énonce-t-on un nombre décimal ?

45,658 s'énonce *quarante-cinq* entiers, *six cent cinquante-huit* millièmes.

2° Pour une fraction décimale, telle que 0,35, on dira *trente-cinq* centièmes, et non *zéro* unités *trente*-cinq centièmes.

En effet, puisque chaque dixième vaut 100 millièmes, les 6 en valent bien 600 ; chaque centième valant 10 millièmes, les 5 en valent 50, ce qui fait 650, plus les 8 qu'il y a, cela fait bien 658 millièmes.

40.—On peut aussi énoncer une quantité décimale sans faire mention de la partie entière, c'est-à-dire en réduisant les entiers en décimales de la plus petite espèce. Ainsi, le nombre 45,658 vaut et peut être énoncé 45 658 *millièmes* (35).

En effet, puisque chaque unité vaut 1000 millièmes, les 45 en valent 45 000, plus 658 qu'il y a, cela fait bien 45,658.

41. — Tableau de Numération représentant les degrés des principaux ordres de décimales.

	Unités.........	1...........	2...........	3...........	4, etc.........
1ᵉʳ ordre...	Dixièmes. ...	0,1.........	0,2.........	0,3.........	0,4, etc.........
2ᵉ ordre...	Centièmes...	0,01......	0,02......	0,03......	0,04, etc......
3ᵉ ordre...	Millièmes....	0,001.....	0,002.....	0,003.....	0,004, etc....
4ᵉ ordre...	Dix-millièm.	0,0001. ..	0,0002...,	0,0003....	0,0004, etc...
5ᵉ ordre...	Cent-millié .	0,00001 ..	0,00002..	0,00003. .	0,00004, etc.
6ᵉ ordre...	Millionièmes	0,000001.	0,000002.	0,000003.	0,000004, etc

PROPRIÉTÉS DES DÉCIMALES.

42.—Une quantité décimale ne change pas de valeur lorsque, sans déplacer la virgule, on écrit sur sa droite un nombre quelconque de zéros. Ainsi, le nombre 35,25 est de même valeur que 35,250.

Cela est évident, puisque la valeur relative des chiffres reste la même : le nouveau nombre offre, il est vrai, dix fois plus de parties décimales, mais elles sont dix fois plus petites : il y a donc compensation.

2° Comment énonce-t-on une fraction décimale, telle que 0,35 ?

40.—Ne peut-on pas énoncer une quantité décimale sans mentionner la partie entière? — Comment cela se démontre-t-il ?

---

42. — Une quantité décimale change-t-elle de valeur si, sans déplacer la virgule, on met sur sa droite un nombre quelconque de zéros ?

43.—Suivant le même principe, une quantité décimale ne change pas de valeur lorsque, sans déplacer la virgule, on supprime sur sa droite un nombre quelconque de zéros. Ainsi 35,250 n'a pas plus de valeur que 35,25.

Le dernier nombre offre, il est vrai, 10 fois moins de parties décimales, mais elles sont 10 fois plus grandes : donc il y a compensation.

44. — *Pour rendre un nombre décimal* 10 *fois,* 100 *fois,* 1000 *fois... plus grand, il suffit d'avancer la virgule vers la droite, de* 1 *rang pour* 10 *, de* 2 *pour* 100 *, de* 3 *pour* 1000 *, etc.* Si, dans 8,35, on avance la virgule de 2 rangs vers la droite, on a 835.

Le nouveau nombre est évidemment 100 fois plus grand puisque les centièmes sont devenus des unités.

45.—*Quand le nombre à rendre plus grand n'a pas assez de décimales, on écrit sur sa droite un nombre suffisant de zéros.* D'après cela, pour rendre 100 *fois plus grand le nombre* 6,8, écrivez 680.

46.—*Pour rendre un nombre décimal* 10 *fois,* 100 *fois,* 1000 *fois... plus petit, il suffit d'avancer la virgule vers la gauche de* 1 *rang pour* 10 *, de* 2 *pour* 100 *, de* 3 *pour* 1000 *, etc.* Soit à rendre 100 fois plus petit le nombre 117,25, j'ai 1,1725.

Le nouveau nombre est évidemment 100 fois plus petit, puisque les 7 unités sont devenues 7 centièmes.

47.—*Quand le nombre à rendre plus petit n'a pas assez de chiffres sur sa gauche, on y écrit un nombre suffisant de zéros, plus un, pour tenir la place des entiers.* Soit 14,24 à rendre 1000 fois plus petit, j'ai 0,01 424.

Le nouveau nombre est évidemment 1000 fois plus petit que 14,24, puisque les 4 unités sont devenues 4 millièmes.

48.—Il est dit (22) qu'on rend un nombre entier 10 fois, 100 fois, 1000 fois... plus petit, en supprimant sur sa

---

43.—Quelle est la réciproque du principe qui vient d'être posé ?

44.—Comment rend-on un nombre décimal 10 fois, 100 fois, 1000 fois... plus grand ?

45.—Que fait-on quand le nombre à rendre plus grand n'a pas assez de chiffres sur sa droite ?

46.—Quelle est la réciproque du procédé n° 44 ?

47.—Que fait-on quand le nombre à rendre plus faible n'a pas assez de chiffres sur sa gauche ?

48.—Comment rend-on 10 fois, 100 fois, 1000 fois... plus faible, un nombre entier qui n'a pas de zéros sur sa droite ?

dioite 1, ou 2, ou 3... zéros; nous disons ici qu'on obtient le même résultat dans un nombre entier qui n'est pas terminé par des zéros, en séparant sur sa droite, par une virgule, 1 chiffre pour 10. 2 pour 100, 3 pour 1000... Ainsi le nombre 3235 étant rendu 100 fois plus petit, deviendra 32,35.

EXPOSÉ DU SYSTÈME MÉTRIQUE.

49. — Le *système métrique* est l'ensemble des mesures qui ont le mètre pour base, et qui sont prescrites par la loi.

50. — Les unités principales du système métrique sont au nombre de six, savoir : le *Mètre*, pour les longueurs; l'*Are*, pour les surfaces; le *Stère*, pour les bois; le *Litre*, pour les capacités; le *Gramme*, pour les poids; le *Franc*, pour les monnaies.

51.—En joignant aux noms de ces unités un des mots : *Déca*, *Hecto*, *Kilo*, *Myria*, on obtient des multiples, qui contiennent 10 fois, 100 fois, 1000 fois, 10 000 fois l'unité principale. *Ainsi, décamètre signifie* 10 *mètres; hectogramme,* 100 *grammes; kilolitre,* 1000 *litres; myriamètre ,* 10 000 *mètres.*

52. — Les mots : *Déci*, *Centi*, *Milli*, également joints aux noms de ces mêmes unités, donnent, au contraire, des sous-multiples qui sont 10 fois, 100 fois, 1000 fois plus petits que l'unité principale. *Ainsi, un décimètre est la dixième partie du mètre, un centilitre est la centième partie du litre, un milligramme est la millième partie du gramme.*

53.—Le système métrique est évidemment *décimal*, puisque ses multiples sont de dix en dix fois plus grands les uns que les autres, et ses sous-multiples de dix en dix fois plus petits. Il est dit *métrique* parce que toutes ses mesures dérivent du mètre, ainsi qu'on va le voir.

49.—Qu'est-ce que le système métrique ?

50.—Quelles sont les unités principales du système métrique ?

51.—De quels mots se sert-on pour former les *multiples* des mesures métriques ?

52.—Comment forme-t-on les noms des sous-multiples des unités principales ?

53.—Le système métrique est-il décimal? — Pourquoi est-il appelé *métrique* ?

MESURES DE LONGUEUR.

54. — 1° On appelle *mesures de longueur* celles qui servent à mesurer les lignes, telles que *la longueur d'une route*, *la taille d'un homme*, *la hauteur d'un arbre*, etc. 2° L'unité principale est le *mètre*.

Abréviations. M. se lit mètre...; d., décimètre...; c., centimètre...; mil., millimètre...; décam., décamètre...; hectom., hectomètre...; kilom., kilomètre...; myriam., myriamètre.

55. — 1° Le mètre est la dix-millionième partie du quart du méridien terrestre.

2° Le méridien terrestre est la circonférence de la terre, passant par deux points opposés, appelés pôles terrestres ; sa longueur totale est 40.000.000 de mètres : on peut donc définir le mètre : *la quarante millionième partie du méridien terrestre.*

56. — Les multiples du mètre sont : le *décamètre*, qui vaut 10 mètres ; l'*hectomètre*, qui vaut 100 ᵐ, ou 10 décam.; le *kilomètre*, qui vaut 1000 ᵐ, ou 100 décamètres, ou 10 hectom.; le *myriamètre*, qui vaut 10 000 ᵐ, ou 1000 décam.; ou 100 hectom. ou 10 kilom. *Ainsi, dans* 41 324 *m., il y a 4 myriam., 1 kilom., 3 hectom., 2 décam., 4 m.*; mais l'énoncé de ces sortes de nombres dépend du multiple qu'on prend pour unité. *Ainsi en prenant le kilom. pour unité, on aura, dans le nombre ci-dessus, 41,324, et l'on énoncera 41 kilom. 324 m.*

57. — Les sous-multiples du mètre sont : le *décimètre*, dixième partie du m.; le *centimètre*, centième partie du m., dixième partie du d.; le *millimètre*, millième partie du m., centième partie du d., dixième partie du c.

58. — Les décimètres, étant des dixièmes du m., se représentent par le 1ᵉʳ chiffre décimal; les centimètres, étant des centièmes, se représentent par le 2ᵉ; et les millimètres, étant des millièmes, se représentent par le 3ᵉ (36

---

et 41). *Ainsi le nombre* 45 ^{m}, 456 *représente* 45 *m.*, 4 *d.*, 5 *c.*, 6 *mil.*, *et peut être énoncé* 45 ^{m}, 456 *mil.* (39) ; *ou* 45 456 *mil.* (40). Pour représenter 3 décimèt., écrivez 0^m, 3 ; pour 3 centimèt., écrivez 0^m,03 ; et pour 3 millimèt., écrivez 0^m,003.

59. — Le mètre, servant à mesurer le petites longueurs, ne se joint pas aux mots multiples. *On dit* 10 *mètres de toile*, *et non pas un décamètre ; ce bâtiment a* 100 *mètres de long*, *et non pas un hectomètre.*

60. — 1° Les multiples du mètre servent à mesurer les grandes distances ; et, appliqués au mesurage des chemins, ils prennent le nom de *mesures itinéraires.*

° Sur les routes, les principales bornes sont placées de kilomètre en kilomètre. Un voyageur allant d'un pas moyen peut parcourir un kilomètre en 12 minutes, et un myriamètre dans 120 minutes, c'est-à-dire dans deux heures [1].

MESURES DE SURFACE.

61. — On appelle *surface* l'étendue en longueur et largeur, *comme le dessus d'une table*, *la superficie d'un plafond*, *d'une chambre*, *d'un mur*, etc.

62. — L'unité principale des mesures de surface est l'*are ;* mais cette mesure ne s'emploie que pour les terrains, d'où lui vient le nom de *mesure agraire ;* nous en parlerons quand nous aurons défini le mètre carré qui a été choisi pour unité de petites surfaces.

ABRÉV. M. car. se lit mètre carré...; d. car., décimètre carré...; c. car., centimètre carré...; mil. car., millimètre carré.

[1] La lieue métrique est de 4 kilomètres. Ainsi, le myriamètre vaut 2 lieues et demie. La lieue ancienne était de 4 kilomètres 444 m.; la lieue de poste, de 3 kilom. 898 m., conséquemment plus courte que la lieue métrique de 102 m.

---

59. — Quelles espèces de longueurs mesure-t-on au mètre ? — Peut-on mesurer du drap, de la toile, un mur, etc., au décamètre, à l'hectomètre, etc. ?

60. — 1o Quel est donc l'usage qu'on fait des multiples du mètre ?
2o Comment les bornes sont-elles ordinairement placées sur les routes ?

---

61. — Qu'appelle-t-on surface ?
62. — Quelle est l'unité principale des mesures de surface ? — L'are est-il la mesure de toutes espèces de surface ?
Quelle est donc l'unité de mesure pour les petites surfaces ?

63. — Le *mètre carré* est un carré d'un mètre de côté ; il vaut 100 d. car., 10 000 c. car., 1 000 000 de mil. car. (*Démonstration N° 293*).

64. — Le *décimètre carré* est un carré d'un décimètre de côté ; il vaut 100 c. car., 10 000 mil. car. C'est la centième partie du m. car.

65. — Le *centimètre carré* est un carré d'un centimètre de côté ; il vaut 100 mil. car. C'est la dix-millième partie dn m. car., et la centième partie du d. car.

66. — Le *millimètre carré* est un carré d'un millimètre de côté. C'est la millionième partie du m. car., la dix-millième du d. car., et la centième du c. car. [1]

67. — Les décimètres carrés, étant des centièmes du mètre carré, se représentent par deux chiffres décimaux ; les centimètres carrés, étant des dix-millièmes, se représentent par quatre ; et les millimètres carrés, étant des millionièmes, se représentent par six (41). *D'après cela, le nombre* $18^{m. car.}$ 538 497 *représente* $18^{m. car.}$ $53^{d. car.}$ $84^{c. car.}$, $97^{mil. car.}$ *et peut être énoncé* $18^{m. car.}$, $538\,497^{mil. car.}$ (39), ou $18\,538\,497^{mil. car.}$ (40). Pour représenter 3 d. car., écrivez $0^{m. car.}$ 03 ; 33 d. car. se représentent par $0^{m. car.}$ 33 ; et 33 c. car. par $0^{m. car.}$ 0033, etc.

68. — Les chiffres décimaux se prennent deux à deux dans une fraction de m. c.; c'est pourquoi il faut mettre un zéro sur la droite, quand ils ne sont pas en nombre pair. EXEMPLE : 5 *m. car.*, 5 *dixièmes de m. car.*, écrivez $5^{m. car.}$, $50^{d. car.}$

---

[1] Le d. car., le c. car. et le mil. car. ne tirent point leurs noms du m. car., mais bien de la longueur de leurs côtés. Même observation pour le myriam. car , le kilom. car., l'hectom. car., le décam. car.

---

69. — 1° Ne confondez pas le décimètre carré avec *le dixième du mètre carré*, car le dixième du m. carré vaut 10 décimètres carrés;

2° Ni le centimètre carré avec *le centième du mètre carré*, car le centième du mètre carré, qui est le décimètre carré, vaut 100 centimètres carrés;

3° Ni encore le millimètre carré avec le *millième du mètre carré*, qui contient 1000 millimètres carrés.

MESURES AGRAIRES.

70. — 1° Les *mesures agraires* servent à évaluer les surfaces des terrains, *comme celles d'un champ*, *d'un pré*, *d'une forêt*, etc. 2° L'unité principale est l'*are*.

Abrév. Ar. se lit are...; hect., hectare...; cent., centiares.

71. — *L'are* est un carré d'un décamètre de côté : c'est le décamètre carré.

72. — L'are n'a qu'un multiple qui est l'*hectare*, mesure de 100 ares : c'est l'hectomètre carré.

73. — L'are n'a également qu'un sous-multiple, qui est le *centiare*, ou centième partie de l'are : c'est le mètre carré.

74. Les ares étant des centièmes de l'hectare, et les centiares, des centièmes de l'are, il s'ensuit que, dans un nombre de m. carrés, les 2 premiers chiffres à droite représentent des centiares, les 2 suivants des ares, les autres, à gauche, des hectares. On place la virgule ou à droite des ares, ou à droite des hectares, suivant qu'on a pris l'une ou l'autre mesure pour unité. *Dans 93 895 m. car., il y a 9 hecta. 38 ar. 95 centia.; ou 938 ar. 95 centia., ou 93 895 centia. Pour représenter 30 hecta. 8 ar. 4 cent.,* écrivez 30 hecta·, 0804.

75. — Pour évaluer les très-grandes surfaces, telles que

---

69. — 1° Que vaut le dixième du m. car.? — 2° Le centième? — 3° Le millième? — Que s'ensuit-il?

---

70. — 1° A quoi servent les mesures dites agraires? — 2° Quelle est l'unité principale de ces mesures?

71. — Qu'est-ce que l'are?

72 — Quel est le seul multiple de l'are?

73. — Quel est le seul sous-multiple de l'are?

74 — Que sont les ares par rapport à l'hectare, les centiares par rapport à l'are?

75. — De quelle mesure se sert-on pour évaluer les très-grandes surfaces?

celles d'un département, d'un royaume, on emploie le *kilomètre carré* et le *myriamètre carré*.

ABRÉV. Kilom. car. se lit kilomètre carré...; myriam. car , myriamètre carré...; hectom. car., hectomètre carré.

76. — Le kilomètre carré est un carré d'un kilomètre de côté ; il vaut 100 hectom. car., par conséquent 100 hecta. On le désigne quelquefois sous le nom de myriare, parce qu'il vaut 10 000 ares.

77. — Le myriamètre carré est un carré d'un myriamètre de côté; il vaut 100 kilomètres car., 10 000 hectom. car., conséquemment 10 000 hecta., et 1 000 000 d'ar., ou 1 000 000 de décam. car. *Dans 45 379 kilom. car., il y a 453 myriam. car. 79 kilom. car.* (La superficie de la France est d'environ 540 085 kilom. car.: ce qui fait 54 008 500 hecta.)

On trouvera (292 et suiv.) la manière d'évaluer les surfaces.

MESURES DE SOLIDITÉ.

78. — 1° Les *mesures de solidité* sont celles dont on se sert pour évaluer les corps ou solides. — 2° On entend par *corps*, *volume*, ou *solide* l'étendue en longueur, largeur et hauteur, comme une pièce de bois quelconque. — 3° L'unité principale est le *stère*.

79. — Le *stère* est un cube d'un mètre de côté : c'est un mètre cube.

Un cube est un solide terminé par 6 carrés égaux : un dé à jouer est un cube.

80. — Les multiples du stère ne sont pas en usage; cependant on dit quelquefois *décastère* pour 10 stères.

81. — Parmi les sous-multiples du stère, on n'emploie que le *décistère*, dixième partie du stère. *Le nombre 27st.,*

76.—Qu'est-ce que le kilomètre carré ?—Combien vaut-il d'hectom. car. ?—D'ares ? — Par quel nom le désigne-t-on quelquefois ?

77.—Qu'est-ce que le myriamètre carré ? — Quelle est la superficie de la France en kilom. car.? — En hectares ?

78.—1° A quoi servent les mesures de solidité? — 2° Qu'entend-on par corps ou solide ?—3° Quelle est l'unité principale des mesures de solidité ?

79.—1° Qu'est-ce que le stère ? — 2° Qu'est-ce qu'un cube ?

80.—Quels sont les multiples du stère ?

81.—Quels en sont les sous-multiples ?

5 *représente* 2 *décast.* 7 *stères* 5 *décist., et peut être énoncé* 27 *stères* 5 *décist. ou* 275 *décist.* (39 et 40).

82. — Le stère ne s'emploie que pour les bois de chauffage; le décistère est un terme de comparaison, servant à évaluer les bois de charpente. Pour tous les autres corps, on emploie le *mètre cube* et ses subdivisions.

MÈTRE CUBE.

Abrév. M. cub. se lit mètre cube...; d. cub., décimètre cube...; c. cub., centimètre cube...; mil. cub., millimètre cube.

83. — Le *mètre cube* est un cube d'un mètre de côté; il contient 1000 d. cub., 1 000 000 de c. cub., ou 1 000 000 000 de mil. cub. (*Démonstration N° 306*).

84. — Le *décimètre cube* est un cube d'un décimètre de côté; il contient 1000 c. cub.., ou 1 000 000 de mil. cub. C'est la millième partie du m. cub.

85. — Le *centimètre cube* est un cube d'un centimètre de côté; il contient 1000 mil. cub. C'est la millionième partie du m. cub., et la millième du d. cub.

86. — Le *millimètre cube* est un cube d'un millimètre de côté. C'est la billionième partie du m. cub., la millionième du d. cub., et la millième du c. cub. [1]

87. — Les décimètres cubes, étant des millièmes du mètre cube, se représentent par trois chiffres décimaux; les centimètres cubes, étant des millionièmes, se représentent par six; et les millimètres cubes, étant des billionièmes, se représentent par neuf (44). *Ainsi,* 75$^{\text{m. cub.}}$ 579 246 314 *représente* 75 *m. cub.,* 579 *d., cub.* 246 *c. cub.* 314 *mil. cub., et peut être énoncé* 75 *m. cub.* 579 246 314 *mil. cub., ou* 75 579 246 314 *mil. cub.* (40).

[1] Le d. cub., le c. cub., et le mil. cub. ne tiennent pas leurs noms du m. cub., mais bien de la longueur de leurs côtés.

82.—A quoi sert le stère? — Et le décistère? — De quel terme de comparaison fait-on usage pour les autres corps ou solides?

83.—Qu'est-ce que le mètre cube? — Comment se subdivise-t-il?
84.—Qu'est-ce que le d. cub.? — Comment se subdivise-t-il?
85.—Qu'est-ce que le c. cub.? — Comment se subdivise-t-il?
86.—Qu'est-ce que le mil. cub.? — Qu'est-il, eu égard au mètre cube?
87.—Pourquoi faut-il 3 décimales pour représenter des d. cub.? — Pourquoi 6 pour des c. cub.? — Pourquoi 9 pour des mil. cub.?

88. — Les chiffres décimaux se prennent trois à trois dans une fraction de m. cub.; c'est pourquoi il faut écrire 1 ou 2 zéros sur la droite, quand il n'y en a pas trois, six ou neuf. EXEMPLE : 7 *m. cub.* 5 *dixièmes*, 5 *dix-millièmes;* écrivez 7 m. cub. 500 d. cub. 500 c. cub., ou 7$^{m.}$ cub. 500 500 (42).

89. — Il ne faut pas confondre le décimètre cube avec *le dixième du mètre cube*, qui contient 100 décimètres cubes;

Ni le centimètre cube avec *le centième du mètre cube*, qui vaut 10 000 centimètres cubes ou 10 décimètres cubes;

Ni encore le millimètre cube avec *le millième du mètre cube*, qui est le décimètre cube, et qui contient un million de millimètres cubes.

90. — Le dixième du mètre cube correspond au décistère (81 et 82). Ainsi une poutre dont la solidité serait 1 m. cub. 5 dixièmes, contiendrait 15 décistères.

On trouvera (305 et suiv.) la manière de trouver la solidité des corps.

MESURES DE CAPACITÉ.

91. — 1° Les *mesures de capacité* sont celles qui servent à mesurer les liquides comme l'*eau*, le *vin*, l'*huile*, etc.; et les matières sèches, comme *le blé*, *les fruits*, *le charbon.* 2° L'unité principale est le *litre*.

ABRÉV. Li. se lit litre...; décal., décalitre...; hectol., hectolitre...; kilol., kilolitre...; décil., décilitre...; centil., centilitre...; millil., millilitre.

92. — Le *litre* est une mesure de la contenance d'un décimètre cube.

93. — Les multiples du litre sont : Le *décalitre*, qui vaut 10 li.; l'*hectolitre* qui vaut 100 li. ou 10 décal.; le *kilolitre*, qui vaut 1000 li. ou 100 décal. ou 10 hectol.

88.—Comment se prennent les chiffres décimaux dans une fraction de m. cub? — Que faut-il faire lorsqu'ils ne sont pas au nombre de trois, six ou neuf?

89.—Combien le dixième du m. cub. vaut-il de d. cub.? — Combien le centième vaut-il de centi. cub.?—Combien le millième vaut-il de mil. cub.?

90.—A quelle partie du stère correspond le dixième du m. cube? Exemple.

91.—1° A quoi servent les mesures de capacité? — 2° Quelle en est l'unité principale?

92.—Qu'est-ce que le litre?

93.—Quels sont les multiples du litre?

94. - — Les sous-multiples du litre sont : Le *décilitre*, dixième partie du li.; le *centilitre*, centième partie du li., ou dixième partie du décil.; le *millilitre*, millième partie du li., ou centième partie du décil., ou dixième partie du centil. *Le nombre 1787*^{li}·*525 exprime 1 kilol., 7 hectol., 8 décal., 7 li., 5 décil., 2 centil., 5 millil.; mais si l'on prenait l'hectolitre pour unité, on aurait 17*^{hectol}·*87 525*^{millil}. *Si c'était le litre, on aurait 1787*^{li}· *525*^{millil}·, *etc.*

95. — Le kilolitre correspond au mètre cube; l'hectolitre, au dixième du m. cub.; le décalitre, au centième du mètre cube; le litre, au millième du mètre cub., ou au d. cub.; le décilitre, au dixième du d. cub.; le centilitre, au centième du d. cub.; et le milli- litre, au millième du d. cub., ou au c. cube. Ainsi, un kilolitre d'eau égale un mètre cube, un hectolitre égale un dixième de mètre cube, etc. [1]

POIDS.

96. — 1° Les *poids* sont les mesures dont on se sert pour peser. 2° L'unité principale est le *gramme*.

Abrév. G. se lit gramme…; décag., décagramme…; hectog.,hecto- gramme…; kilog., kilogramme…; myriag., myriagramme…; décig., décigramme…; centig., centigramme…; millig., milligramme.

97. — 1° Le *gramme* est le poids d'un centimètre cube d'eau distillée, cette eau étant pesée dans le vide, à son maximum de densité.

2° *Eau distillée* : Eau dégagée par la distillation de tout ce qui n'est pas eau, comme la terre, le sel…, et amenée à un état de pureté parfaite. *Pesée dans le vide* : pesée dans un vase d'où l'on a extrait l'air. *A son maximum de densité* : prise lorsque le froid l'a amenée à son état le plus dense, c'est-à-dire, le plus serré, mais non pas

---

[1] Nous ne pouvons passer sous silence le double décalitre, mesure commode et généralement en usage ; il vaut 2 décal.; conséquemment, ses dixièmes valent 2 litres, et ses centièmes 2 décilitres, etc.

à l'état de glace, car alors elle est gonflée. Le maximum de densité de l'eau a lieu lorsque le thermomètre centigrade marque environ 4° au-dessus de zéro.

98. — Les multiples du gramme sont : Le *décagramme*, qui vaut 10 g.; l'*hectogramme*, qui vaut 100 g., ou 10 décag.; le *kilogramme*, qui vaut 1000 g., ou 100 décag., ou 10 hectog.; le *myriagramme*, qui vaut 10 000 g., ou 1000 décag., ou 100 hectog., ou 10 kilog.

99. — Les sous-multiples du gramme sont : Le *décigramme*, dixième du g.; le *centigramme*, centième du g., ou dixième du décig.; le *milligramme*, millième du g., ou centième du décig., ou dixième du centig.

Le nombre 51 758^g·575 représente 5 myriag., 1 kilog., 7 hectog., 5 décag., 8 g., 5 décig., 7 centig., 5 millig., mais il est mieux d'énoncer 51 758 g. 575 millig. (39) ou encore 51 kilog.,758 g. 575 millig.

100. — L'expression *myriagramme* est peu usitée ; on dit de préférence 10 kilog. Le kilog. étant un poids commode pour les grosses et les moyennes pesées, on le prend ordinairement pour unité. Alors, les hectog. sont des dixièmes, les décag. des centièmes, et les g. des millièmes de l'unité. Le quintal métrique pèse 100 kilog., et le tonneau de mer 1000 kilog. Le gramme et ses subdivisions ne s'emploient guère que pour les choses précieuses, comme l'or, l'argent. On les emploie aussi au pesage des remèdes dans les pharmacies.

101. — Le myriag. correspond au centième du m. cub. et au décal. Ainsi, une colonne d'eau égale au centième du m. cub. contient un décal. et pèse un myriag. Le kilog. correspond au d. cub. et au litre. Ainsi, un d. cub. d'eau équivaut à un litre et pèse un kilog. L'hectog. correspond au dixième du d. cub. et au décil. Ainsi, une couche d'eau égale au dixième du d. cub. contient un décil. et pèse un hectog. Le décag. correspond au centième du d. cub. et au centili. Ainsi, une colonne d'eau égale au centième du d. cub. contient un centil. et pèse un décag. etc. On peut faire des comparaisons analogues entre les subdivisions du centi. cub. et les subdivisions du g.; nous

---

98.—Quels sont les multiples du gramme?

99.—Quels en sont les sous-multiples?

100.—Quelle est l'expression qu'on emploie de préférence au mot myriagramme? — Pour quelles sortes de pesées sert le kilog.? — Que sont alors les hectog., les décag. et les gram.? — Quel est le poids du quintal métrique? — Du tonneau de mer? — Quel usage fait-on des subdivisions du gram., etc.?

101.—A quel partie du m. cub. et à quelle capacité correspond le myriag.? — A quelle partie du m. cub. et à quelle capacité correspond le kilog.? — Mêmes questions sur l'hectog., sur le décag., sur le gram. à l'égard du d. cub.? — A quelle partie du c. cub. correspondent le décig., le centig. et le millig.?

disons seulement que le millig. correspond au milli. cub. (*Voir la démonst. N° 306.)*

MONNAIES.

102. — 1° Les *monnaies* sont des pièces de métal servant à déterminer et à payer le prix des choses. 2° L'unité principale est le *franc*.

Abrév. F. se lit franc...; d., décime...; c., centime...; m., millime.

103. — Le *franc* est une pièce d'argent du poids de 5 grammes, contenant 9 dixièmes d'argent pur et 1 dixième de cuivre ; par conséquent, elle contient 4 g. 5 décig. d'argent et 5 décig. de cuivre.

104. — Le franc ne prend aucun des mots multiples ; on dit : 10 f., 100 f., etc., au lieu : *décafranc, hectofranc.*

105. — Le franc se divise en dixièmes, centièmes, et millièmes ; mais au lieu de dire décifranc, centifranc, millifranc., on dit : *décime, centime, millime. 245 f. 7 d. 6 c. 4 m. se représentent par 245 fr., 764 et s'énoncent 245 fr , 764 m.; 0 fr. 35 s'énoncent 35 centimes.*

106. — La quantité de fin ou de métal pur qui entre dans nos monnaies est ce qu'on appelle le *titre.* Toutes nos pièces d'or et d'argent sont au titre 0,9, ou 0,900, c'est-à-dire que sur 10 parties , dont le poids de la pièce est composé , il y en a 9 d'or ou d'argent et une de cuivre; ou bien 900 d'or ou d'argent et 100 de cuivre , sur 1000.

102.—1° Qu'appelle-t-on monnaies? — 2° Quelle est l'unité principale des monnaies?

103.—Qu'est-ce que le franc? — Quel est le poids d'argent **pur** contenu dans une pièce d'un franc? — Quel est celui du cuivre ?

104.—Le franc a-t-il des multiples?

105.—Quels sont ses sous-multiples ?

106.—Qu'entend-on par titre des monnaies ? — Quel est le titre de nos monnaies d'or ou d'argent? Qu'est-ce à dire ?

Tableau des Monnaies légales.

Pièces d'or.

100 f. . . . poids	32 g.,	·258..	diamètre 35	millim.
50 f. . . . —	16 g.,	129..	— 28	—
20 f. . . . —	6 g.,	4516	— 21	—
10 f. . . . —	3 g.,	2258	— 19	—
5 f. . . . —	1 g.,	6129	— 17	—

On trouve encore dans la circulation la pièce de 40 fr., mais on ne la fabrique plus.

Pièces d'argent.

5 f. . . . poids	25 g.	diamètre 37	millim.	
2 f. . . . —	10 g.	— 27	—	
1 f. . . . —	5 g.	— 23	—	
50 c. . . . —	2 g., 50.	— 18	—	
20 c. . . . —	1 g.	— 15	—	

Pièces de bronze.

10 c. . . . poids	10 g.	diamètre 30	millim.	
5 c. . . . —	5 g.	— 25	—	
2 c. . . . —	2 g.	— 20	—	
1 c. . . . —	1 g.	— 15	—	

107. — D'après la loi, 1 gram. de monnaie d'or vaut autant que 15 g. 5 décig. de monnaie d'argent et que 310 gram. de monnaie de bronze. 1 Gram. de monnaie d'argent vaut autant que 20 gram. de bronze. Ce qu'on énonce en disant : A poids égaux, l'or vaut 15 fois et demie plus que l'argent et 310 fois plus que le bronze; l'argent vaut 20 fois plus que le bronze.

108. — On peut se servir de pièces de monnaies pour peser, car 1 fr. en argent pesant 5 g., 10 fr. pèsent 5 décag., 100 fr. pèsent 5 hectog., et 200 fr. un kilog. Et, semblablement, un centime pesant 1 gramme, 1 fr. en monnaie de bronze pèse 100 g. ou 1 hectog.; et 10 f., 10 hectog. ou 1 kilog.

DÉRIVATION DES UNITÉS MÉTRIQUES.

1o L'are dérive du mètre, parce que c'est un carré d'un décamètre de côté.

2o Le stère dérive du mètre, parce que c'est un cube d'un mètre de côté.

107.—Combien un gramme de monnaie d'or vaut-il de gram. de monnaie d'argent? — De monnaie de bronze? — Combien un gram. de monnaie d'argent vaut-il de gram. de monnaie de bronze?—Comment cela s'énonce-t-il?

108.—Ne peut-on pas se servir des pièces de monnaie pour peser?

DÉRIVATION :

1o Comment l'are dérive-t-il du mètre?
2o Comment le stère?

3o Le litre dérive du mètre, parce que c'est la capacité d'un décimètre cube.

4o Le gramme dérive du mètre, parce que c'est le poids d'un centimètre cube d'eau pure.

5o Le franc dérive du mètre quant à son poids et à son diamètre : quant à son poids, parce qu'il pèse cinq grammes : or on sait comment le gramme dérive du mètre ; quant à son diamètre, parce qu'il est de 23 millimètres : on sait que le millimètre est la millième partie du mètre, donc....

MESURES DONT LES DIVISIONS DÉCIMALES NE SONT PAS EN USAGE.

MESURES DU TEMPS.

109. — 1o L'année civile se compose de 365 jours, le jour se divise en 24 heures, l'heure en 60 minutes et la minute en 60 secondes.

2o Dans les opérations commerciales, on considère l'année comme composée de 12 mois de chacun 30 jours, ce qui forme une année de 360 jours.

ABRÉV. A. se lit an..., m. mois..., j., jour...; h., heure...; m., minute ; s., seconde.

DIVISION DU CERCLE

110 — La circonférence du cercle se divise en 360 degrés; le degré, en 60 minutes, et la minute en 60 secondes.

ABRÉV. Les degrés se marquent par un petit zéro (o), les minutes par un accent ('), les secondes par deux accents ("). Ainsi, 45o 15' 35" se lit 45 degrés 15 minutes 35 secondes.

QUESTIONS RAISONNÉES SUR LE SYSTÈME MÉTRIQUE.

111. — *Trouver combien 45 décamètres valent de mètres ?*

Chaque décam. vaut 10 mèt., donc 45 décam. valent 10 fois plus de mètres, c'est-à-dire 450 mètres (35).

2o Comment le stère ? — 3o Comment le litre ? — 4o Comment le gramme ? — 5o Comment le franc ?

---

109. — 1o De quoi se compose l'année civile ? — Le jour ? — L'heure ? — La minute ?

2o Comment considère-t-on l'année commerciale ?

---

110. — Comment se divise la circonférence du cercle ?

Combien y a-t-il de litres dans 35 kilolitres ?

Chaque kilol. vaut 1000 litres, donc 35 kilol. valent 1000 fois plus de litres ou 35 000 litres (35).

112.—*Lorsque l'hectolitre de blé vaut 20 f., à combien revient le décalitre ?*

Le décalitre est 10 fois moindre que l'hectol., donc le prix du décalitre est 10 fois plus faible que celui de l'hectol., c'est-à-dire, 2 f. (48).

113.—*Combien y a-t-il de décamètres et de mètres dans 455 m. ?*

Le décamètre est 10 fois plus grand que le m., donc le nombre donné en contient 10 fois moins que de m., il contient donc 45 décam. 5 m. (48).

Combien y a-t-il de kilogrammes dans 54 000 grammes ?

Le kilog. est 1000 fois plus grand que le gramme, donc le nombre donné en contient 1000 fois moins que de gr., donc il en contient 54 (35).

114.—*Combien paye-t-on pour un hectare, lorsqu'on paye 3 fr. pour un are ?*

L'hectare est 100 fois plus grand que l'are, donc le prix de l'hectare est 100 fois plus fort que celui de l'are. Ce prix est donc 300 fr.

115.—*Combien 3 mètres valent-ils de centimètres ?*

Chaque mètre vaut 100 centimètres, donc 3 m. valent 100 fois plus de centimètres, ou 300 centimètres.

Combien 6 grammes valent-ils de centigrammes ?

R. 6 grammes valent 100 fois plus de centigrammes, c'est-à-dire, 600 centigrammes.

Combien 3 litres valent-ils de décilitres ?

R. 3 litres valent 10 fois plus de décilitres, c'est-à-dire, 30 décilitres.

116.—*Combien vaut le décim. d'une marchandise dont le m. vaut 10 f. ?*

Le décimètre est la dixième partie du mètre, donc le prix du décimètre est la dixième partie du prix du mètre. C'est donc 1 fr.

Si l'on paie 50 f. pour un m. cube, combien pour un d. cube ?

Le d. cube est la 1000ᵉ partie du m. cube, donc sa valeur est la 1000ᵉ partie de celle du m. cube, c'est-à-dire, 5 centim.

117.—*Combien 1253 milligrammes contiennent-ils de grammes ?*

Le gramme étant 1000 fois plus fort que le milligramme, le nombre donné contient 1000 fois moins de g. que de millig.; on a donc 1 gr. 253 millig.

2

118.—*Combien vaut le gramme, lorsque le milligramme vaut 0 f. 02 ?*

Le gramme contient 1000 millig., donc le prix du g. est 1000 fois plus fort que celui du millig. C'est donc 20 fr.

Nota. — Dans un problème pratique à résoudre on considère toujours comme unité la quantité décimale, multiple ou sous-multiple, dont le prix est donné; cette remarque s'applique aussi aux nombres complexes.

OPÉRATIONS.

119.— On nomme *opérations* les différents changements qu'on fait subir aux nombres. Il y en a quatre principales, qui sont : l'*Addition*, la *Soustraction*, l'a *Multiplication* et la *Division*. On les appelle *les quatre opérations fondamentales.*

ADDITION.

120.—Définition. *L'*Addition *est une opération qui a pour but de trouver un nombre, appelé* somme ou total, *qui contienne à lui seul plusieurs autres nombres exprimant des unités de même espèce.*

Explications.— Les unités de même espèce sont celles qui portent le même nom. Ainsi, on additionne des unités avec des unités, des dixièmes avec des dixièmes; ou autrement, des francs avec des francs, des décimes avec des décimes, etc. : d'où il suit que les unités du total sont toujours de même espèce que celles des nombres additionnés.

Abrév. Le signe de l'addition est $+$, qu'on lit *plus.* Le signe d'égalité est $=$, qu'on lit *égal* ou *est égal à.* Ainsi $2 + 3 + 4 = 9$, signifie que la somme des nombres 2, 3, 4, égale 9 et se lit : 2 *plus* 3 *plus* 4 *égale* 9.

119.—Que nomme-t-on opérations? — Combien y en a-t-il ? — Comment les appelle-t-on ?

120.—Qu'est-ce que l'Addition?
Explications.— Qu'entend-on par unités de même espèce? — Que suit-il de ce qui vient d'être dit ?

Table d'Addition donnant la somme de 2 nombres d'un seul chiffre.

2	et	2	font	4	4	et	2	font	6	6	et	2	font	8	8 et 2 font 10

2 et 2 font 4 — 4 et 2 font 6 — 6 et 2 font 8 — 8 et 2 font 10
2   3   5 — 4   3   7 — 6   3   9 — 8   3   11

2 et 2 font 4	4 et 2 font 6	6 et 2 font 8	8 et 2 font 10
2 3 5	4 3 7	6 3 9	8 3 11
2 4 6	4 4 8	6 4 10	8 4 12
2 5 7	4 5 9	6 5 11	8 5 13
2 6 8	4 6 10	6 6 12	8 6 14
2 7 9	4 7 11	6 7 13	8 7 15
2 8 10	4 8 12	6 8 14	8 8 16
2 9 11	4 9 13	6 9 15	8 9 17
3 et 2 font 5	5 et 2 font 7	7 et 2 font 9	9 et 2 font 11
3 3 6	5 3 8	7 3 10	9 3 12
3 4 7	5 4 9	7 4 11	9 4 13
3 5 8	5 5 10	7 5 12	9 5 14
3 6 9	5 6 11	7 6 13	9 6 15
3 7 10	5 7 12	7 7 14	9 7 16
3 8 11	5 8 13	7 8 15	9 8 17
3 9 12	5 9 14	7 9 16	9 9 18

121.—PROCÉDÉ OU RÈGLE GÉNÉRALE. *Pour faire une addition, on écrit les nombres proposés les uns sous les autres, de manière que les unités soient sous les unités, les dizaines sous les dizaines, les centaines sous les centaines, etc. Puis, ayant souligné le tout, on additionne les chiffres de la première colonne, à droite. Si leur somme ne dépasse pas 9, on l'écrit au dessous ; mais si elle dépasse 9, on n'écrit que les unités, et l'on retient les dizaines que l'on joint au total de la colonne suivante.*

On opère de la même manière sur toutes les colonnes ; mais, à la dernière, on écrit la somme telle qu'on la trouve.

Si, dans l'addition d'une colonne, il se trouve un nombre exact de dizaines, on écrit zéro au dessous et l'on retient les dizaines.

EXEMPLE I. — *Trouver la somme des quantités suivantes :* 485, 392, 371.

Pour opérer cette addition, je dispose les nombres comme il vient d'être dit, puis je raisonne ainsi :

121.—Comment faut-il s'y prendre pour opérer une addition ?

Opération.

1re *colonne.* 5 et 2 font 7 et 1 font 8, que je pose parce que je n'ai pas de retenue.

    485
392
371
———
1248

2e *colonne.* 8 et 9 font 17, et 7 font 24. En 24, je pose 4 et je retiens 2, parce que dans 24 dizaines il y a 2 centaines et 4 dizaines ; or, ayant écrit les dizaines sous la colonne des dizaines, je joins les deux centaines aux autres centaines.

3e *colonne.* 2 de retenue et 4... 6. et 3... 9, et 3... 12. En 12, je pose 2 et j'avance 1, parce que, en 12 centaines, il y a 1 mille et 2 centaines ; or, ayant écrit les deux centaines sous la colonne des centaines, j'écris également 1 mille au rang des mille.

DÉMONSTRATION. — Le nombre 1248 contient bien réellement toutes les unités des trois nombres proposés, puisque, pour le former, j'ai successivement joint ensemble les unités, les dizaines et les centaines de ces trois nombres : donc il en est la somme.

Ainsi, la somme demandée est 1248 unités.

EXEMPLE II. — PROBLÈME SUR L'ADDITION. *On me doit les cinq sommes suivantes :* 77 f., 89 fr., 66 f., 112 f., *et* 229 f. : *Combien me doit-on en tout ?*

Opération.

Ayant écrit les nombres et opéré selon la règle générale, il vient 573 f., ce qui est bien la somme demandée, puisque c'est la réunion des cinq sommes proposées.

    77
89
66
112
229
———
573

On démontre comme dans l'exemple 1.

NOMBRES DÉCIMAUX.

122. — RÈGLE. *Pour faire l'addition des nombres décimaux, on écrit les unes sous les autres les unités de même ordre ; puis, sans s'occuper des virgules, on fait l'addition des diverses colonnes, comme pour les nombres entiers, et l'on sépare sur la droite du résultat autant de chiffres décimaux qu'il y en a dans celui des nombres proposés qui en contient le plus.*

Comment opère-t-on à la 2e, à la 3e colonne ; à la dernière ? — Que fait-on quand l'addition d'une colonne ne donne que des dizaines ?

---

122. — Comment fait-on l'addition des quantités décimales ? — *(Démonstration, sous l'exemple.)*

EXEMPLE I. *Additionner les quantités suivantes : 12,5 ; 11,75 et 14,525.*

Ayant écrit les unes sous les autres les unités de même ordre, je commence par les millièmes, et, après avoir additionné toutes les colonnes, je sépare trois chiffres décimaux à droite du résultat, c'est-à dire autant qu'il y en a dans celui des trois nombres qui en contient le plus, ainsi que le dit la règle.

Opération.

$$12,5 \ == 12,500 \ (42).$$
$$11,75 == 11,750$$
$$14,525 == 14,525$$
$$\overline{38,775}$$

DÉMONSTRATION.—En faisant abstraction des virgules, on a, dans le premier nombre, 12 500 *millièmes;* dans le deuxième 11 750 *millièmes;* et dans le troisième, 14 525 *millièmes.* Or, il est évident qu'en additionnant des *millièmes* avec des *millièmes,* on a des *millièmes* au résultat : donc, ce résultat est 38 775 *millièmes* ou 38 unités 775 millièmes.

PROBLÈME.— *Un ouvrier a fait les quantités suivantes :* 25ᵐ65 ; 34ᵐ45 ; 25ᵐ7 ; 59ᵐ. : *Combien a-t-il fait de mètres et parties de mètres ?*

Je fais l'addition comme à l'ordinaire, puis je sépare deux décimales sur la droite du résultat, qui est 144ᵐ, 80.

Opération.

$$25,65$$
$$34,45$$
$$25,70$$
$$59$$
$$\overline{144,80}$$

On démontre comme dans l'exemple I.

123.—On appelle *preuve* d'une opération arithmétique, une autre opération que l'on fait pour s'assurer de l'exactitude du résultat de la première.

124.—On peut faire la preuve de l'addition par une autre addition que l'on commence également par la droite, mais en comptant de bas en haut ; si les deux sommes sont égales, on a lieu de croire que l'opération est exacte.

On peut encore faire la preuve de l'addition par la soustraction, comme on le verra (130).

SOUSTRACTION.

125.—DÉFINITION. *La* SOUSTRACTION *est une opération qui a pour but de trouver la* DIFFÉRENCE *qui existe entre*

123.—Qu'appelle-t-on preuve d'une opération arithmétique?

124.—Ne peut-on pas faire la preuve d'une addition par une autre addition?

125.—Qu'est-ce que la Soustraction ?

deux nombres donnés, exprimant des unités de même espèce.
Cette différence s'appelle encore *reste* ou *excès.*

EXPLICATION. — Il résulte de cette définition : 1º que les deux nombres donnés sont plus grands l'un que l'autre , ou, au moins égaux entre eux ; 2º que le plus grand contient et le plus petit et leur différence : d'où il suit que pour avoir la différence, il suffit d'ôter les diverses parties du plus petit des parties correspondantes du plus grand, et que la différence étant additionnée avec le plus petit , on retrouve le plus grand ; 3º que le reste ou la différence est toujours de même espèce que les nombres donnés.

ABRÉV. Le signe de la soustraction est —, qui se lit *moins.*

Ainsi, 7 — 5 == 2 , signifie qu'en ôtant 5 de 7 il reste 2, et se lit : 7 *moins 5 égale* 2.

NOTA.—La table d'addition, sous le nº 120 page 27, est aussi table de soustraction. Pour s'en servir, on ôte les chiffres de la gauche de ceux qui sont sur la même ligne à droite et l'on a les restes au milieu. Pour l'apprendre , on dira : 2 ôtés de 4, reste 2 ; 2 ôtés de 5, reste 3, etc.

126.—PRINCIPE. *Deux nombres conservent entre eux la même différence quand ils sont augmentés ou diminués d'un même nombre d'unités.*

DÉMONSTRATION.—Ce principe est évident, car l'augmentation ou la diminution étant la même dans les deux nombres, il est clair qu'elles se retranchent sans reste l'une de l'autre : c'est donc comme s'il n'y avait point d'augmentation ou de diminution.

127.— PROCÉDÉ. *Pour faire la soustraction, on écrit le plus petit nombre sous le plus grand, de manière que les unités de même ordre soient les unes sous les autres. Puis, ayant souligné, on ôte, en commençant par la droite, chaque chiffre inférieur de son correspondant supérieur, et l'on écrit les restes au dessous. Quand un chiffre inférieur est égal à son correspondant, on écrit zéro au résultat. Quand un chiffre inférieur est plus grand que son correspondant supérieur, on augmente ce dernier de 10; mais*

EXPLICATION.— 1º Que sont, l'un par rapport à l'autre, les deux nombres proposés?—2º Quelles sont les deux conséquences pratiques qui résultent de la réponse que vous venez de donner? — 3º De quelle espèce sont les unités de la différence?

126.—La différence entre deux nombres est-elle altérée lorsque ces deux nombres sont augmentés ou diminués d'un même nombre d'unités? — Comment ce principe est-il rendu évident?

127.—Comment s'y prend-on pour faire une soustraction ? — Que fait-on quand le chiffre inférieur est égal à son correspondant supérieur? — Et quand un chiffre supérieur est moindre que son correspondant inférieur?

pour que la différence ne change pas (126), *on augmente le chiffre inférieur à gauche d'une unité qui en vaut 10 de celles dont on vient d'augmenter le chiffre supérieur.*

Exemple 1.—*Trouver de combien d'unités 2852 surpasse 1831.*

Raisonnement. Le plus grand nombre 2852 contenant le plus petit 1831 et leur différence, il est clair que pour avoir cette différence, il faut ôter le plus petit du plus grand. Je vais donc, suivant le procédé, retrancher les différents ordres du plus petit, des ordres correspondants du plus grand. J'écris 1831 sous 2852, et je dis :

Opération.

2852
1831
1021

Aux unités : 1 ôté de 2, reste 1.
Aux dizaines : 3 ôtés de 5, reste 2.
Aux centaines : 8 ôtés de 8, reste 0.
Aux milles : 1 ôté de 2, reste 1.

Le nombre 1021 est bien la différence demandée, car en le joignant au plus petit nombre 1831, on reproduira le plus grand 2852.

Problème sur la soustraction.—*Un débiteur devait 5278 fr. sur lesquels il a donné un à-compte de 3487 fr. : Combien doit-il encore ?*

La somme qu'il devait 5278 f. contient et la somme qu'il a payée 3487 f. et celle qu'il doit encore : donc pour trouver cette dernière, il faut ôter la deuxième de la première : on a conséquemment une soustraction à effectuer.

Les nombres étant disposés comme il est prescrit, je raisonne ainsi :

Opération.

5278 p. g. n.
3487 p. p. n.
1791 reste.
5278 preuve.

Aux unités : 7 ôtés de 8 il reste 1, que j'écris sous les unités.

Aux dizaines : 8 ôtés de 7 ne se peut ; j'augmente 7 de 10, ce qui fait 17 : 8 ôtés de 17, il reste 9, que j'écris sous les dizaines.

Aux centaines : Ayant augmenté de 10 le chiffre supérieur des dizaines, j'augmente de 1 le chiffre inférieur des centaines, en disant : 1 et 4 font 5 ; 5 de 2 ne se peut ; j'augmente 2 de 10 ce qui fait 12 ; 5 de 12, reste 7, que j'écris sous les centaines.

Aux mille : Ayant augmenté de 10 le chiffre supérieur des centaines, j'augmente de 1 le chiffre inférieur des mille, et je dis : 1 et 3 font 4 ; 4 de 5, reste 1, que j'écris sous les mille.

Démonstration. — Puisque le résultat 1791, joint au plus petit nombre 3487, reproduit le plus grand 5278, il est évident que 1791 est le reste cherché (125). Le plus grand nombre et le plus petit nombre ayant été chacun augmenté de 110 dizaines, leur différence est restée la même (126).

NOMBRES DÉCIMAUX.

128.—*Pour faire la soustraction des nombres décimaux, posez les unités de même ordre les unes sous les autres, puis opérez comme pour les nombres entiers, et séparez sur la droite du résultat autant de décimales qu'il y en a dans celui des deux nombres donnés qui en contient le plus.*

EXEMPLE : *Retrancher* 12,27 de 35,48.

Je procède comme il est prescrit au n° 128, puis je sépare deux décimales sur la droite du résultat.

Opération.
```
  35,48
  12,27
  -----
  23,21
```

DÉMONSTRATION. — J'agis ainsi parce que, en supprimant la virgule, j'ai 1227 *centièmes* à ôter de 3548 *centièmes*; or les unités du reste étant de même espèce que celles des nombres donnés, il s'ensuit que ce reste est ici 2321 *centièmes* ou, en séparant deux décimales sur la droite, 23 *unités*, 21 *centièmes*; ce qui justifie la règle (Voir 41 et 46).

PROBLÈME.—*Une pièce de drap avait* 45ᵐ 97; *on en a employé* 19ᵐ : *Combien en reste-t-il?*

La quantité 45ᵐ 97 contient évidemment la quantité 19ᵐ plus ce qui reste : donc, pour trouver ce reste, il faut ôter 19 de 45,97.

Or 45ᵐ 97 valent 4597 centimètres, et 19ᵐ valent 1900 centimètres : on a donc 1900 à ôter de 4597, et le reste est 2697 centimètres ou 26ᵐ 97 (Voir n° 58).

Opération.
```
  45,97
  19,00
  -----
  26,97
```
Preuve   45,97

129.—La preuve de la soustraction se fait en joignant le plus petit n. au reste : si l'opération a été bien faite, la somme doit être égale au plus grand n. : c'est une conséquence de la définition (125). Nous en donnons des exemples dans deux des soustractions modèles (127 et 128) [1].

---

[1] Les usages de l'Addition et de la Soustraction sont suffisamment indiqués par les définitions et par les exemples que nous en avons donnés.

128.—Comment faut-il procéder pour faire une soustraction de nombres décimaux? — *(Démonstration, sous l'exemple.)*
129.—Comment fait-on la preuve d'une soustraction? — De quoi cette preuve est-elle la conséquence?

PREUVE DE L'ADDITION PAR LA SOUSTRACTION.

130.—*Pour faire cette preuve, il faut faire une nouvelle addition que l'on commence par la gauche. On ôte le total de la première colonne, à gauche, de la partie du résultat qui y correspond, et l'on écrit le reste au dessous. Comme les unités de ce reste sont des dizaines par rapport au chiffre suivant du résultat, on joint ces dizaines à ce chiffre, puis on retranche de ce nombre le total de la colonne correspondante, et ainsi, jusqu'à la dernière colonne. Si l'opération a été bien faite, on doit trouver zéro pour reste à la dernière colonne. Soit à prouver l'addition ci-dessous.*

J'additionne la 1re colonne à gauche, le total est 10. Je retranche 10 de 12, il reste 2, que j'écris au dessous. Les 2 centaines qui restent valent 20 dizaines, plus les 5 dizaines du résultat, cela fait 25 dizaines. J'additionne la colonne des dizaines, la somme est 24, qui, ôtés de 25, donnent 1 pour reste. Le reste 1 est une dizaine qui vaut 10 unités. J'additionne la colonne des unités, il vient 10 qui, étant ôtés de 10, donnent 0 pour reste : d'où je conclus que le résultat 1250 est bon.

Opération.
```
 487
 392
 371
―――
1250
―――
 210
```

DÉMONSTRATION.—Ce procédé repose sur l'axiome suivant : *Si d'un tout on ôte successivement les diverses parties qui le composent, il est clair qu'il ne doit rien rester.*

Si donc, dans une addition, on ôte successivement du total général le total particulier de chaque colonne, il est clair qu'on doit avoir zéro pour reste à la dernière soustraction.

Les restes des soustractions partielles ne sont autre chose que les retenues portées d'une colonne à une autre dans la première addition.

131.—On peut encore barrer l'un des nombres, calculer la somme des autres et retrancher cette somme du résultat : si le reste égale le nombre barré, on peut croire que l'addition a été bien faite.

MULTIPLICATION.

132.—DÉFINITION. *La* MULTIPLICATION *est une opération qui a pour but de trouver un nombre, appelé* PRODUIT *, qui*

130.—Comment fait-on la preuve de l'addition par la soustraction ?

131.—Comment peut-on encore faire la preuve d'une addition par la soustraction ?

132.—Qu'est-ce que la multiplication ?

contienne le multiplicande *le même nombre de fois que le* multiplicateur *contient l'unité.*

EXPLICATIONS.— 1° Le *multiplicande* est le nombre qu'on multiplie, le *multiplicateur* est le nombre par lequel on multiplie; et tous deux portent, en commun, le nom de *facteurs* du produit.

2° D'après la définition, multiplier par un nombre entier, c'est prendre le multiplicande autant de fois qu'il y a d'unités dans le multiplicateur. Par exemple, *multiplier 12 par 5, c'est chercher un produit, 60, qui contienne 5 fois 12 unités, parce que le multiplicateur contient 5 fois 1.*

3° Et multiplier par une fraction, c'est prendre autant de fois une certaine partie du multiplicande qu'il y a de parties de l'unité dans le multiplicateur. Par exemple, *multiplier 12 unités par 5* dixièmes, *c'est chercher un produit, 6, qui contienne les 5* dixièmes *de 12, comme le multiplicateur 0,5 contient les 5 dixièmes de l'unité.*

ABRÉV. Le signe de la multiplication est $\times$, qu'on lit *multiplié par.* Ainsi $3 \times 2 = 6$ signifie que 3 multiplié par 2 donne 6, et se lit : 3 *multiplié par 2 égale* 6. On se sert aussi du point. Ainsi $4.3 = 12$ se lit : 4 *multiplié par 3 égale* 12. On écrit quelquefois mde pour *multiplicande*, mur pour *multiplicateur*, et pit pour *produit.*

TABLE DE MULTIPLICATION.

Pour connaître le produit de deux nombres qui n'ont qu'un seul chiffre chacun, il suffit d'apprendre par cœur la table ci-dessous, dite Table de Multiplication.

2 fois 2 font	4	4 fois 2 font	8	6 fois 2 font	12	8 fois 2 font	16
2	3	6	4	3	12	6	3	18	8	3	24
2	4	8	4	4	16	6	4	24	8	4	32
2	5	10	4	5	20	6	5	30	8	5	40
2	6	12	4	6	24	6	6	36	8	6	48
2	7	14	4	7	28	6	7	42	8	7	56
2	8	16	4	8	32	6	8	48	8	8	64
2	9	18	4	9	36	6	9	54	8	9	72
3 fois 2 font	6	5 fois 2 font	10	7 fois 2 font	14	9 fois 2 font	18
3	3	9	5	3	15	7	3	21	9	3	27
3	4	12	5	4	20	7	4	28	9	4	36
3	5	15	5	5	25	7	5	35	9	5	45
3	6	18	5	6	30	7	6	42	9	6	54
3	7	21	5	7	35	7	7	49	9	7	63
3	8	24	5	8	40	7	8	56	9	8	72
3	9	27	5	9	45	7	9	63	9	9	81

EXPLICATIONS.—1° Qu'est-ce que le multiplicande ?— Qu'est-ce que le multiplicateur ? — Quel est le nom qu'ils portent en commun ?

2° Qu'est-ce que multiplier un nombre quelconque par un nombre entier? — 3° Qu'est-ce que multiplier par une fraction ?

133.—*Pour opérer une multiplication, lorsque le multiplicande a plusieurs chiffres et le multiplicateur un seul, on écrit le multiplicateur sous le multiplicande, puis on souligne. Ensuite, commençant par la droite, on multiplie chaque chiffre du multiplicande par le chiffre du multiplicateur. Si les produits ne dépassent pas 9, on les écrit au dessous ; mais s'ils surpassent 9, on n'écrit que les unités de chaque ordre, et l'on retient les dizaines pour les joindre aux produits suivants. Quand quelque produit donne un nombre exact de dizaines, on écrit zéro, et l'on retient ces dizaines. Le dernier produit s'écrit tel qu'on le trouve, ou tel qu'on le trouve augmenté de la retenue.*

EXEMPLE : *Multiplier 122 par 3.*

Multiplier 122 par 3, c'est chercher un produit qui contienne 3 fois 122 , parce que 3 contient 3 fois 1 (132).

Je dispose donc les deux nombres comme il est indiqué , puis je dis :

1er *chiffre du* m^{de} : 3 fois 2 font 6, que je pose sous les unités.

2me *chiffre* : 3 fois 2 font 6, que je pose sous les dizaines.

$$\begin{array}{r} 122 \\ 3 \\ \hline 366 \end{array}$$

3me *chiffre* : 3 fois 1 font 3 , que je pose sous les centaines.

DÉMONSTRATION.—Le résultat 366 est bien le produit demandé puisqu'il est formé de 3 fois les unités , 3 fois les dizaines et 3 fois les centaines , c'est-à-dire de 3 fois le multiplicande 122.

PROBLÈME SUR LA MULTIPLICATION. — *Trouver combien un négociant paye annuellement à six commis, à chacun desquels il donne 846 f.*

Puisqu'il paye 846 f. à chacun, il est clair qu'il donne 6 fois 846 f. à tous. Ainsi , de même que 6 contient 6 fois 1 , de même aussi le produit cherché contiendra 6 fois 846.

Je dispose les deux facteurs comme ci-contre , puis je dis :

1er *chiffre* : 6 fois 6 font 36. En 36 unités, il y a trois dizaines et 6 unités ; je pose les 6 unités, et je retiens les trois dizaines pour les joindre au produit des dizaines.

Opération.

$$\begin{array}{ll} \text{m}^{de}. \ . \ . & 846 \\ \text{m}^{r}. \ . \ . & 6 \\ \hline \text{P}. \ . \ . \ . & 5076 \ =\text{6 fois le m}^{de} \end{array}$$

133.—Comment opère-t-on une multiplication, lorsque le multicande a plusieurs chiffres et le multiplicateur un seul ? — Que fait on après avoir souligné l'opération ? — Que fait-on si les produits ne dépassent pas 9 ? — Mais s'ils dépassent 9 ? — Et quand quelque produit donne un nombre exact de dizaines ? — Comment s'écrit le dernier produit ?

2e chiffre : 6 fois 4... 24 et 3 de retenue.... 27. En 27 dizaines, il y a 2 centaines et 7 dizaines ; j'écris les 7 dizaines, et je retiens les 2 centaines pour les joindre au produit des centaines.

3e chiffre : 6 fois 8... 48 et 2 de retenue... 50. En 50 centaines, il y a juste 5 mille, c'est pourquoi j'écris zéro aux centaines et 5 aux mille. Là, l'opération est finie, car il n'y a plus de chiffres à multiplier.

DÉMONSTRATION. — Le résultat 5076 est bien le produit demandé, puisque pour le former, j'ai pris 6 fois les unités, 6 fois les dizaines et 6 fois les centaines du multiplicande, c'est-à-dire 6 fois le nombre 846. Donc, le produit demandé est 5076.

134.—De ce qui est dit N° 132, il suit que la multiplication est une addition abrégée.

En effet, le multiplicateur indiquant combien de fois il faut prendre le multiplicande ou une certaine partie du multiplicande, pour composer le produit, il est clair que pour obtenir ce produit, il suffit d'écrire le multiplicande ou cette partie du multiplicande autant de fois qu'il y a d'unités dans le multiplicateur toujours considéré comme nombre entier, puis de faire l'addition. On aura donc pour l'exemple 846×6, énoncé ci-dessus : $846 + 846 + 846 + 846 + 846 + 846 = 5076$.

Pour $8 \times 0{,}5$, on aura le 10e de 8 ou 0,8 à écrire 5 fois, ce qui donne $0{,}8 + 0{,}8 + 0{,}08, + 8 + 0{,}8 = 4$ unités.

135.—Mais (120) les unités du résultat d'une addition étant toujours de même nature que les unités des nombres additionnés, il s'ensuit que les unités d'un produit sont toujours de même nature que les unités du multiplicande. Donc, on reconnaît le multiplicande en ce qu'il est de même espèce que le produit demandé.

136.—Il suit encore de ce qui est dit (132), que le produit par un nombre entier est ou plus grand que le multiplicande ou égal au multiplicande, puisque multiplier par un nombre entier, c'est prendre le multiplicande autant de fois qu'il y a d'unités dans le multiplicateur (132).

137.—Pour multiplier un nombre entier par 10, par 100, par 1000..., ce qui est la même chose que le rendre 10 fois, 100 fois, 1000 fois... plus grand (22), il suffit

---

134.—La multiplication n'est-elle pas une addition abrégée?— Comment s'y prendre pour faire une multiplication par addition?

135.—A quoi reconnaît-on le multiplicande d'avec le multiplicateur? — Pourquoi le multiplicande est-il toujours de même espèce que les unités demandées?

136.—Qu'est-ce que multiplier par un nombre entier? — Qu'est le produit par rapport au multiplicande, quand on multiplie par un nombre entier?

137.—Comment multiplie-t-on un nombre entier par 10, 100, 1000?

d'écrire sur sa droite 1 zéro pour 10, 2 *pour* 100, 3 *pour* 1000...* [1]

Ainsi, $45 \times 10 = 450$... $25 \times 100 = 2500$... $7 \times 1000 = 7000$... $9 \times 10\,000 = 90\,000$...

138. Le produit de 1 par 10 étant 10 ou une *dizaine*, le produit de 1 par 100 étant 100 ou une *centaine*, etc., il s'ensuit que le produit de 1 par 20 ou par 2 *dizaines* est 20, ou 2 *dizaines*; que le produit de 1 par 400 ou par 4 *centaines* est 400, ou 4 *centaines*, etc., etc. Donc, en multipliant des unités par des dizaines, on a des dizaines; en multipliant des unités par des centaines, on obtient des centaines, etc., etc.

139. —D'après cela, *pour faire la multiplication quand le multiplicande et le multiplicateur ont chacun plusieurs chiffres, on fait autant de multiplications qu'il y a de chiffres au multiplicateur. On écrit les produits les uns sous les autres, observant de placer le premier chiffre de chaque produit partiel au même rang que le chiffre par lequel on multiplie; l'addition de ces divers produits donne le produit total.*

Exemple : *Multiplier* 234 *par* 358.

Opération.

Mde................	234		
Mr.	358		
P. par les unités........	1872	unités =	8 fois le mde.
P. par les dizaines.	1170	dizain.=	50 fois le mde.
P. par les centaines.....	702	centai.=	300 fois le mde.
P. total. ....,..	83 772	=	358 fois le mde.

Après avoir multiplié par le chiffre des unités et écrit le produit comme il est prescrit Nº 133, je multiplie par le chiffre des dizaines, mais je pose le premier chiffre de ce produit au rang des dizaines, parce que, en multipliant des unités par des dizaines, on obtient des dizaines. Je multiplie de même tout le multiplicande par les cen-

* Multiplier un nombre par 2, par 3, par 4, etc., c'est la même chose que le rendre 2 fois, 3 fois, 4 fois... plus grand : c'est aussi ce qu'on appelle *doubler, tripler, quadrupler*... un nombre.

138.—Quelle espèce d'unités donne un nombre d'unités simples multiplié par des dizaines, ou un nombre de dizaines par des unités?—Un nombre d'unités par des centaines, ou un nombre de centaines par des unités...?

139.—D'après ce qui est dit nº 139, comment s'y prend-on pour faire une multiplication, lorsque le multiplicande et le multiplicateur ont chacun plusieurs chiffres? — Que faut-il entendre par produit partiel?— Combien y a-t-il de produits partiels dans une multiplication lorsque le multiplicateur a plusieurs chiffres?

taines ; mais j'écris le premier chiffre du produit au rang des centaines, parce qu'en multipliant des unités par des centaines, on obtient des centaines [1]. Il n'y a plus qu'à additionner les 3 produits partiels 1872 unités, 1170 dizaines et 702 centaines, pour connaître le produit total.

Le résultat 83 772 est bien le produit demandé, puisque, pour le former, on a pris 8 fois, plus 50 fois, plus 300 fois, c'est-à-dire 358 fois le m^de 234.

140.—Si le multiplicande a des zéros parmi ses chiffres, *on les écrit dans les produits, aux rangs qu'ils doivent y occuper, et quand il y a une retenue au produit d'un chiffre précédant un zéro, on remplace ce zéro par cette retenue dans le produit. Quant aux zéros qui peuvent se trouver parmi les chiffres du multiplicateur, on ne s'en occupe nullement ; on passe tout de suite au chiffre significatif suivant, se rappelant d'écrire le produit des unités par ce chiffre, au rang appartenant à l'ordre de ce même chiffre (138).*

Exemple : *Trouver le produit de 2004 par 207.*

	Opération.		
M^de	2004		
M^r	207		
P. par les unités.	14028 =		fois le m^de.
P. par les centaines.	4008	== 200	fois le m^de.
P. total.	414828	== 207	fois le m^de.

Je multiplie 4 par 7, le produit est 28, j'écris 8 aux unités et je retiens 2 dizaines ; mais comme le chiffre des dizaines du m^de est zéro, il ne donne aucun produit, c'est pourquoi j'écris ma retenue au rang des dizaines. Le chiffre des centaines du multiplicande ne donnant non plus aucun produit, je l'écris au rang des centaines et je multiplie le chiffre des mille. Le chiffre des dizaines du multiplicateur étant zéro, je ne m'en occupe pas. Je passe aux centaines ; mais me rappelant (138) que 4 unités multipliées par 2 centaines, me donnent 8 centaines, j'écris 8 au rang des centaines, etc.

Ainsi, *le produit 2004 par 207 est 414 828 unités.*

[1] On peut faire des raisonnements analogues sur chaque ordre que l'on multiplie par un ordre quelconque du m^r : par exemple, le produit des dizaines par les dizaines doit être écrit au rang des centaines, car si 10 × 10=100 unités ou 1 centaine, il est évident que 3 dizaines multipliées par 5 dizaines donnent 15 centaines, etc., etc.

140.—Comment fait-on la multiplication lorsque le multiplicande a des zéros parmi ses chiffres ? — Que fait-on quand il y a une retenue au produit d'un chiffre précédant un zéro ? — Que fait-on des zéros qui peuvent se trouver dans le multiplicateur ?

PROPRIÉTÉ PRINCIPALE DE LA MULTIPLICATION.

141.—*1° On ne change pas la valeur d'un produit de deux facteurs, bien qu'on intervertisse l'ordre de ces deux facteurs.* Par exemple $5 \times 4 = 4 \times 5$.

Pour le prouver j'écris 4 groupes, contenant chacun 5 unités; puis, comptant les unités de ce tableau par rangées horizontales, je prends 4 fois le m^de 5, j'ai 5×4; et les comptant   11111
par rangées verticales, je prends 5 fois le m^r 4, j'ai 4×5;   11111
mais dans les deux cas j'ai le même produit, parce que   11111
dans les deux, j'ai la réunion des mêmes unités; donc   11111
$5 \times 4 = 4 \times 5$.

Le même raisonnement pouvant être répété pour le produit de deux autres facteurs quelconques, il faut en conclure *qu'on ne change point*, etc.

2° Ce principe, vrai pour un produit de deux facteurs, l'est aussi pour un produit de plus de deux facteurs. Donc, on ne change pas la valeur d'un produit d'un nombre quelconque de facteurs en intervertissant l'ordre de ces divers facteurs.

142.—*1° Tout produit dont l'un des deux facteurs est rendu 2 fois, 3 fois… 10 fois… trop fort ou trop faible, devient lui-même 2 fois, 3 fois… 10 fois trop fort ou trop faible.*

Soit 6×4: si l'on rend 10 fois plus fort le m^de 6, on aura $(6 \times 10) \times 4$, produit évidemment 10 fois plus fort que 6×4 puisqu'on y fait intervenir le facteur 10, et que $(6 \times 10) \times 4 = (6 \times 4) \times 10$ ou $6 \times 4 \times 10$ (n° 141, 2°). Et comme le même raisonnement peut être appliqué à tout autre produit rendu plus grand un nombre de fois quelconque, il s'ensuit que le principe est vrai. Réciproquement, $60 \times 4 = (6 \times 10) \times 4$; or, en faisant disparaître le facteur 10, on a 6×4, produit évidemment 10 fois plus faible que $(6 \times 10) \times 4$ ou que 60×4.

2° Tout produit dont chacun des deux facteurs est rendu 2 fois, 3 fois… 10 fois… trop fort ou trop faible, devient lui-même trop fort ou trop faible un nombre de fois exprimé par le produit des nombres qui multiplient ces deux facteurs.

D'après cela, si, dans $\times 4$, on multiplie 6 par 100 et 4 par 10, on aura $(6 \times 100) \times (4 \times 10)$, produit évidemment 1000 fois plus fort que 6×4, puisque en faisant intervenir les deux facteurs 100 et 10, dont le produit est 1000, on a $(6 \times 100) \times (4 \times 10)$, ce qui est la même chose que $(6 \times 4) \times (100 \times 10)$, ou que $6 \times 4 \times 1000$ (142, 1°).

141.—Change-t-on la valeur d'un produit en intervertissant l'ordre des facteurs? — Démontrez sur $5 \times 4 = 4 \times 5$. — 2° Ce principe est-il vrai aussi pour un produit d'un nombre quelconque de facteurs?

142.—1° Qu'arrive-t-il quand l'un des facteurs d'une multiplication est rendu un nombre quelconque de fois trop fort ou trop faible?

2° Et, lorsque chacun des deux facteurs devient un nombre quelconque de fois plus fort ou plus faible, quel effet cela produit-il sur le résultat?

Réciproquement, si, dans $600 \times 40 = (6 \times 100) \times (4 \times 10 = (6 \times 4)$ $\times (100 \times 10)$, on supprime les facteurs 100 et 10, on aura 6×4 produit 1000 fois plus faible que 600×40.

On a fréquemment besoin de faire l'application de ces deux principes, nous y reviendrons au besoin [1].

143.—1° *Pour multiplier une somme, on peut multiplier chacune des parties par le multiplicateur et additionner les produits partiels.*

Soit, en effet, la somme $5 + 3$. Pour la multiplier par 4, on peut l'écrire 4 fois et faire l'addition. Or, chaque partie étant écrite 4 fois, sera multipliée par 4, ce qui donne $5 + 5 + 5 + 5 + 3 + 3 + 3 + 3$, équivalent de $5 \times 4 + 3 \times 4$ ou de 8×4. Donc pour, etc.

2° *Pour multiplier par une somme, on peut multiplier le multiplicande par chacune des parties du multiplicateur et additionner les produits partiels.*

Soit à multiplier 6 par 8, comme 8 vaut 5 plus 3, on a $6 \times 5 + 6 \times 3$. En effet, en opérant par l'addition, on aura 6 à écrire 5 fois, puis 3 fois; 6 sera donc pris 5 fois plus 3 fois, c'est-à-dire 8 fois. Donc pour, etc.

3°*Il suit des deux principes énoncés ci-dessus que, pour multiplier une somme par une autre somme, on peut multiplier chacune des parties du multiplicande par chacune des parties du multiplicateur.* Ainsi, pour avoir le produit de 6 par 12, comme 6 vaut $4 + 2$ et 12, $8 + 4$, on a $4 \times 8 = 2 \times 8 + 4 \times 4 + 2 \times 4$.

144.— 1° *Usant du principe énoncé N° 141, 1°, on abrége généralement en multipliant par le multiplicande lorsqu'il a moins de chiffres que le multiplicateur, ce qui n'empêche point les unités du produit d'être de même espèce que celles du multiplicande.*

Ainsi, pour multiplier 94 par 5493, multipliez 5493 par 94.

2° *Lorsqu'on a plusieurs nombres à multiplier successivement les uns par les autres, on peut effectuer les diverses multiplications dans tel ordre qu'on veut, ce qui n'altère en rien le produit (141, 2°).*

[1] Dans ces démonstrations, il faut considérer les quantités renfermées entre parenthèses comme ne faisant qu'un seul nombre. Ainsi $(6 \times 4) \times 2$ signifie 24×2; $(6 \times 2) \times 4$ signifie 12×4; en un mot, ce sont des produits exprimés dans leurs facteurs.

143.—1° Que peut-on faire quand on a une somme à multiplier?
2° Que peut-on faire quand on a à multiplier par une somme?
3° Enfin que peut-on faire quand on a à multiplier une somme par une autre somme?
144.—Ne peut-on pas, dans certains cas, multiplier par le multiplicande?
2° Que peut-on faire quand on a plusieurs nombres à multiplier successivement les uns par les autres?

145.—*Lorsque l'un des facteurs ou les deux sont terminés par des zéros, on peut opérer d'abord comme si ces zéros n'y étaient pas, puis les écrire sur la droite du produit.*

Ainsi pour multiplier 560 par 700, multipliez 56 par 7 et écrivez trois zéros sur la droite du produit.

En effet, $560 = 56 \times 10$, et $700 = 7 \times 100$, ce qui donne $56 \times 10 \times 7 \times 100$, ou $56 \times 7 \times 10 \times 100$: on peut donc multiplier 56 par 7 et écrire un zéro sur la droite du produit, ce qui le multipliera par 10, puis deux autres zéros, ce qui multipliera le nouveau produit par 100. Ainsi le p. $560 \times 700 =$ le p^t 56×7 suivi de trois zéros (137 et 142, 2º).

NOMBRES DÉCIMAUX.

146.—*La multiplication des nombres décimaux se fait comme celle des nombres entiers, sans faire attention à la virgule ; puis on sépare sur la droite du produit autant de décimales qu'il y en a dans les deux facteurs.*

EXEMPLE I.— *Quel est le produit de 14,50 par 53,75 ?*

Après avoir multiplié, comme il est dit au Nº 139, je sépare quatre chiffres décimaux sur la droite du produit. et voici pourquoi :

Opération	
M^de	14,50
M^r	53,75
P^t par 5. . .	7250
P^t par 7. . .	10150
P^t par 3. . .	4350
P^t par 5. . .	7250
P^t total. . . .	779,3750

DÉMONSTRATION.— En opérant, on a agi comme si l'on eût eu 1450 unités à multiplier par 5375 unités ; mais en supprimant mentalement les deux virgules, on a multiplié les deux facteurs chacun par 100, le produit est donc multiplié par 100×100 ou par 10 000, il est donc 10 000 fois trop grand ; et pour le rétablir dans sa juste valeur il faut séparer sur sa droite quatre chiffres décimaux (142 2º, et 46), c'est-à-dire, autant qu'il y en a dans les deux facteurs.

EXEMPLE II. — *Combien coûteront 41^m3, si 1^m coûte 2 f. 35 ?*

Puisque le mètre coûte 2 f. 35, il est clair que 41^m 3 coûtent 41 fois 2 f. 35, plus 3 dixièmes de 2 f. 35 ; je vais donc d'abord prendre les 3 dixièmes de 2 f. 35, puis je prendrai ce même nombre 41 fois ; j'additionnerai et j'aurai la valeur de 41^m 3.

Opération.	
	2,35
	41,3
	705
	235
	940
	97,055

145.—Comment peut-on faire lorsque l'un des facteurs ou les deux sont terminés par des zéros ?

146.—Comment fait-on la multiplication des nombres décimaux ? *(Démonstration sous l'exemple.)*

L'opération donne 97 f. 055 , valeur de 41ᵐ , 3.
On démontre comme dans le 1ᵉʳ exemple.

Nota. — La démonstration qui suit l'exemple du Nᵒ 146 peut s'appliquer à tous les cas possibles ; mais on peut démontrer une multiplication de nombres décimaux par des raisonnements basés sur la définition générale : nous en donnerons un Exemple dans le Nᵒ suivant.

147.—Si le produit ne contenait pas autant de chiffres qu'il y a de décimales dans les 2 facteurs , on écrirait sur la gauche un nombre suffisant de zéros, plus un pour tenir la place des entiers.

Exemple : *Quel est le produit de 0,25 par 0,3 ?*

D'après la règle générale, on a $0,25 \times 0,3 = 0,075$.

En effet, d'après la définition de la multiplication , multiplier 0,25 par 0,3 , c'est prendre 3 fois la dixième partie de 0,25 ; or la dixième partie de 0,25 , c'est 0,025, ou 0,25 rendu 10 fois plus petit : c'est donc ce dernier nombre qu'il faut prendre 3 fois ; et comme ce sont des millièmes que l'on prend , il est clair que le produit exprime des millièmes, il faut donc écrire 0,075, en séparant trois décimales sur la droite du produit. Mais comme 25×3 ne donne que deux chiffres, il faut suppléer le troisième par un zéro écrit sur la gauche du produit 75.

Un exemple pratique.—*Quel est le prix de 25 centigrammes , lorsque le gramme coûte 0 f. 45 ?*

Raisonnement.—Puisque le gramme vaut 0 f. 45, il est clair qu'un centigramme coûte cent fois moins, ou 0 f. 0045, et 25 centigrammes 25 fois plus , ou $0 \text{ f. } 0045 \times 25$, c'est-à-dire 0 f. 1125.

Ce qui fait voir que pour trouver la valeur demandée , il suffit de multiplier 45 par 25 et de séparer 4 décimales sur la droite du produit.

148.—L'exemple qu'on vient de lire fait voir que quand le mʳ est un nombre fraction, le produit est toujours moins grand que le mᵈᵉ; et cela est évident, puisque multiplier par une fraction c'est toujours prendre le mᵈᵉ moins d'une fois , le mʳ étant toujours moindre que l'unité (132 3ᵒ).

149.— Pour multiplier un nombre décimal par 10, par 100, par 1000.... etc., ce qui est la même chose que le rendre 10 fois, 100 fois, 1000 fois plus grand , il suffit d'avancer la virgule vers la droite , d'un rang pour 10 , de

---

147.—Que faut-il faire lorsque le produit n'a pas autant de chiffres qu'il y a de décimales dans les deux facteurs?
148.—Qu'est le produit relativement au mᵈᵉ quand le mʳ est une fraction ?
149.—Comment multiplie-t-on un nombre décimal par 10, par 100 , par 1000 ?

deux pour 100, *de trois pour* 1000, *etc.* — EXEMPLE : *Combien valent* 100 *litres de vin* , *à* 0,15 *centimes le litre?* Réponse : 15 fr.

150.—On peut faire la preuve de la multiplication en renversant l'ordre des facteurs ; le produit doit être le même. On la fait aussi par la division (voir 185).

USAGES DE LA MULTIPLICATION.

151.—La Multiplication sert :
1o A former le total de plusieurs quantités égales ;
2o A trouver la valeur totale de plusieurs unités de même valeur , quand on connaît le prix de l'unité et leur nombre ;
3o A réduire des entiers en leurs parties ;
4o A évaluer les surfaces et les solides ;
5° A calculer les puissances des nombres.

DIVISION.

152.—DÉFINITION. *La* DIVISION *est une opération qui a pour but de trouver un nombre appelé* QUOTIENT , *qui, étant multiplié par le* DIVISEUR , *reproduise le* DIVIDENDE.

EXPLICATIONS.—1o Le dividende est le nombre qu'on divise, le diviseur est le nombre par lequel on divise ; le quotient est le résultat de l'opération. Toute division suppose donc toujours deux nombres donnés , au moyen desquels on découvre le troisième.

2o Le dividende est évidemment un produit dont le diviseur et le quotient sont les facteurs ; si donc on connaît un produit et l'un de ses facteurs, et qu'on veuille trouver l'autre facteur , il faudra faire une division : d'où l'on peut dire que faire une division , c'est revenir du produit à l'un de ses facteurs, au moyen de l'autre.

ABRÉV. Pour indiquer la division, on écrit le dividende , puis le diviseur ; et on les sépare par *deux points*, qu'on énonce *divisé par.* Ainsi, 20 : 5=4, signifie que 20 divisé par 5 donne 4 , et se lit : 20 *divisé par* 5 *égale* 4. On peut aussi écrire le dividende sur le diviseur, et les séparer par un trait, de cette manière $\frac{20}{5}$ qu'on lit également 20 *divisé par* 5. — On écrit quelquefois d^{de} pour *dividende* , d^r pour *diviseur*, et q^t pour *quotient*.

NOTA. La table de multiplication n° 132, est aussi table de division. Pour l'apprendre on dira : en 4 combien de fois 2 ? — 2 fois. En 6 combien de fois 2 ?—3 fois, etc. Pour s'en servir, on prendra le diviseur dans la colonne à gauche de la case où il se trouve ; on prendra le dividende dans la colonne à droite de la même case ; ou s'il

---

150. — Quelles sont les manières de faire la preuve d'une multiplication ?

151.—Quels sont les principaux usages de la multiplication ?

152.—Qu'est-ce que la division?—EXPL. 1o Qu'est-ce que le dividende?— Le diviseur ? — Le quotient ? — Que suppose toute division ? — 2o Qu'est le dividende ? — Que sont le diviseur et le quotient par rapport au dividende ?— Que résulte-t-il de là ?

n'y est pas exactement, le nombre qui en approche le plus ou moins, le quotient se trouvera au milieu, sur la ligne du dividende.

Cette table apprend donc à trouver ou le quotient exact ou la partie entière du quotient de tout nombre de deux chiffres, divisé par un nombre d'un seul. Soit par exemple : 81 divisé par 9, le quotient sera 9 exactement ; mais les nombres 82, 83... jusqu'à 100 étant aussi divisés par 9, ont aussi 9 à la partie entière de leurs quotients respectifs.

153.—RÈGLE. *Pour diviser un nombre par un autre, on écrit le diviseur à droite du dividende, on les sépare par un trait, et on souligne le diviseur, sous lequel on écrit le quotient. On sépare ensuite, sur la gauche du dividende, le plus petit nombre de chiffres qui puisse contenir le diviseur, ce qui forme le premier dividende partiel. On cherche combien de fois le premier chiffre à gauche du diviseur est contenu dans le premier, ou dans les deux premiers chiffres à gauche du premier dividende partiel. Le chiffre que l'on trouve exprime les plus hautes unités du quotient ; on l'écrit sous le diviseur. On multiplie le diviseur par ce chiffre, et l'on soustrait le produit du premier dividende partiel. A côté du reste, on descend le chiffre suivant du dividende principal, et on a le second dividende partiel. On opère sur ce deuxième dividende comme sur le premier, et l'on continue de la sorte, jusqu'à ce qu'on ait abaissé tous les chiffres restés à droite du premier dividende partiel, observant d'écrire les chiffres du quotient, le deuxième à droite du premier, le troisième à droite du deuxième, etc.*

EXEMPLE : *Diviser* 288 *par* 12.

Opération.

Dde général et premier dde partiel........	28.8	12...dr
Pt par le premier chiffre du qt..........	24	24...qt
Second dde partiel................	48	
Pt par le second chiffre du qt.........	48	
Reste...................	00	

Après avoir écrit le dividende et le diviseur comme il est dit ci-dessus, je forme le premier dividende partiel, en séparant par un point les deux premiers chiffres du dividende général, puis je dis :

1er dde *partiel.* En 2 combien de fois 1 ?—Il y est deux fois. J'écris 2 au qt, et je multiplie le dr par 2. Le produit est 24 que je soustrais

---

153.—Comment faut-il s'y prendre pour diviser un nombre par un autre ?—Quelles unités exprime le chiffre du quotient qu'on trouve dans le premier dividende partiel ?—Comment forme-t-on les divers dividendes partiels ?

de 28. A côté du reste 4, j'abaisse le second 8 du d^{de}, et le second d^{de} partiel est 48.

2e d^{de} *partiel.* En 4 combien de fois 1 ?—Il y est 4 fois. J'écris 4 au q^t, je multiplie le d^r par 4, et j'ai 48 à soustraire de 48. Il reste zéro, et l'opération est finie puisqu'il n'y a plus de chiffres à abaisser du d^{de}. Le quotient demandé est bien 24, puisque $24 \times 12 = 288$.

154.—Il résulte de la définition N° 152, que la division est une soustraction abrégée.

En effet, puisque le quotient indique combien de fois il faut prendre le diviseur ou combien il faut prendre de parties du diviseur pour retrouver le dividende, il est clair que le quotient indique combien de fois le dividende contient le diviseur ou combien de fois il en contient une certaine partie ; donc, pour trouver le quotient, il suffit d'ôter le diviseur du dividende et encore le diviseur du reste et ainsi successivement, jusqu'à ce qu'on arrive à un reste nul ou moindre que le diviseur. Ainsi, pour diviser 20 par 5, on aurait $20-5=15$; $15-5=10$; $10-5=5$; $5-5=0$; donc le q^t de 20 par 5 est 4, puisque pour diviser 20 par 5 on a fait quatre soustractions.

Pour diviser 5 par 20, on aurait 500 centièmes à diviser par 20, ce qui donnerait 25 soustractions consécutives, et le q^t serait 25 *centièmes*. Donc 5 contient 25 fois la *centième partie* de 20.

155. — D'après cela, *la division a pour but de trouver combien de fois le dividende contient le diviseur, chaque fois que ce dividende est plus grand que son diviseur.* Dans ce cas, le quotient contient toujours un nombre entier.

Et combien de fois le dividende contient une certaine partie du diviseur, toutes les fois que le dividende est moindre que le diviseur. Alors le quotient est une fraction.

156.—On reconnaît le dividende d'avec le diviseur, en ce que le dividende est de même espèce que les unités demandées, lorsque les deux nombres donnés sont d'espèces différentes. Mais lorsque ces deux nombres sont de même espèce, c'est l'énoncé de la question qui fait connaître le dividende.

154.—Comment la division est-elle une soustraction abrégée?— Comment faudrait-il s'y prendre pour faire une division par la soustraction?

155.—Quel est le but de la division quand le dividende est plus fort que le diviseur? — Et quand le dividende est plus faible que le diviseur?

156.—Quel est le moyen de reconnaître le dividende d'avec le diviseur? — Qu'est-ce qui les fait distinguer l'un de l'autre, quand ils sont d'espèces différentes?

DÉMONSTRATION DES PROCÉDÉS DE LA DIVISION.

157.—Le dividende étant un produit dont le diviseur et le quotient sont les facteurs, il s'ensuit :

1° Que *toute division se commence par la gauche du dividende ;*

2° Que *le 1ᵉʳ dividende partiel se forme du plus petit nombre de chiffres qui puisse contenir le diviseur ;*

3° Que *les plus hautes unités du quotient sont toujours de même ordre que les plus basses unités du premier dividende partiel ;*

4° Que *le nombre des chiffres du quotient, quant à la partie entière, est toujours égal au nombre des chiffres qui restent sur la droite du premier dividende partiel, plus un ;*

5° Que *chaque dividende partiel donne au quotient un chiffre de l'ordre qu'il exprime.*

1° En effet (139), pour former un produit, on multiplie tout le multiplicande par chaque chiffre du multiplicateur, en commençant par le premier à droite, et chacun donne un produit partiel de même ordre que lui ; la somme des produits partiels forme le produit général. Mais le chiffre qui exprime les plus hautes unités du multiplicateur multipliant le dernier, donne le dernier produit partiel : donc son produit se trouve tout entier dans la partie la plus reculée vers la gauche du produit général ; d'où il faut conclure que, pour déterminer le premier chiffre du quotient, ce quotient étant ici considéré comme multiplicateur, il faut le chercher dans la partie la plus reculée vers la gauche du dividende général. Donc, *toute division se,* etc. (1°).

2° Le premier chiffre du quotient ne peut être moindre que l'unité ; or, s'il est l'unité (152), en multipliant le diviseur, il le reproduit ; donc, le premier dividende ne peut être moindre que le diviseur. D'ailleurs ce premier chiffre ne pouvant surpasser 9, son produit par le diviseur est moindre que ce diviseur suivi d'un zéro. Donc, *le premier dividende partiel se,* etc. (2°).

3° Le premier dividende partiel est évidemment un nombre entier exprimant des unités d'un certain ordre ; or, le premier chiffre du quotient multipliant le diviseur reproduit le dividende ou un nombre moindre, mais exprimant toujours des unités de même ordre : donc, pour que son produit par le diviseur soit de cet ordre, il faut qu'il en soit lui-même (139). Donc, *les plus hautes unités du quotient sont,* etc. (3°).

4° Supposons à présent que le premier dividende partiel exprime

---

un nombre entier de *mille*, trois chiffres restent sur sa droite, et le premier chiffre du quotient est au moins 1 *mille;* or, tout nombre qui contient l'ordre des *mille* ne peut avoir moins de quatre chiffres (30); donc, dans le cas supposé, le quotient a quatre chiffres. Le raisonnement étant le même pour tout autre ordre que celui des mille, il s'ensuit que *le nombre des chiffres du quotient est*, etc. (4°).

5° Chaque dividende partiel renfermant le produit du diviseur par le chiffre actuellement cherché, ce que nous venons de dire du premier chiffre du quotient peut se dire de chacun des autres : chacun, au reste, peut toujours être considéré comme le premier d'une nouvelle divison. Donc, *chaque dividende partiel donne au quotient*, etc. (5°).

Le reste de chaque division partielle exprime les unités de l'ordre dont on vient de s'occuper, produites par les chiffres subséquents du quotient.

158.—Dans chaque division partielle, on ne peut avoir plus de 9 au quotient.

En effet, de même que, dans toute multiplication, nul produit partiel ne peut être moindre que une fois le multiplicande, ni plus grand que 9 fois ce même multiplicande, ainsi, dans toute division, le dividende partiel ne peut contenir le diviseur moins d'une fois, ni plus de 9 fois $+$ un reste moindre que le diviseur. Donc, s'il arrivait qu'un dividende partiel contînt le diviseur seulement 10 fois, ce dividende contiendrait une partie du produit du chiffre écrit précédemment au quotient : d'où ce chiffre serait trop faible d'une unité.

159.—On reconnaît que le chiffre qu'on vient d'écrire au quotient est trop faible lorsque, après avoir soustrait le produit du diviseur, par ce chiffre, le reste n'est pas moindre que le diviseur.

En effet, si le reste n'est pas moindre que le diviseur, il le contient au moins une fois; donc, le dernier chiffre écrit au quotient est trop faible au moins d'une unité de son ordre.

160.—On reconnaît que le chiffre qu'on vient d'écrire au quotient est trop fort quand le produit du diviseur, par ce chiffre, ne peut pas être soustrait du dividende partiel.

En effet, le diviseur multiplié par ce chiffre reproduit le dividende actuel ou un nombre moindre : or, si le produit est trop grand, c'est que le multiplicateur est trop fort.

161.—Avant d'écrire un chiffre au quotient, on fera

158.—Quel est le nombre le plus fort qu'on peut avoir au quotient dans chaque division partielle?

159.—A quoi reconnaît-on qu'un chiffre nouvellement écrit au quotient est trop faible?

160.—A quoi reconnaît-on qu'il est trop fort?

161.—Comment essaie-t-on un chiffre avant de l'écrire au quotient?

bien de multiplier mentalement par ce chiffre les deux derniers chiffres à gauche du diviseur, pour voir si leur produit, augmenté, au besoin, de la retenue donnée par le chiffre précédent, peut être soustrait du dividende partiel. Si cette soustraction peut s'effectuer, on a lieu de croire que le chiffre essayé est bon.

162.—Lorsque, après avoir abaissé un chiffre du dividende général à côté du reste, le nouveau dividende partiel ne contient pas le diviseur, cela signifie que le quotient ne contient pas d'unités de l'ordre de ce chiffre; on écrit *zéro* au quotient et l'on abaisse le chiffre suivant du dividende général pour former un nouveau dividende partiel.

Puisque le dividende actuel ne contient pas le diviseur, il est le produit du diviseur par une quantité moindre qu'une unité de l'ordre que l'on veut calculer : donc le chiffre de cet ordre est zéro, et ce dividende est une partie du dividende suivant (140).

163.—Si, après la dernière soustraction, il ne reste rien, le quotient est dit *exact*; s'il y a un reste, et qu'on le néglige, il est dit *à moins d'une unité près*. On peut écrire ce reste à droite du quotient, le souligner et écrire le diviseur au dessous.

164.—Mais, le plus ordinairement, on réduit ce reste en dixièmes, en écrivant un zéro sur sa droite; on place une virgule au quotient, à droite de la partie entière, puis on continue la division. S'il reste des dixièmes, on les réduit en centièmes, et l'on continue ainsi jusqu'à ce qu'on ait zéro pour reste, ou qu'on ait obtenu le nombre des chiffres décimaux qu'on désire.

165.—Au lieu d'écrire sous les dividendes partiels les produits provenant de la multiplication du diviseur, par les chiffres du quotient, on peut soustraire à mesure

---

162.—Que faut-il faire quand un nouveau dividende partiel ne contient pas le diviseur ?

163.—Comment le quotient est-il dit, quand il n'y a pas de reste à la division ? — Quand il y en a un et qu'on le néglige ? — Que fait-on de ce reste ?

164.—Mais plus ordinairement que fait-on de ce reste ? — S'il reste des dixièmes, des centièmes... ?

165.—N'existe-t-il pas un moyen plus abrégé de faire la division ? — Bien; mais quand un produit est plus fort que le chiffre dont il doit être soustrait, que faut-il faire ?

qu'on multiplie, et écrire seulement les restes. Quand un produit se trouve plus grand que le chiffre dont il doit être retranché, on augmente ce chiffre d'autant d'unités de l'ordre immédiatement supérieur, que cela est nécessaire pour que la soustraction puisse avoir lieu ; puis on augmente le produit du chiffre suivant, du même nombre d'unités (126).

EXEMPLE : *Diviser* 856 916 *par* 944.

Opération.

Les trois premiers chiffres du dividende ne pouvant contenir le diviseur, j'en prends 4 pour former le premier dividende partiel (153).

$$
\begin{array}{r|l}
856916 & 944 \\
7316 & \overline{907 \quad \frac{708}{944}} \\
7080 & \\
4720 & \text{ou} \\
000 & 907{,}75 \\
\end{array}
$$

Le dernier chiffre à droite du 1er dividende partiel représentant des centaines, le premier chiffre à gauche du quotient représentera aussi des centaines : donc il y aura trois chiffres à la partie entière du quotient (157).

Je cherche quel peut être le quotient de 85 divisés par 9 ; j'ai lieu de croire que c'est 9, car, en multipliant mentalement les deux derniers chiffres à gauche du diviseur, je trouve que leur produit 846 peut être soustrait des 3 derniers chiffres du 1er dividende partiel. J'écris 9 et je dis : 9 fois 4... 36 ; mais ne pouvant retrancher 36 de 9, j'augmente 9 de 3 unités de l'ordre suivant, qui valent 30 unités de l'ordre du 9, et j'ai 36 à ôter de 39. Il reste 3 que j'écris sous 9 (165).

Je multiplie de la même manière le 2e chiffre du diviseur, le produit est encore 36 ; mais comme j'ai augmenté le dividende de 3 unités de l'ordre immédiatement supérieur, j'augmente également le produit 36 de 3, ce qui donne 39 à soustraire de 6. Mais 39 ne peut être soustrait de 6 ; c'est pourquoi j'augmente 6 de 4 unités de l'ordre suivant, qui valent 40 unités de l'ordre du 6, et j'ai 39 à soustraire de 46. Il reste 7 que j'écris sous le 6 (165).

Je multiplie 9 par 9, il vient 81 qui, augmenté de 4, donne 85 à soustraire de 85. Je reconnais que 9 est bon, puisque le reste 73 est moindre que le diviseur. A côté du reste 73, j'abaisse le chiffre suivant du dividende, et j'ai 731 pour 2e dividende partiel. Mais 731 ne contient pas le diviseur, et 731 représentant des dizaines, j'en conclus qu'il n'y aura pas de chiffre significatif aux dizaines du quotient : j'y écris *zéro* et j'abaisse le chiffre des unités du dividende. Le 3e dividende partiel est conséquemment 7316. Ce dividende, représentant des unités simples, donnera des unités simples, au quotient. Je divise 73 par 9. Le quotient est 7. Je multiplie le diviseur par 7, et je soustrais successivement les différents produits. Il reste 708 ; c'est pourquoi j'écris $\frac{708}{944}$ à droite du quotient.

Mais, comme je veux avoir des décimales au quotient, j'écris un *zéro* à la droite de 708, et j'ai 7080 dixièmes. Je mets une virgule au quotient et je divise les dixièmes. Il vient 7. Je multiplie le diviseur par 7, et je soustrais successivement les différents produits. Il reste 472 dixièmes, que je réduis en centièmes, et le dividende des centièmes est de 4720. Je divise 47 par 9, il vient 5 au quotient. Je multiplie, je soustrais, et je trouve pour reste *zéro* (164).

Ainsi, le quotient demandé est 907 unités 75.

166.—Il arrive quelquefois que le dividende ne contient pas le diviseur : alors le quotient n'a pas d'entiers. *On écrit zéro au quotient pour tenir lieu de la partie entière, et une virgule à droite de ce zéro; puis on réduit les entiers du dividende en dixièmes, etc.*, comme il est dit (164).

EXEMPLE : *Quel est le nombre qui, multipliant* 240, *reproduirait* 126 ?

Le quotient demandé est évidemment la 240ᵉ partie de 126, puisque cette 240ᵉ partie étant multipliée par 240, doit reproduire 126. Donc 126 est le dividende (152).

Opération.

Le dividende 126 ne contient pas le diviseur : donc, il n'y aura pas d'entiers au quotient; c'est pourquoi j'y écris un *zéro*, suivi d'une virgule. Je réduis 126 en 1260 dixièmes ; je divise, et il vient 5 dixièmes

1260	240
600	
1200	0,525
000	

au quotient. Après avoir multiplié et soustrait, il reste 60 dixièmes, que je réduis en 600 centièmes, dont la division donne 2 centièmes au quotient. Je multiplie et je soustrais ; le reste est 120 centièmes, que je réduis en 1200 millièmes. La division de 1200 par 240 donnant 5 millièmes au quotient, et zéro pour reste, l'opération se trouve terminée.

Ainsi, le nombre demandé est 0,525 millièmes.

REMARQUE.—On voit par cet exemple que quand le diviseur est plus grand que le dividende, ce n'est plus chercher combien de fois le dividende contient le diviseur, mais combien le dividende contient de fois une certaine partie du diviseur.

En effet, ici, il est évident que 126 ne contient que les 525 millièmes de 240, puisque, pour reproduire 126, il faut prendre 525 fois la millième partie de 240. On a donc 0,240 × 525 = 126 (152).

167.—Si, après avoir réduit le dividende en dixièmes, il ne contenait pas le diviseur, *il faudrait le réduire en centièmes, etc., et écrire un second zéro au quotient. En un mot, dans ces sortes de divisions, il faut écrire au quotient autant de zéros qu'on en écrit au dividende pour qu'il contienne le diviseur; mais le premier, à gauche, doit*

166.—Comment fait-on lorsque le dividende ne contient pas le diviseur ?

167.—Que faut-il faire quand, après avoir réduit le dividende en dixième, il ne contient pas le diviseur ?

*toujours être suivi de la virgule. Ainsi pour diviser 5 par
2425 , on a :*

$$\begin{array}{c|c} 5000 & 2425 \\ 150 & \overline{\;0{,}002 + \frac{150}{2425}\;}^{1}. \end{array}$$

168.—Il arrive aussi quelquefois qu'on trouve un quotient exact avant d'avoir abaissé tous les chiffres du dividende : *si les chiffres restants sont des zéros , on les écrit à droite du quotient ; si ce sont des chiffres significatifs, on agit comme il est prescrit, si toutefois le chiffre que l'on abaisse ne contient pas le diviseur (162).*

EXEMPLE : *Un commerçant a 105 000 fr. qu'il destine à acheter du blé : Combien en aura-t-il d'hectolitres, si l'hectolitre se vend 21 fr. ?*

Puisqu'un hectolitre coûte 21 fr., il est évident qu'il aura autant d'hectolitres que 21 est contenu de fois dans 105 000 ; car, pour reproduire 105 000, il faudrait multiplier 21 par la quantité demandée.

Opération.

Le 1er dividende partiel est 105 , il contient 21 , juste 5 fois. Mais comme il reste 3 zéros à droite du dividende, je les passe

$$\begin{array}{c|c} 105.000 & 21 \\ 00 & \overline{\;5000\;} \end{array}$$

à droite du quotient. Ainsi notre commerçant aura 5000 hectolitres pour 105 000 fr.

169—*Pour diviser un nombre entier par 10, 100, 1000.., ce qui est la même chose que le rendre 10, 100 , 1000... fois plus petit (22 et 48), il suffit de supprimer sur sa droite un zéro pour 10, deux pour 100, trois pour 1000...; ou de séparer sur sa droite, par une virgule, un chiffre*

---

[1] Quand on divise une quantité exprimant un nombre de francs et que le quotient ne doit pas être multiplié , on peut s'en tenir à deux chiffres décimaux et négliger le reste, attendu que nous n'avons pas de monnaie plus petite que le centime. Il est d'usage d'augmenter de 1 le chiffre des centimes, quand le chiffre des millièmes est 5 ou plus que 5. Quand le quotient doit être multiplié, calculez trois décimales, si le multiplicateur est compris entre 1 et 10; calculez-en quatre , si le multiplicateur est compris entre 10 et 100 ; cinq, s'il est compris entre 100 et 1000; six, s'il est compris entre 1000 et 10 000 : ainsi de suite, et abandonnez le reste; la perte n'influera pas sur les centimes.

168.—Que faut-il faire quand on trouve un quotient exact avant d'avoir abaissé tous les chiffres du dividende général?

169.—Comment divise-t-on un nombre entier par 10, par 100, par 1000...?

pour 10, *deux pour* 100, *trois pour* 1000; *et, lorsque le nombre à diviser n'a pas assez de chiffres sur sa gauche, on y écrit un nombre suffisant de zéros* [1].

PROBLÈME : *On a acheté* 100 *mètres de drap pour* 1200 *fr. : Quel est le prix du mètre ?* Réponse 12 fr.

En effet, si 100 m. valent 1200 fr., il est évident que 1 m. vaut 100 fois moins : il vaut donc 1200 : 100 = 12.

AUTRE PROBLÈME : *En admettant que le m. de drap vaille* 10 *fr., combien en aurait-on de m. pour* 55 *fr. ?* Réponse 5 m. 5 d.

En effet, si le mètre se vendait 1 fr., on en aurait 55 pour 55 fr., mais comme il se vend 10 fois 1 fr., il est évident qu'on en aura 10 fois moins; on en aura donc 55 : 10 = 5m.5. (On peut adapter ce raisonnement à l'*exemple* du N° 168, et celui du N° 168 à ce dernier.)

170—Lorsque le diviseur n'a qu'un chiffre, *on peut faire la multiplication et la soustraction en même temps, et écrire le quotient sous le dividende sans poser le diviseur.*

PROBLÈME : *On a distribué* 96 450 *fr. à un certain nombre de soldats, qui ont eu* 5 *fr. chacun : Combien étaient-ils ?*

Si l'on connaissait le nombre des soldats, on n'aurait qu'à multiplier 5 francs par ce nombre, pour reproduire 96 450 fr. Donc, 96 450 est le dividende, et 5 le diviseur.

$$\text{dde} \quad \underline{96\ 450}$$
$$\text{qt} \quad 19\ 290 = \text{le cinquième du dividende.}$$

Après avoir écrit et souligné le dividende, je dis, en commençant par la gauche : le cinquième de 9 est 1 pour 5, et il reste 4, qui valent 40 de l'ordre suivant. J'écris 1 sous 9; 40 et 6... 46; le cinquième de 46 est 9 pour 45, et il reste 1, qui vaut 10 de l'ordre suivant. J'écris 9 sous 6; 10 et 4 .. 14; le cinquième de 14 est 2 pour 10, et il reste 4, qui valent 40 de l'ordre suivant. J'écris 2 sous 4; 40 et 5... 45; le cinquième de 45 est 9, et il ne reste rien.

Les chiffres significatifs du dividende donnant un quotient exact, j'écris au quotient le zéro restant. Ainsi, le nombre des co-partageants est 19 290.

---

[1] Diviser un nombre par 2, par 3, par 4..., est aussi la même chose que rendre ce nombre 2, 3, 4... fois plus petit : c'est ce qu'on appelle prendre *la moitié, le tiers, le quart...* de ce nombre.

170.—N'existe-t-il pas un moyen très-avantageux qu'on peut employer lorsque le diviseur n'a qu'un seul chiffre ?

PRINCIPALES PROPRIÉTÉS DE LA DIVISION.

171—*Lorsque le dividende est multiplié par un nombre quelconque, le quotient est multiplié par le même nombre.*

En effet, puisque le diviseur, multiplié par le quotient, reproduit le dividende. il s'ensuit que si ce dividende est, par exemple, multiplié par 3, il sera 3 fois plus grand : donc, pour le reproduire, il faudra multiplier le diviseur par un nombre 3 fois plus grand; mais ce multiplicateur c'est le nouveau quotient, il est donc 3 fois plus grand que le premier, donc il est multiplié par 3.

Il suit de là que *pour multiplier un quotient, il suffit de multiplier le dividende.*

172.—*Lorsque le diviseur est multiplié par un nombre quelconque, le quotient est divisé par le même nombre.*

En effet, le diviseur, multiplié par le quotient, reproduit le dividende; or, si le diviseur est rendu 2 fois plus grand par exemple, il faudra, pour qu'il reproduise le dividende, le multiplier par un nombre 2 fois plus petit; mais ce nombre, c'est le nouveau quotient : donc il est 2 fois moindre que le premier; donc, il est divisé par 2.

Il suit de là que *pour diviser un quotient, il suffit de multiplier le diviseur.*

173.—*Lorsque le dividende et le diviseur sont multipliés par un même nombre, le quotient ne change pas de valeur.*

En effet, le quotient, multipliant le diviseur, reproduit le dividende; or, supposons le dividende multiplié par 10, le quotient devient 10 fois plus grand; mais multiplions le diviseur par 10, le quotient deviendra 10 fois moindre et il y aura compensation. Il suit de là qu'*un quotient ne change pas lorsqu'on multiplie le dividende et le diviseur par un même nombre.*

174.—*Lorsque le dividende est divisé par un nombre quelconque, le quotient est divisé par le même nombre.*

Ainsi, en supposant le dividende divisé par 4, le quotient sera divisé par 4, parce que pour reproduire le dividende, il faudra multiplier le diviseur par un nombre 4 fois plus faible.

Donc, *pour diviser un quotient, il suffit de diviser le dividende.*

175.—*Lorsque le diviseur est divisé par un nombre quelconque, le quotient est multiplié par le même nombre.*

171.—Quel effet produit sur le quotient la multiplication du dividende par un nombre quelconque?

172.—Celle du diviseur?

173.—Celles du dividende et du diviseur par un même nombre?

174.—Quel effet produit sur le quotient la division du dividende par un nombre quelconque?

175.—Celle du diviseur?

Ainsi, en supposant que le diviseur soit rendu 3 fois plus petit, il faudra le multiplier par un nombre 3 fois plus grand pour qu'il reproduise le dividende.

Donc, *pour multiplier un quotient, il suffit de diviser le diviseur.*

176.—*Lorsque le dividende et le diviseur sont divisés par un même nombre, le quotient ne change pas de valeur.*

Ainsi, supposons le dividende divisé par 4 : le quotient sera aussi divisé par 4 ; mais si le diviseur est à son tour divisé par 4, le quotient sera multiplié par 4: il y aura donc compensation.

Donc, *pour faire qu'un quotient ne change pas, il suffit de diviser le dividende et le diviseur par un même nombre.*

177.—On fait usage de la propriété énoncée n° 176, lorsque le dividende et le diviseur sont terminés par des zéros, en supprimant un nombre égal de zéros dans l'un et dans l'autre. Ainsi diviser 4500 par 900, revient à diviser 45 par 9.

NOMBRES DÉCIMAUX.

178.— *Pour faire la division des nombres décimaux, il faut rendre égal le nombre des décimales dans le dividende et dans le diviseur, en écrivant à droite de celui des deux nombres qui a le moins, ou qui n'a pas du tout de décimales, autant de zéros que cela est nécessaire pour la réduire en la plus petite espèce d'unités donnée.*

Cela fait, on supprime la virgule et les zéros qui peuvent précéder les chiffres significatifs, et l'on divise selon la règle générale n° 153. Si le nombre des décimales était égal de part et d'autre, il suffirait d'ôter les virgules.

Si le dividende ainsi préparé est plus grand que le diviseur préparé, on aura des entiers au quotient; mais si le dividende préparé est plus faible que le diviseur préparé, on n'aura au quotient que des parties décimales. Dans ce cas, on a recours aux règles 166 et 167. Mais comme on

---

176.—Celles du dividende et du diviseur par un même nombre ?

177.—Comment fait-on la division de deux nombres terminés par des zéros ?

178.—Comment faut-il s'y prendre pour effectuer une division de nombres décimaux ? — Si le nombre de décimales était égal de part et d'autre, que suffirait-il de faire ? — Qu'obtient-on au quotient, quand le dividende préparé est plus fort que le diviseur aussi préparé ? — Mais quand il est plus faible ? — Que peut-on faire alors ? — *(Démonstration, sous l'exemple.)* — *(Autre démonst., n° 179.)*

peut réduire tout de suite le dividende en la plus petite espèce de décimales que l'on désire obtenir, il s'ensuit que si le diviseur est terminé par des zéros, on peut les supprimer et en supprimer un égal nombre dans le dividende réduit.

D'après cela, diviser 456 par 35,243, revient à diviser 456 000 par 35 243. Diviser 0,9 par 0,0009, donne $\frac{9000}{9}$ c'est-à-dire 9 mille à diviser par 9.

Exemple : *Soit à diviser 12,324 par 3,081.*

Opération.

Le dividende et le diviseur ayant le même nombre de décimales, je supprime la virgule de part et d'autre et j'ai 12 324 à diviser par 3081 et le quotient est 4 unités, parce que le dividende contient le diviseur 4 fois.

$$
\begin{array}{c|c}
12324 & 3081 \\
0000 & \overline{4} \\
\end{array}
$$

Démonstration. — En ôtant la virgule du diviseur, on le multiplie par mille, d'où le quotient est divisé par mille ; mais en multipliant le dividende aussi par mille, on multiplie par cela même le quotient par mille. Or, le dividende et le diviseur étant multipliés par un même nombre, le quotient reste le même (173).

Problème : *On a donné 33 fr. 62 pour 6ᵐ724 d'ouvrage : A combien revient le mètre ?*

Raisonnement. — Le dividende est 33 f. 62, et 6m 724 le diviseur, parce que le prix d'un mètre étant connu, il suffirait de le multiplier par 6m 724, pour reproduire le dividende 33 f. 62. Donc, on connaît un produit, 33 f. 62, et l'un de ses facteurs, 6m 624, et l'on demande l'autre, à quoi je connais qu'il s'agit de faire une division. Otant donc la virgule du diviseur, je suppose que j'aie 6724 mètres ; mais si je prends mille fois plus de mètres, il faut que je prenne mille fois plus de francs aussi. D'où j'ai 33 620 f. à diviser par 6724m, ce qui donne 5 fr. pour la valeur du mètre, parce que le dividende contient le diviseur 5 fois.

179.—*On peut démontrer une division de nombres décimaux par des raisonnements basés sur la définition générale, n° 152. En voici un exemple :*

Soit à diviser 0,39 par 0,78.

On a 0,39 : 0,78 donne 39 à diviser par 78 ou 0,5, quotient cherché.

Démonstration. — D'après la définition de la division, diviser 39 *centièmes* par 78 *centièmes*, c'est chercher un quotient qui étant multiplié par 78 *centièmes* reproduise 39 *centièmes*, d'où il suit que le dividende 0,39 est les 78 *centièmes* du quotient cherché. Or, en divisant 0,39 par 78 unités, on a 1 centième de ce quotient : on aura donc les 100 *centièmes* ou le quotient tout entier, en multipliant aussi le dividende 0,39 par *cent*, ce qui donne bien 39:78.

Ainsi pour tout autre cas, ce qui justifie la règle, n⁰ 178.

Problème : *Quel est le prix du gramme, lorsque* 0ᵍʳ 4ᵈᵉᶜⁱᵍ· *se vendent* 0 *fr.* 50 ?

Raisonnement. — Puisque 4 décig. valent 50 centimes, il est évident que 1 décig. vaut le quart de 0,50, ou 0,125. Or, connaissant le prix d'un décig., on n'a plus qu'à le prendre 10 fois pour connaître celui de 10 décig. ou d'un g. Mais en multipliant 0,5 par 10, on a le prix de 4 g.: donc, il faut diviser ce prix par 4 g., pour avoir le prix d'un g. On a donc 0,50 : 0,4=0,50 : 0,40 ou 0,5 : 0,4 ou enfin 5 : 4, ce qui donne 1 f. 25, prix du gramme.

180. — *Lorsque le dividende seul a des décimales, on peut se dispenser d'écrire des zéros au diviseur ; mais il faut mettre la virgule au quotient, quand on abaisse le chiffre des dixièmes.*

Exemple : *Combien aura-t-on de kilogrammes pour* 120 *fr.* 88 *c., à* 8 *fr. le kilogramme ?*

Le quotient multipliant 8ᶠ. reproduirait 120,88 : donc 120ᶠ. 88 est le dividende et 8 le diviseur.

Opération.

Je divise d'abord les entiers; le quotient est 15, et il reste zéro. A droite du reste zéro, j'abaisse le chiffre des dixièmes, et je mets la virgule au quotient. Je divise 8 par 8 ; le quotient est 1, et il reste zéro. J'abaisse le 8 des centièmes, je divise, et le quotient est encore 1, et le reste zéro.

$$\begin{array}{r|l} 120{,}88 & 8 \\ 40 & \overline{15\ 11} \\ 08 & \\ 08 & \\ 0 & \end{array}$$

181. — Remarque. — Diviser par une fraction, c'est également chercher combien de fois le dividende contient le diviseur, ou combien il en contient une certaine partie, suivant que le dividende est plus grand ou plus petit que le diviseur.

Ainsi, dans 0,75 : 0,25=3, le dividende contient 3 fois le diviseur, car 0,25 × 3=0,75. Dans 0,60 : 0,75=0,8 le dividende ne contient que les 0,8 du diviseur, puisque 0,75 × 0,8=0,60. (Relire le n⁰ 155.)

182. — Autre remarque. — Le quotient par une fraction est tou-

---

180. — Dans quel cas peut-on se dispenser de donner des zéros au diviseur ? — Mais que faut-il observer alors ?

181. — Quand est-ce que diviser par une fraction c'est chercher combien de fois le dividende contient le diviseur ? — Quand est-ce que c'est chercher combien le dividende contient de fois une certaine partie du diviseur ?

182. — Qu'est le quotient par rapport au dividende, quand le diviseur est une fraction ? — Pourquoi cela ?

jours plus grand que le dividende, car le diviseur indique quelle portion du quotient il faut prendre pour recomposer le dividende : or, si le dividende n'est formé que d'une portion du quotient, il est moindre que lui.

Soit 0,75 le dividende, 0,25 le diviseur : le dividende est nécessairement moindre que le quotient, puisqu'il n'en est que les 0,25 (revoir le n° 155).

183. — *Pour diviser un nombre décimal par* 10, 100, 1000..., *il suffit d'avancer la virgule vers la gauche, de un rang pour* 10, *de deux pour* 100, *de trois pour* 1000...; *et, si le nombre n'a pas assez de chiffres sur sa gauche, on y écrit un nombre suffisant de zéros.*

PROBLÈMES : *100 mètres coûtent* 0 *f.,* 58 : *Quel est le prix du m.?* R. 0,0058...— *Quel est le quotient de* 475 *divisé par* 1000 ? R. 0,475, *etc.*

184. — *La preuve de la division se fait en multipliant l'un par l'autre le diviseur et le quotient : le produit, augmenté du reste de la division, doit être égal au dividende. Au reste, cette preuve est indiquée par la définition même de la division.*

Ainsi, en admettant qu'on ait divisé 247 par 7, que le quotient ait été 35, et le reste 2, pour faire la preuve de cette division, j'ai 35 × 7 + 2=245 + 2=247 : d'où je conclus que l'opération a été bien faite.

PREUVE DE LA MULTIPLICATION PAR LA DIVISION.

185. — *Pour faire la preuve de la multiplication par la division, il suffit de diviser le produit par l'un des facteurs : on doit trouver l'autre facteur au quotient. Cette preuve se tire encore de la définition de la division.*

EXEMPLE : *On a multiplié* 27 *par* 75 ; *on a trouvé* 2025 *pour produit : faire la preuve de cette multiplication.*

On a, d'après la règle, 2025 : 27=75, ou 2025 : 75 =27.

183.—Comment divise-t-on un nombre décimal lorsque le diviseur est un des nombres 10, 100, 1000...?
184.—Comment fait-on la preuve d'une division ?

185.—Comment fait-on par la division la preuve de la multiplication ?

186.—On peut encore multiplier l'un des facteurs par un nombre quelconque, et diviser l'autre par le même nombre, puis, multiplier l'un par l'autre les deux facteurs ainsi préparés ; le produit doit être le même que si l'on n'eût pas altéré les facteurs.

Si, *en multiplant* 75 *par* 25, *on a trouvé* 1875, *pour faire la preuve* je multiplie 25 par 5, et j'ai 125 pour multiplicateur ; mais je divise 75 par 5, et j'ai 15 pour multiplicande ; puis, j'effectue la multiplication 15 $\times$ 125 ; et, comme je trouve 1875, j'en conclus que l'opération est exacte.

Nota. On peut faire la preuve de la multiplication **et** de la division au moyen du nombre 9 (voir n° 252).

USAGES DE LA DIVISION.

187.—La division sert :

1° A partager une somme en autant de parties égales que le diviseur compte d'unités ;

2° A connaître le prix de l'unité, quand on connaît le prix de plusieurs unités de même valeur, et le nombre de ces unités ;

3° A connaître le prix de l'unité, quand on connaît le prix de plusieurs parties de l'unité ;

4° A trouver le nombre des co-partageants d'une somme également répartie entre eux, quand on connaît cette somme et la part d'un des co-partageants ;

5° A trouver combien on aura d'unités pour une somme, quand on connaît cette somme et le prix de l'unité ;

6° A réduire des parties en unités principales ;

7° En général, la division sert à trouver l'un des facteurs d'un produit quelconque, quand on connaît l'autre facteur et ce produit, et à trouver combien de fois un nombre contient un autre nombre, ou combien il contient de fois l'une des parties de cet autre nombre.

186.—N'y a-t-il pas une autre preuve de la multiplication, où l'on emploie simultanément la multiplication et la division ?

187.—Quels sont les usages de la division ? — 1°, 2°, 3°, 4°, 5°, 6°, 7°?

ADDITION DES NOMBRES COMPLEXES
(Voir n°s 11, 109, 110) ¹.

188.—*Pour faire l'addition des nombres complexes, on écrit les unités de même dénomination les unes sous les autres ; et, après avoir souligné, on commence l'addition par les plus petites de ces unités ; si la somme ne contient pas une unité de l'espèce immédiatement supérieure, on l'écrit dessous ; si elle renferme une ou plusieurs unités de l'espèce immédiatement supérieure, on ne pose que l'excédant de ces unités, que l'on retient pour les joindre aux unités de cette espèce, sur lesquelles on opère de la même manière. On continue ainsi jusqu'aux unités principales, sur lesquelles on opère comme il est dit au n° 121.*

PROBLÈME : *Un propriétaire a occupé un ouvrier 15 jours 8 heures, une première fois ; 25 j. 10 h. une seconde, et 11 j. 9 h. une troisième : Combien cet ouvrier a-t-il travaillé de jours et d'heures en tout, sachant d'ailleurs que ses journées sont de 13 heures ?*

J'additionne d'abord la première colonne à droite, qui représente les unités d'heures. Il y en a 17, j'écris 7 à côté de l'opération, et je retiens une dizaine que je joins à la colonne

Opération.

15 j.	8 h.		
25	10		
11	9		13
53 j.	1 h.	27	2
		1	

des dizaines. Je trouve 2 dizaines que j'écris à gauche de 7 unités, ce qui fait 27 heures. Comme la journée est de 13 heures, je divise 27 par 13, il vient 2 journées, et il reste une heure. J'écris 1 au résultat, sous les unités, et je retiens les 2 journées pour les joindre aux unités de jours, etc. (121). Ainsi, l'ouvrier a travaillé 53 jours 1 heure.

SOUSTRACTION DES NOMBRES COMPLEXES.

189.—*On fait la soustraction des nombres complexes*

¹ On opère sur les nombres incomplexes comme sur les autres nombres entiers.

188.—Comment fait-on l'addition des nombres complexes ?

189.—Comment fait-on la soustraction des nombres complexes ?— Que faut-il faire quand, parmi les subdivisions, un nombre inférieur est plus fort que son correspondant supérieur ? — Mais pour que la différence ne change pas… ?

en écrivant d'abord les unes sous les autres les unités de même dénomination ; puis, le tout étant souligné, on retranche, à partir de la droite, chaque nombre inférieur de son correspondant supérieur ; on pose les restes au dessous, et s'il n'y en a point, on écrit zéro. Quand, parmi les subdivisions, un nombre inférieur est plus grand que son correspondant supérieur, on augmente ce dernier d'autant d'unités de son espèce qu'il en faut pour composer une unité de l'espèce immédiatement supérieure ; mais, pour que la différence ne change pas (126), on augmente d'une unité le nombre inférieur immédiatement à gauche. On continue ainsi jusqu'aux unités principales, sur lesquelles on opère comme sur les autres nombres entiers.

Problème : *Pierre est né le 22 janvier 1805, à 2 heures du matin : Quel âge a-t-il aujourd'hui, 6 septembre 1850, à 4 heures du soir ?*

Opération.

	1850 a.	8 m.	5 j.	16 h.
	1805 a.	0 m.	21 j.	2 h.
Reste	45 a.	7 m.	14 j.	14 h.
Preuve	1850 a.	8 m.	5 j.	16 h.

Je remarque que, du 1er janvier au 6 septembre, il y a 8 mois et 5 jours ; et que de minuit à 4 heures du soir, il y a 16 heures : c'est pourquoi j'écris 1850 a. 8 m. 5. j. 16 heures. Je remarque d'autre part que, du 1er janvier au 22 du même mois, il y a 21 jours, plus les 2 heures, qui comptent de minuit ; c'est pourquoi j'écris au dessous 1805 a. 0 m. 21 j. 2 heures. Je fais d'abord la soustraction des heures ; puis, passant aux jours, je vois que 21 ne peut être soustrait de 5 ; j'augmente 5 d'un mois qui vaut 30 jours [1], et j'ai 21 à soustraire de 35. Il reste 14. Ayant augmenté d'un mois le nombre supérieur, j'augmente de la même quantité le nombre inférieur, et j'ai 1 à soustraire de 8. Il reste 7 mois, etc., comme au n° 127. Ainsi, l'âge de Pierre est 45 ans 7 mois 14 jours 14 heures.

Pour faire la preuve, je fais une addition de nombres complexes (129 et 188).

---

[1] Mois de 30 jours : *Avril, juin, septembre, novembre.* Mois de 31 jours : *Janvier, mars, mai, juillet, août, octobre, décembre. Février* n'a que 28 jours dans les années communes, et 29 dans les années bissextiles.

MULTIPLICATION DES NOMBRES COMPLEXES.

190.—Pour faire la multiplication des nombres complexes, quand l'un seulement des facteurs est complexe, on réduit les unités principales de ce facteur en unités de l'espèce immédiatement inférieure, en les multipliant par le nombre qui exprime combien il faut de ces unités inférieures pour composer une unité principale, et l'on joint au produit les unités données de cette espèce. S'il y a des unités inférieures à celles que l'on vient d'obtenir, on continue la réduction, jusqu'à ce qu'on ait tout réduit en unités de la plus petite espèce. Alors on fait la multiplication, mais on divise le produit par une unité principale, réduite en unité de la plus petite espèce donnée.

Si les deux facteurs sont complexes, on les réduit l'un et l'autre en unités de la plus petite espèce énoncée, ayant soin de joindre aux produits successifs les unités données de l'espèce nouvellement obtenue; puis, on fait la multiplication, et l'on divise le produit par le produit de tous les nombres qui ont servi à multiplier le multiplicande et le multiplicateur.

Si, dans l'un comme dans l'autre cas, il y a un reste à la division, on le multiplie par le nombre qui exprime combien il faut d'unités de l'espèce immédiatement inférieure pour composer une unité de l'espèce obtenue au quotient, puis on continue la division. Ainsi pour les autres restes.

On agirait comme pour les restes si, à la première division, le dividende ne contenait pas le diviseur.

Problème : *Un ouvrier a fait 35 journées, 9 heures de travail, à 2 fr. 25 c. par jour : Combien lui est-il dû, la journée de travail étant de 13 heures ?*

190.—Comment fait-on la multiplication des nombres complexes, quand l'un seulement des facteurs est complexe? — Comment quand les deux facteurs sont complexes ? — Que fait-on s'il y a un reste à la division ? —Comment agirait-on si, à la première division, le dividende ne contenait pas le diviseur?

(*Démonstrations, sous les deux exemples.*)

Opération.

$$2,25$$
$$464$$

$$900$$
$$1350$$
$$900$$

$$104400$$

J'écris d'abord le multiplicande 2 fr. 25, puis je réduis le multiplicateur 35 jours en heures, en le multipliant par 13, nombre qui exprime la valeur d'un jour en heures, et il vient 455 heures, valeur de 35 jours en heures. A 455, j'ajoute les 9 heures données, et le multiplicateur est 464. Je multiplie 2,25 par 464, et le produit est 104 400; mais le multiplicande ayant deux décimales, j'en sépare deux au produit, et comme le produit est terminé par deux zéros, je les supprime : d'où, en suivant la règle, j'ai 1044 à diviser par 13, et la réponse est 80 fr. 30.

1044	13
40	
10	80,30 $\frac{10}{13}$

EXPLICATION. — Pour comprendre ce procédé, rappelons-nous que 2 fr. 25 est le prix convenu pour 13 h. de travail ; or, le prix pour 1 h. est 13 fois moindre, c'est-à-dire, 2,25 divisé par 13, ce qu'on indique par $\frac{2,25}{13}$, il faut donc multiplier ce prix d'une heure par le nombre d'heures que l'ouvrier a employées, cè qui donne bien $\frac{2,25 \times 464}{13}$, car on sait que quand on doit multiplier un quotient, on peut multiplier le dividende et diviser le produit, ce qui donne un quotient tout multiplié (171). Cela s'indique d'une manière générale par $\frac{2,25(\times 13 \times 35 + 9)}{13}$. Ce qui justifie le premier alinéa de la règle 190.

PROBLÈME II. *Supposé qu'un navire parcourt* 2 degrés 24 minutes *par jour : Combien parcourra-t-il de* degrés *et* minutes *en* 20 *jours* 12 *heures?*

Opération.

$$144$$
$$492$$

$$288$$
$$1296$$
$$576$$

$$70848$$

2 degrés 24 minutes valent $60 \times 2 + 24$, ou 144 minutes. 20 jours 12 heures valent $24 \times 20 + 12$, ou 492 heures. Je multiplie donc 144 par 492, et je divise, selon la règle, le produit 70 848 par 24×60 ou par 1440 ; le quotient est 49º et le reste 288. Je multiplie le reste 288 par 60, et je continue la division, ce qui donne 12'. Donc, ce navire fera 49 degrés 12 minutes dans les 20 jours 12 heures.

70848	1440
13248	
288	49º 12'
60	
17280	
2880	
0000	

EXPLICATION. — Puisque, dans 24 h., le navire fait 144 minutes de degrés, il est clair que dans une heure il en fait 24 fois moins ou 144 divisés par 24, et dans 492 h. 492 fois plus : on aura donc le nombre de minutes de degré par $\frac{144 \times 492}{24}$, mais on aura 60 fois moins de degrés que de minutes, il faudra donc diviser par 60, ce qui donnera $\frac{144 \times 492}{24 \times 60}$. Cela s'indique en général par $\frac{(60 \times 2 + 24) \times (24 \times 20 + 12)}{24 \times 60}$, ce qui justifie le second alinéa de la règle 190.

191.—Remarque. — Quand le nombre d'heures composant une journée de travail est donné, on réduit les jours en heures en les multipliant par ce nombre, comme on le voit dans l'exemple précédent.

Mais quand il s'agit de connaître les heures contenues dans un nombre de jours, il faut multiplier par 24.

Ainsi, pour trouver les jours, les heures, les minutes et les secondes contenus dans 5 ans, on a $5 \times 365 \times 24 \times 60 \times 60 = 1825 \times 24 \times 60 \times 60 = 43\,800 \times 60 \times 60 = 2\,628\,000 \times 60 = 15\,768\,000$ secondes.

DIVISION DES NOMBRES COMPLEXES.

192.—Pour faire la division des nombres complexes, quand l'un seulement des deux nombres, dividende ou diviseur, est complexe, on réduit ce nombre en sa plus petite subdivision, ayant soin, à chaque multiplication, d'ajouter au produit les unités données de l'espèce obtenue; puis on multiplie l'autre nombre par les mêmes nombres qui ont servi à multiplier le premier, et l'on fait la division. Le quotient que l'on obtient représente les unités principales demandées. S'il y a un reste, on le multiplie par le nombre qui exprime combien il faut d'unités de l'espèce immédiatement inférieure pour composer une unité principale; puis on continue la division. Ainsi pour les autres restes.

Si le dividende et le diviseur sont complexes, on les réduit chacun à sa plus petite espèce énoncée; puis on multiplie le dividende par tous les nombres qui ont multiplié le diviseur, et le diviseur par tous les nombres qui ont multiplié le dividende. Alors, on fait la division, et l'on se comporte, pour les restes, comme il est dit ci-dessus.

On agirait comme pour les restes, si le dividende préparé ne contenait pas le diviseur aussi préparé.

191.—Comment réduit-on des jours en heures, lorsque le nombre d'heures composant une journée est donné?— Comment fait-on dans les autres cas?

192.—Comment fait-on la division des nombres complexes lorsque l'un seulement des termes de cette division est complexe? — S'il y a un reste, que fait-on? Comment fait-on quand les deux termes sont complexes? — Comment ferait-on si le dividende préparé ne contenait pas le diviseur préparé?

(Démonstrations, sous les exemples.)

PROBLÈME I. *Trouver le gain journalier d'un ouvrier qui, ayant travaillé 21 j. 7 h., a gagné 75 fr. 25 ; le temps de la journée étant de 14 h.*

Opération.

Ainsi que le prescrit la règle, je multiplie le diviseur 21 par 14, et j'ajoute 7 au produit ; je multiplie également par 14 le dividende 75,25, et j'ai 1053,50 à diviser par 301 : le quotient est 3,50, donc la réponse est 3 fr. 50.

$$\text{Dde } 75{,}25 \times 14 = 1053{,}5$$
$$\text{Dr } 21 \times 14 + 7 = 301$$

$$
\begin{array}{r|l}
1053{,}5 & 301 \\
1505 & \overline{} \\
0000 & 3{,}5 \\
\end{array}
$$

EXPLICATION. — Le calcul annonce que l'ouvrier a fait 301 heures de travail pour gagner 75 fr. 25 ; or, en divisant 75,25 par 301, on aurait le gain d'une heure, qu'il faudrait multiplier par 14 pour avoir le gain d'un jour : il faut donc multiplier le dividende 75,25 par 14 (171). On indiquera donc cette opération par $\frac{75{,}25 \times 14}{14 \times 21 + 7}$, ce qui justifie la première partie de la règle 192.

PROBLÈME II. *Supposé qu'un navire parcourt 49° 12' dans 20 j. 12 h. : Combien parcourt-il par jour ?*

Opération.

Pour faire l'application de la 2me partie de la règle no 192, je multiplie 60 par 49, ce qui donne les minutes de 49° ; au produit j'ajoute 12, puis je multiplie la somme par 24. D'autre part, je réduis 20 jours en heures et j'ajoute 12, je multiplie la somme par 60, et j'ai 70 848 à diviser par 29 520 : le quotient est 2 et le reste 11 808 ; je le multiplie par 60, et je continue la division, ce qui donne les minutes du quotient. D'où la réponse est 2 degrés 24 minutes.

$$\text{Dde } (60 \times 49 + 12) \times 24 = 70848$$
$$\text{Dr } (24 \times 20 + 12) \times 60 = 29520$$

$$
\begin{array}{r|l}
70848 & 29520 \\
11808 & \overline{} \\
60 & 2^{\circ}\ 24' \\
\hline
708480 & \\
00000 & \\
\end{array}
$$

EXPLICATION. — En multipliant 60 par 49 et ajoutant 12 au produit, on a le nombre de minutes que parcourt le navire dans 20 j. 12 h.; et en multipliant 24 par 20 et ajoutant 12 au produit, on a le nombre d'heures employées à parcourir ce nombre de minutes ; or, en divisant la première quantité par la seconde, on aurait le nombre de minutes parcourues dans une heure ; mais on veut d'une part, le nombre parcouru dans 24 h., et il est clair qn'on en aura 24 fois plus : donc il faut multiplier le dividende par 24 ; d'autre part, ce sont des degrés qu'on demande, et il est clair qu'on en aura 60 fois moins : donc il faut multiplier le diviseur par 60. D'après cela, cette opération s'indiquera par $\frac{60 \times 49 + 12 \times 24}{24 \times 20 + 12 \times 60}$. (Règle 192.)

FRACTIONS ORDINAIRES [1].

193.—On appelle *fraction ordinaire*, *ou simplement fraction*, *une ou plusieurs parties de l'unité, divisée en un nombre quelconque de parties égales.* Si l'on partageait une pomme, par exemple, en 6 parties égales, chaque morceau serait *un sixième* de la pomme ; si on la partageait en 15, chaque morceau en serait *un quinzième ;* conséquemment, *un sixième*, *un quinzième*, sont des fractions.

194.—On représente une fraction au moyen de deux nombres : l'un appelé *dénominateur*, indique en combien de parties égales l'unité est partagée ; l'autre, appelé *numérateur*, indique combien l'on a de ces parties.

195.—Pour écrire une fraction, on place le dénominateur sous le numérateur, et on les sépare par un trait. Ainsi, pour représenter *trois* parties d'une unité partagée en *cinq*, on écrit $\frac{3}{5}$.

196.—Pour *énoncer* une fraction, on énonce d'abord le numérateur, puis le dénominateur, en donnant à ce dernier la terminaison *ième*.

Ainsi, la fraction $\frac{3}{5}$ (3 sur 5) s'énonce *trois cinquièmes*, et $\frac{7}{9}$ (7 sur 9) s'énonce *sept neuvièmes*. Sont exceptées les fractions qui ont pour dénominateur 2, 3, 4, qui s'énoncent *demi*, *tiers*, *quart*.

Ainsi, $\frac{1}{2}$, $\frac{2}{3}$, $\frac{3}{4}$, s'énoncent *un demi*, *deux tiers*, *trois quarts*.

197.—Le numérateur et le dénominateur s'appellent les deux *termes* de la fraction.

[1] Les fractions ordinaires diffèrent des fractions décimales, en ce que les parties qui les composent, ne sont pas dans l'ordre décimal par rapport à l'unité.

193.—Qu'appelle-t-on fractions ordinaires ?—Supposez une pomme coupée en 6 : que sera chaque partie... ?

194.—Comment représente-t-on une fraction ordinaire ?—Qu'indique le numérateur ? — Qu'indique le dénominateur ?

195.—Comment écrit-on une fraction ?

196.—Comment énonce-t-on une fraction ?

197.—Comment appelle-t-on en commun le numérateur et le dénominateur ?

198.—On juge de la grandeur d'une fraction, en comparant le numérateur à son dénominateur. Conséquemment, plus le numérateur est grand, le dénominateur restant le même, plus la fraction est grande. *Ainsi la fraction $\frac{6}{7}$ est plus grande que $\frac{4}{7}$.*

199.—Lorsque le numérateur est égal au dénominateur, la fraction vaut une unité ; et, lorsque le numérateur est plus grand que le dénominateur, la fraction vaut plus d'un entier.

Ainsi $\frac{5}{5}$ égale un entier ; mais $\frac{7}{5}$ vaut plus d'un entier. On appelle ces sortes de fractions *expressions fractionnaires*, ou *nombres fractionnaires*.

200. — Une fraction n'est autre chose qu'une division indiquée.—*Ainsi $\frac{5}{7}$ exprime le quotient de 5 divisé par 7,* (152 *abrév. et* 166).

PROPRIÉTÉS DES FRACTIONS.

201.—*Pour rendre une fraction 2 fois, 3 fois, 4 fois... plus grande, il suffit de multiplier son numérateur, ou de diviser son dénominateur par 2, par 3, par 4..., soit $\frac{2}{9}$.*

En multipliant le numérateur 2 par 3, on a $\frac{6}{9}$, fraction 3 fois plus grande que $\frac{2}{9}$, puisque l'unité restant partagée en un même nombre de parties, on prend 3 fois plus de ces parties.

En divisant par 3 le dénominateur de la même fraction $\frac{2}{9}$, on a $\frac{2}{3}$, fraction également trois fois plus grande, puisque, tout en rendant les parties qui composent l'unité trois fois plus grandes, on conserve le même nombre de ces parties.

202.—*Pour rendre une fraction 2 fois, 3 fois, 4 fois... plus petite, il suffit de multiplier son dénominateur, ou de diviser son numérateur par 2, 3, 4... soit $\frac{4}{7}$.*

En multipliant le dénominateur 7 par 2, on a $\frac{4}{14}$, fraction 2 fois plus petite que $\frac{4}{7}$, puisque, tout en rendant les parties qui composent l'unité 2 fois plus petites, on ne prend pas un plus grand nombre de ces parties.

198.—Comment une fraction peut-elle être considérée?
199.—Comment juge-t-on de la grandeur d'une fraction ?
200.—Que vaut une fraction dont le numérateur est égal au dénominateur ? — Et lorsqu'il est plus fort ?

201.—Que suffit-il de faire pour rendre une fraction un nombre de fois plus forte ?
202.—Comment rend-on une fraction un nombre de fois plus faible ?

En divisant par 2 le numérateur 4 de la fraction $\frac{4}{7}$, on a $\frac{2}{7}$, fraction également 2 fois plus petite, puisque l'unité restant divisée en un même nombre de parties, on en prend 2 fois moins.

203 — *Pour faire qu'une fraction ne change pas de valeur, il suffit de multiplier ou de diviser ses deux termes par un même nombre entier.* — Soit la fraction $\frac{6}{9}$.

En multipliant le numérateur et le dénominateur par 3, on a $\frac{18}{27}$, fraction de même valeur que $\frac{6}{9}$; car si, en multipliant le diviseur par 3, on rend 3 fois plus petites les parties composant l'unité, d'un autre côté, en multipliant le numérateur par 3, on prend 3 fois plus de ces parties : donc, il y a compensation.

En divisant le numérateur et le dénominateur par 3, on a $\frac{2}{3}$, fraction également de même valeur que $\frac{6}{9}$; car si, en divisant le dénominateur par 3, on rend les parties composant l'unité 3 fois plus grandes, d'un autre côté, en divisant le numérateur aussi par 3, on prend 3 fois moins de ces parties : conséquemment, il y a compensation.

204.—Il suit de ce principe, que plusieurs fractions peuvent avoir la même valeur, quoique représentées par des termes différents.

Ainsi les fractions $\frac{1}{2}$, $\frac{2}{4}$, $\frac{3}{6}$, $\frac{4}{8}$, *sont toutes de même valeur;* car, pour former les trois dernières, il suffit de multiplier tour à tour les deux termes de la première par les nombres 2, 3, 4... Chaque numérateur étant d'ailleurs la moitié de son dénominateur, on conçoit que chacune est la moitié de l'unité (199) [1].

[1] *Autres propriétés de fractions, ayant rapport à l'addition et à la soustraction.* — 1º Si l'on augmente ou si l'on diminue le numérateur d'une fraction, cette fraction augmente ou diminue : soit $\frac{5}{9}$, si l'on écrit $\frac{6}{9}$, la fraction aura augmenté de $\frac{1}{9}$; mais si l'on écrit $\frac{4}{9}$ elle aura diminué de $\frac{1}{9}$. — 2º Si l'on augmente ou diminue le dénominateur, la fraction diminue ou augmente; soit $\frac{5}{7}$, si l'on écrit $\frac{5}{8}$, la fraction aura diminuée, mais si l'on écrit $\frac{5}{6}$ elle aura augmenté. Ces deux cas se comprennent aisément. — 3º Si l'on augmente également les deux termes, la fraction augmente si elle est moindre que l'unité, mais elle diminue si elle est une expression fractionnaire. Soit $\frac{3}{4}$, si l'on écrit $\frac{4}{5}$, on aura plus que dans $\frac{3}{4}$, car dans les deux fractions, il manque 1 aux numérateurs pour qu'elles forment l'unité, mais la partie qui manque dans $\frac{4}{5}$ est moindre que celle qui manque dans $\frac{3}{4}$. Soit $\frac{9}{5}$, si l'on écrit $\frac{10}{6}$, on a moins que dans $\frac{9}{5}$, puisque les quatre parties dont $\frac{10}{6}$ dépasse l'unité sont moindres que les quatre dont $\frac{9}{5}$ la dépasse. — 4º C'est le contraire si l'on diminue d'une égale quantité les deux termes d'une fraction ou d'une expression fractionnaire : la fraction diminue et l'expression fractionnaire augmente.

203.—Que fait-on pour faire qu'une fraction ne change point de valeur?

204.—Plusieurs fractions peuvent-elles avoir la même valeur, bien qu'elles soient représentées par des termes différents?

RÉDUCTION DES FRACTIONS.

205.—On appelle *réductions* divers changements qu'on fait subir aux fractions, sans que pour cela leur valeur soit changée. Il y en a quatre principales : 1° *Réduire des entiers, ou des entiers accompagnés de fractions en fractions ; 2° réduire des fractions en entiers, quand elles en contiennent ; 3° réduire des fractions à leur plus simple expression ; 4° réduire plusieurs fractions au même dénominateur.*

PREMIÈRE RÉDUCTION
ENTIERS EN FRACTION.

206.—*Pour réduire un nombre entier en fraction, on le multiplie par le dénominateur de la fraction proposée, et l'on donne au produit ce même dénominateur.* Soit 3 entiers à réduire en QUARTS. On a $3 \times 4 = 12$, et en donnant à 12 le dénominateur 4, on a $\frac{12}{4}$.

En effet, puisque l'unité vaut $\frac{4}{4}$, il est évident que 3 unités valent trois fois $\frac{4}{4}$ ou $\frac{12}{4}$.

207.—*Pour réduire un nombre fractionnaire en une seule fraction, il faut multiplier les unités par le dénominateur de la fraction qui les accompagne ; joindre au produit le numérateur de la même fraction, et donner à la somme le dénominateur de cette fraction.*

Soit 7 entiers $\frac{3}{4}$ à réduire en une seule fraction. On a $7 \frac{3}{4} = \frac{7 \times 4 + 3}{4} = \frac{31}{4}$.

En effet, chaque unité valant $\frac{4}{4}$, 7 unités valent bien 7 fois $\frac{4}{4}$, ou $\frac{28}{4}$; ajoutant les $\frac{3}{4}$, on a en tout $\frac{31}{4}$.

DEUXIÈME RÉDUCTION
EXPRESSION FRACTIONNAIRE EN ENTIERS.

208.—*Pour réduire une expression fractionnaire en en-*

205.—Qu'appelle-t-on réduction des fractions ?— Combien y en a-t-il, et quelles sont-elles ?

206.—Comment réduit-on un nombre entier en fraction ?
207.—Comment réduit-on un nombre fractionnaire en une seule fraction ?

208.—Comment réduit-on une expression fractionnaire en entiers ?

tiers, on divise le numérateur par son dénominateur ; le quotient donne les entiers ; et le reste, s'il y en a un, est le numérateur d'une fraction qui a pour dénominateur celui de la première fraction ; on l'écrit à la droite des entiers.

Soit à extraire les entiers contenus dans l'expression fractionnaire $\frac{17}{5}$. On a 17 : 5 = 3 entiers $\frac{2}{5}$.

Puisque l'unité vaut $\frac{5}{5}$, il est clair que $\frac{17}{5}$ valent autant d'unités, que 17 contient de fois 5.

TROISIÈME RÉDUCTION.

FRACTIONS A LEUR PLUS SIMPLE EXPRESSION.

209.—Réduire une fraction à sa plus *simple expression*, c'est la simplifier au point que ses termes ne puissent plus être exprimés par des nombres plus petits.

210.—Une fraction est dite *irréductible*, quand elle ne peut s'exprimer en termes plus simples, ce qui arrive lorsque ses deux termes ne peuvent être divisés par un même nombre entier autre que l'unité.

211.—Une fraction est irréductible ou à sa plus simple expression dans deux cas : 1° lorsque ses deux termes sont des nombres premiers ; 2° lorsque ses deux termes sont premiers entre eux.

212.—On appelle *nombres premiers* ceux qui ne peuvent être divisés que par eux-mêmes et par l'unité. Ce sont jusqu'à cent : 2, 3, 5, 7, 11, 13, 17, 19, 23, 29, 31, 37, 41, 43, 47, 53, 59, 61, 67, 71, 73, 79, 83, 89, 97.

Ainsi, $\frac{97}{101}$, $\frac{89}{97}$, $\frac{83}{89}$, *sont des fractions irréductibles.*

213.—Deux nombres *sont premiers entre eux*, lorsqu'ils ne peuvent être divisés par un même nombre entier autre que l'unité. Ainsi, 4 et 9 sont premiers entre eux, bien qu'ils ne soient premiers ni l'un ni l'autre ; car 4 est

---

209.—Qu'est-ce que réduire une fraction à sa plus simple expression ?
210.—Quand est-ce qu'une fraction est dite irréductible ?
211.—Quels sont les deux cas où une fraction est irréductible ou à sa plus simple expression ?
212.—Qu'appelle-t-on nombres premiers ?
213.—Quand est-ce que deux nombres sont premiers entre eux ?

divisible par 2 , et 9 l'est par 3; mais 4 n'est pas divisible par 3 , ni 9 par 2; donc $\frac{4}{9}$ est une fraction irréductible.

214.—Il y a deux méthodes pour réduire les fractions à leur plus simple expression. Par la première , on opère sur chacun des deux termes au moyen de divisions successives ; dans la seconde , on ne fait qu'une seule division : cette dernière s'appelle *la méthode du plus grand commun diviseur*. Toutes les deux reviennent à diviser les deux termes par un même nombre entier (203).

215.—*Pour réduire une fraction à sa plus simple expression par la première méthode , on cherche par quel nombre ses deux termes peuvent être divisés ; on les divise par ce nombre ; puis on cherche encore par quel nombre sont divisibles les deux termes de la nouvelle fraction , et l'on divise de nouveau. Ainsi de suite, jusqu'à ce qu'on s'aperçoive que les deux termes sont premiers ou premiers entre eux.* Soit $\frac{60}{180}$.

Je vois que ces deux termes sont divisibles par 10 : je divise donc par 10, il vient $\frac{6}{18}$. Je vois que chacun des termes de la nouvelle fraction est divisible par 3, je divise par 3, et il vient $\frac{2}{6}$. Mais les deux termes de $\frac{2}{6}$ sont divisibles par 2; je les divise par 2, et j'ai $\frac{1}{3}$ pour la plus simple expression de $\frac{60}{180}$. Or, la fraction $\frac{1}{3}$ est bien de même valeur que $\frac{60}{180}$ puisque les deux termes de celle-ci ont été divisés par $10 \times 3 \times 2$ ou par 60 (203).

MULTIPLES ET SOUS-MULTIPLES DES NOMBRES.

216.—*On appelle multiple d'un nombre , le produit de ce nombre par un nombre entier quelconque.*

Soit $7 \times 5 = 35$. *Le nombre* 35 *est multiple de* 7 *; il est aussi multiple de* 5 , *puisque* $7 \times 5 = 5 \times 7$ (141, 1°). *Et les nombres* 7 *et* 5 *sont dits* sous-multiples *ou* diviseurs *de* 35 , *parce qu'ils en sont les facteurs* (152).

217.—Les multiples des nombres jouissent de plusieurs

214.—Combien y a-t-il de méthodes pour réduire les fractions à leur plus simple expression ? — Comment opère-t-on par la première ? — Par la seconde ? — A quoi reviennent les deux ?

215.—Quel est le procédé pour réduire une fraction à sa plus simple expression par la 1re méthode ?

216.—Qu'appelle-t-on multiple d'un nombre ?
217.—Les multiples des nombres ne jouissent-ils pas de plusieurs propriétés qu'il est important de connaître ?

propriétés, dont voici les principales, suivies des conséquences qui en résultent :

1o *La somme de plusieurs multiples d'un même nombre est un nouveau multiple de ce nombre; donc elle est divisible par ce nombre.*

Par exemple, 2 fois 7 + 3 fois 7 + 4 fois 7 donne 9 fois 7, somme évidemment divisible par 7.

D'où il faut conclure que *tout nombre qui en divise plusieurs autres divise aussi leur somme.*

2o *La différence de deux multiples d'un même nombre est encore un multiple de ce nombre: donc elle est divisible par ce nombre.*

Par exemple, 9 fois 7—4 fois 7 donne 5 fois 7, reste évidemment divisible par 7.

D'où il faut conclure que *tout nombre qui en divise deux autres divise aussi leur différence.*

3o *Le produit d'un multiple d'un nombre par un autre nombre entier quelconque est un nouveau multiple de ce nombre; donc il est divisible par ce nombre.*

Par exemple, 3 fois 7 étant multiplié par 4 donne 12 fois 7, produit évidemment divisible par 7.

D'où nous concluons que *tout nombre qui en divise un autre divise aussi tous les multiples de cet autre.*

4o *Le reste de la division de deux multiples d'un même nombre est un nouveau multiple de ce nombre; donc il est divisible par ce nombre.*

Par exemple, 8 fois 7 étant divisé par 3 fois 7 donne pour reste 2 fois 7, parce que le quotient étant 2, on a 6 fois 7 à ôter de 8 fois 7 : donc ce reste est divisible par 7.

D'où il faut conclure que *tout nombre qui en divise deux autres, divise aussi le reste de la division du plus grand par le plus petit.*

5o *Tout multiple commun à deux nombres premiers entre eux* (213), *est aussi multiple de leur produit; donc il est divisible par ce produit.*

En effet, ces deux nombres étant premiers entre eux, le premier multiple qui leur soit commun est évidemment leur produit; or, tous les autres qui peuvent leur être communs ne sont autres que ce premier multiplié par un nombre entier quelconque. Par exemple, les nombres 4 et 9, qui sont premiers entre eux, ont pour premier multiple commun 4 fois 9 ou 9 fois 4; si l'on multiplie ce premier multiple par 2, on aura 8 fois 9 ou 18 fois 4, multiple commun à 4 et à 9 et multiple de 4 fois 9, et conséquemment divisible par 4 fois 9.

D'où je conclus que *tout nombre qui est divisible par deux nombres premiers entre eux, est aussi divisible par leur produit.*

Quelle est la première? — La deuxième? — La troisième? — La quatrième? — La cinquième?

CARACTÈRES DE DIVISIBILITÉ PAR LES NOMBRES
2, 5, 4, 25, 3, 9, 6, 11 [1].

218.—*Un nombre est divisible par 2 lorsque le chiffre des unités est pair ou qu'il est zéro* [2].

Soit 434. Ce nombre = 430 ⊥ 4 ; or, chaque dizaine est multiple de 2 par 5, donc leur somme 43 *diz....* est multiple de 2 (217, 1º), et comme 4 est aussi multiple de 2, il s'ensuit que 430 + 4 ou 434 est multiple de 2, donc 434 est divisible par 2. *Ainsi pour tout cas analogue, quelque soit le nombre des dizaines.*

219.—*Un nombre est divisible par 5 lorsque le chiffre de ses unités est 5 ou zéro.*

Soit 7255. Ce nombre vaut 7250 + 5 ; or, chaque dizaine est multiple de 5 par 2 : donc leur somme 725 *diz.... comme au nº 218, en raisonnant sur 5 comme on l'a fait sur 2.*

220.—*1º Un nombre est divisible par 4 lorsque ses deux derniers chiffres, à droite, pris selon leur valeur relative, forment un nombre divisible par 4.*

Soit 42 812. Ce nombre vaut 42 800 ⊥ 12 ; or, chaque centaine est multiple de 4 par 25 : donc leur somme 428 *centaines* est multiple de 4 (217, 1º) ; et comme 12 est aussi multiple de 4, il s'ensuit que 42 812 est multiple de 4 : donc ce nombre est divisible par 4. *Ainsi pour tout cas analogue.*

2º En raisonnant sur 25, comme on vient de faire sur 4, on prouvera que tout nombre terminé par 25, 50, 75, est divisible par 25.

221.—*Un nombre est divisible par 3 lorsque la somme de ses chiffres, additionnés d'après leur valeur absolue, égale 3 ou un multiple de 3.*

Soit 471, dont la somme des chiffres est 4 + 7 + 1 ou 12... Démonstration comme pour le nombre 9 ci-après, parce que 3 × 3 = 9.

222.—*Un nombre est divisible par 9, lorsque la somme de ses chiffres, considérés d'après leur valeur absolue, égale 9 ou un multiple de 9.*

Pour comprendre cette propriété, remarquons d'abord que 10 vaut

---

[1] Nous ne disons rien ici des nombres 10, 100, 1000.... *(Voir* 170.)

[2] Les chiffres pairs sont 2, 4, 6, 8. Tous les nombres terminés par l'un de ces chiffres ou par zéro sont dits nombres *pairs.* Tout nombre pair est multiple de 2.

218.—Quand un nombre est-il divisible par 2 ?
219.—Quand un nombre est-il divisible par 5 ?
220.— 1º Quand l'est-il par 4 ? — 2º Quand l'est-il par **25** ?
221.—Quand l'est-il par 3 ?
222.—Quand l'est-il par 9 ?

9 + 1, donc 10 est multiple de 9 + 1, 100 vaut 10 fois 9 + 10 fois 1 ou 10 fois 9 + 9 + 1 ou 99 + 1; donc 100 est multiple de 9 + 1. 1000 vaut 100 fois 9 + 100 fois 1, ou 100 fois 9 + 10 fois 9 + 9 + 1 ou 999 + 1; donc 1000 est multiple de 9 + 1.... (217, 1°). Ainsi pour prouver que l'unité suivie de zéros est multiple de 9 + 1.

Soit maintenant le nombre 5724, dont la somme des chiffres 5 + 7 + 2 + 4 = 18, multipl. de 9. Ce nombre vaut 5000 + 700 + 20 + 4; or, puisque 1000 est multiple de 9 + 1, 5000 est multiple de 9 + 5; puisque 100 est multiple de 9 + 1, 700 est multiple de 9 + 7; puisque 10 est multiple de 9 + 1, 20 est multiple de 9 + 2. On a donc 5 + 7 + 2 + 4 pour excédants des multiples exacts de 9 contenus dans le nombre 5724; mais 5 + 7 + 2 + 4, c'est la somme des valeurs absolues des chiffres de ce nombre; si donc cet excédant est un multiple de 9, le nombre 5724 est multiple de 9; donc, il est divisible par 9. *Ainsi pour tout cas analogue.*

223.—*Un nombre est divisible par 6, lorsqu'il est pair, et qu'en outre la somme des valeurs absolues de ses chiffres est un multiple de 3.*

En effet, il est alors divisible par 2 (218) et par 3 (221; or, 2 et 3 sont premiers entr'eux : donc (217, 5°), il est divisible par 2 × 3. *D'après le même principe, un nombre qui serait en même temps divisible par 9 et par 4 le serait aussi par 36.*

224.—*Un nombre est divisible par 11, lorsque la somme de ses chiffres de rang pair, égale la somme de ses chiffres de rang impair, ces chiffres étant considérés d'après leurs valeurs absolues, ou bien lorsque ces deux sommes diffèrent l'une de l'autre de 11 ou d'un multiple de 11* [1].

Pour comprendre cela, considérons d'abord que, d'après le n° 217, 11 étant successivement multiplié par les nombres 1, 10, 100, 1000... donne à chaque multiplication un multiple exact de 11, ce qui est évident (n° 217, 3°). Or, 11 × 1 = 11 = 10 + 1, donc 10 est multiple de 11 — 1. 11 × 10 = 110 ou 100 + 10, donc 100 est multiple de 11 — 10; mais nous venons de voir que 10 est multiple de 11 — 1, donc 100 est multiple de 11 + 1. 11 × 100 = 1100 ou 1000 + 100, d'où 1000 est multiple de 11—100, mais puisque 100 est multiple de 11 + 1, 1000 est donc multiple de 11 — 1. 11 × 1000 = 11 000 ou 10 000 + 1000, d'où 10 000 est multiple de 11—1000, mais 1000 étant multiple de 11—1, il s'ensuit que 10 000 est multiple de 11 + 1...

En continuant à opérer de la sorte sur la suite des nombres formés de l'unité suivie de zéro, on découvrira sans peine qu'ils sont multiples de 11 + 1, lorsque le nombre des zéros est pair; et multiple de 11—1, lorsqu'il est impair. Le nombre 1 est évidemment multiple de 11 + 1, puisque 1 : 11 donne indéfiniment le reste 1.

Soit maintenant proposé le nombre 4862, dont la somme des chiffres de rang pair 6 + 4 égale la somme des chiffres de rang impair

---

[1] Les chiffres de rang pair sont : le 2e, le 4e, le 6e, le 8e...; les chiffres de rang impair sont : le 1er, le 3e, le 5e, le 7e..., en partant de la droite, dans les deux cas.

223.—Quand est-ce qu'un nombre est divisible par 6?
224.—Quand l'est-il par 11 ?

2 + 8, et décomposons-le en 2 + 60 + 800 + 4000. Si 10 est multiple de 11 — 1, 60 est multiple de 11 — 6; si 100 est multiple de 11 + 1, 800 est multiple de 11 + 8; si 1000 est multiple de 11 — 1, 4000 est multiple de 11 — 4. Donc, 2 + 60 + 800 + 1000 ou 4862 *est la somme de trois multiples de* 11 + 2 — 6 + 8 — 4, ce qui (217, 1°) donne un multiple de 11 *plus* 2 + 8, somme des chiffres de rang impair, *moins* 6 + 4, somme des chiffres de rang pair ; et comme *le plus* compense *le moins*, il s'ensuit que 4862 est un multiple de 11 : donc il est divisible par 11.

Si l'on daigne y faire attention, on verra que si *le plus* surpassait *le moins*, ou *le moins*, *le plus* de 11 ou d'un multiple de 11, le nombre proposé serait encore un multiple de 11.

DU PLUS GRAND COMMUN DIVISEUR.

ABRÉV. — Nous écrirons quelquefois dr c. pour *diviseur commun;* et le p. g. c. dr, pour *le plus grand commun diviseur*.

225.—On appelle *diviseur commun* de deux nombres, un nombre qui les divise tous deux sans reste ; et *plus grand commun diviseur* de deux nombres, le plus grand nombre qui puisse les diviser tous deux sans reste. Ainsi 2, 3, 4, 6, 12, sont les diviseurs communs de 12 et de 24 ; mais 12 est leur plus grand commun diviseur.

226.—*Pour trouver le* plus grand commun diviseur *entre deux nombres, on divise le plus grand par le plus petit : si le plus petit divise le plus grand sans reste, c'est lui qui est le* plus grand commun diviseur. *S'il y a un reste, on divise le plus petit nombre par ce reste. On continue ainsi à diviser le diviseur qu'on vient d'employer par le dernier reste, jusqu'à ce que la division se fasse exactement : le dernier nombre qui sert de diviseur, est le* plus grand commun diviseur *cherché. Si le dernier diviseur est l'unité, cela prouve que les deux nombres proposés sont premiers, ou premiers entre eux. Soit à trouver le* plus grand commun diviseur *entre* 93 *et* 31.

Je divise 93 par 31, le quotient est 3, et il n'y a pas de reste : donc, 31 est le plus grand commun diviseur cherché.

Soit encore proposé de trouver le plus grand commun diviseur entre 195 et 75, je raisonne ainsi :

Nul dividende ne peut contenir un diviseur plus grand que lui · mais tout dividende se contient lui-même une fois (152).

225.—Qu'appelle-t-on diviseur commun de deux nombres ?—Qu'appelle-t-on plus grand commun diviseur ?

226.—Quelle est la règle à suivre pour trouver le plus grand commun diviseur entre deux nombres ?

D'après cela, le plus grand commun diviseur demandé, divisant 195 et 75, ne peut être plus grand que 75 ; mais il peut être 75, d'où il suit que si 75 divise 195, c'est lui qui est le plus grand commun diviseur cherché.

Je divise donc 195 par 75, le quotient est 2, et le reste 45 ; donc, 75 n'est pas le plus grand commun diviseur.

$$\begin{array}{c|cccc} & 2 & 1 & 1 & 2 \\ \hline 195 & 75 & 45 & 30 & 15 \\ 45 & 30 & 15 & 00 & \end{array}$$

Le plus grand commun diviseur, divisant 195 et 75, divise aussi 45, reste de leur division (217, 4°) ; donc, il ne peut être plus grand que 45.

Je divise 75 par 45, le quotient est 1, et le reste 30 ; donc 45 n'est pas le plus grand commun diviseur.

Le plus grand commun diviseur, divisant 75 et 45, divise aussi 30, reste de leur division ; donc il ne peut être plus grand que 30.

Je divise 45 par 30, il vient 1 au quotient, et le reste est 15, donc 30 n'est pas le plus grand commun diviseur.

Le plus grand commun diviseur, divisant 45 et 30, divise aussi 15, reste de leur division ; donc il ne peut être plus grand que 15.

Je divise 30 par 15, le quotient est 2, et le reste zéro ; d'où je conclus que 15 est le plus grand commun diviseur entre 195 et 75.

En effet, 15 se divisant lui-même divise aussi 30 qui vaut 15×2 (217, 3°). Puisque 15 se divise lui-même et 30, il divise aussi 45, qui vaut $15 \times 2 + 15$ (217, 1° et 3°). Puisque 15 se divise lui-même et 45, il divise aussi 75, qui vaut $15 \times 2 + 15 \times 2 + 15$ (*ibid*). Enfin, puisque 15 divise 75, il divise aussi 195 qui vaut $(15 \times 2 + 15 \times 2 + 15) \times 2 + 15 \times 2 + 15$.

Ainsi pour tout autre cas : donc, *pour trouver le plus grand commun diviseur entre deux nombres, il faut*, etc. (226).

Remarque.— Ce que nous venons de dire fait voir que le commun diviseur divise tous les restes qui le précèdent. Donc, si, parmi ces restes, on trouve un nombre premier qui ne divise pas le reste précédent, il est inutile de pousser plus loin la recherche, parce que, dans ce cas, les nombres proposés n'ont de diviseur commun que l'unité.

227.—*Pour réduire une fraction à sa plus simple expression, par la méthode du plus grand commun diviseur, on divise ses deux termes par leur plus grand commun diviseur ; le quotient du numérateur, par le plus grand commun diviseur, est le numérateur de la nouvelle fraction ; et le quotient du dénominateur, par le plus grand commun diviseur, en est le dénominateur.*

Ainsi connaissant le plus grand commun diviseur 15, entre 75 et

---

Remarque. — A quoi reconnaît-on dans la recherche du plus grand commun diviseur entre deux nombres, qu'une recherche plus prolongée serait inutile ?

227.—Quelle est la marche à suivre pour réduire une fraction à sa plus simple expression, au moyen du plus grand commun diviseur ?

195, *pour réduire à sa plus simple expression la fraction* $\frac{75}{195}$, je divise 75 par 15; le quotient 5 est le numérateur de la nouvelle fraction. Je divise également 195 par 15, et le quotient 13 est le dénominateur de la nouvelle fraction, qui, conséquemment, égale $\frac{5}{13}$ (203).

QUATRIÈME RÉDUCTION

FRACTIONS AU MÊME DÉNOMINATEUR.

228.—*Pour réduire deux fractions au même dénominateur, on multiplie les deux termes de la première par le dénominateur de la seconde, et les deux termes de la seconde par le dénominateur de la première.*

Soient $\frac{9}{13}$ et $\frac{7}{9}$ à réduire au même dénominateur. On a $\frac{9 \times 9}{13 \times 9} = \frac{81}{117}$ et $\frac{7 \times 13}{9 \times 13} = \frac{91}{117}$. Ainsi, les fractions résultantes sont : $\frac{81}{117}$ égale à $\frac{9}{13}$, et $\frac{91}{117}$ égale à $\frac{7}{9}$.

En effet, pour obtenir $\frac{81}{117}$, on a multiplié les deux termes de $\frac{9}{13}$ par 9; et pour obtenir $\frac{91}{117}$, on a multiplié les deux termes de $\frac{7}{9}$ par 13 : les deux fractions primitives n'ont donc pas changé de valeur (203). Le dénominateur des nouvelles fractions doit, en outre, être le même, puisqu'il est le produit des deux dénominateurs primitifs.

229.—*Quand on a plus de deux fractions, on les réduit au même dénominateur en multipliant les deux termes de chacune par le produit des dénominateurs de toutes les autres.*

Soient $\frac{2}{3}$, $\frac{4}{5}$, $\frac{5}{8}$, à réduire au même dénominateur.

On a :

$$\frac{2}{3} = \frac{2 \times 5 \times 8}{3 \times 5 \times 8} = \frac{80}{120}$$

$$\frac{4}{5} = \frac{4 \times 3 \times 8}{5 \times 3 \times 8} = \frac{96}{120}$$

$$\frac{5}{8} = \frac{5 \times 3 \times 5}{8 \times 3 \times 5} = \frac{75}{120}$$

Les 3 fractions résultantes sont donc :

$\frac{80}{120}$, égale à $\frac{2}{3}$,

$\frac{96}{120}$, égale à $\frac{4}{5}$,

$\frac{75}{120}$, égale à $\frac{5}{8}$.

En effet, il est évident que les trois fractions primitives n'ont pas changé de valeur, puisque les deux termes de chacune ont été multipliés par le produit des dénominateurs des deux autres. Le dénominateur des nouvelles fractions doit, en outre, être le même, puisqu'il est le produit des trois dénominateurs primitifs.

Remarque. — Il y a plusieurs autres procédés pour réduire les fractions au même dénominateur; en voici un qui nous paraît très-avantageux pour les cas où il est applicable :

228.—Comment fait-on pour réduire deux fractions au même dénominateur ?

229.—Comment procède-t-on quand on a plus de deux fractions à réduire au même dénominateur ?

Examinez si les dénominateurs donnés ne sont point tous des diviseurs d'un même nombre, et si cela est, prenez ce nombre pour dénominateur commun, puis multipliez chaque numérateur par le quotient obtenu en divisant le nombre pris pour dénominateur commun par chaque dénominateur particulier.

Soit les fractions $\frac{2}{3}$, $\frac{1}{4}$, $\frac{5}{6}$, $\frac{8}{12}$ à réduire au même dénominateur.

Je considère que les dénominateurs 3, 4, 6, 12 sont tous diviseurs de 12, donc je prends 12 pour dénominateur commun. Le quotient de 12 par 3 étant 4, je multiplie 2 par 4 et la fraction $\frac{2}{3}$ devient $\frac{8}{12}$. Le quotient de 12 par 4 étant 3, je multiplie 1 par 3 et la fraction $\frac{1}{4}$ devient $\frac{3}{12}$. Et continuant ainsi, les 4 fractions proposées deviennent $\frac{8}{12}$, $\frac{3}{12}$, $\frac{10}{12}$, $\frac{8}{12}$.

230.—La quatrième réduction sert à comparer deux fractions. Soit à savoir *laquelle des 2 fractions $\frac{2}{13}$ et $\frac{6}{23}$ est la plus grande*. On a $\frac{2}{13} = \frac{2 \times 23}{13 \times 23} = \frac{46}{299}$, et $\frac{6}{23} = \frac{6 \times 13}{23 \times 13} = \frac{78}{299}$: donc $\frac{6}{23}$ surpasse $\frac{2}{13}$.

231.—Mais la quatrième réduction sert principalement dans l'addition et dans la soustraction des fractions, comme nous allons le voir.

ADDITION DES FRACTIONS.

232.—*Pour faire une addition de fractions, il faut d'abord réduire ces fractions au même dénominateur, si elles n'y sont pas ; puis, additionner tous les numérateurs, et donner à la somme le dénominateur commun ; ensuite, on extrait les entiers s'il y en a (208).*

Example : *Additionnez les quantités suivantes : $\frac{5}{8}$, $\frac{4}{8}$, $\frac{2}{8}$ et $\frac{7}{8}$ et dites combien leur somme contient d'unités.*

D'après la règle, on a $\frac{5}{8} + \frac{4}{8} + \frac{2}{8} + \frac{7}{8} = \frac{5+4+2+7}{8} = \frac{16}{8}$; or, $16 : 8 = 2$. Ainsi, la somme des fractions proposées contient 2 unités.

Ayant additionné des *huitièmes*, il est évident que le total 16 représente des *huitièmes* : il faut donc le diviser par 8, pour connaître les entiers qui y sont contenus (120 1°, et 208).

Problème : *Quelqu'un a employé à faire un certain ouvrage, 1° les $\frac{3}{5}$ d'un jour ; 2° les $\frac{5}{8}$ d'un second ; 3° les $\frac{9}{11}$ d'un troisième : Combien a-t-il mis de jours en tout ?*

230.—A quoi sert la 4e réduction ?
231.—Mais à quoi sert-elle plus spécialement ?

232.—Comment fait-on l'addition des fractions ?

Solution. — Les fractions proposées n'étant pas au même dénominateur, il faut les y réduire. J'ai donc :

$$\frac{5}{5} = \frac{5 \times 8 \times 11}{5 \times 8 \times 11} = \frac{264}{440}$$
$$\frac{5}{8} = \frac{5 \times 5 \times 11}{8 \times 5 \times 11} = \frac{275}{440}$$
$$\frac{9}{11} = \frac{9 \times 5 \times 8}{11 \times 5 \times 8} = \frac{360}{440}$$

Ainsi, la somme demandée est $\frac{264 + 275 + 360}{440}$, ou $\frac{899}{440}$, ou enfin 2 jours $\frac{19}{440}$.

On conçoit que si les fractions n'étaient pas réduites au même dénominateur, l'addition n'en serait pas possible, puisque l'on ne peut additionner que des unités de même espèce (120, Explic. 1°).

233.—Quand il y a des entiers joints aux fractions, *on peut d'abord faire l'addition des fractions, et reporter aux entiers les unités provenant de cette addition.*

Exemple : *On propose de faire la somme des nombres :* $4 \frac{1}{6}$, $6 \frac{2}{5}$, $7 \frac{4}{5}$.

Selon la règle, j'opère d'abord sur les fractions, en les réduisant au même dénominateur, additionnant les nouveaux numérateurs, et divisant la somme par le dénominateur commun. J'ai $\frac{1}{6} = \frac{1 \times 3 \times 5}{6 \times 3 \times 5} = \frac{15}{90}$; $\frac{2}{3} = \frac{2 \times 6 \times 5}{3 \times 6 \times 5} = \frac{60}{90}$ et $\frac{4}{5} = \frac{4 \times 6 \times 3}{5 \times 6 \times 3} = \frac{72}{90}$. La somme des fractions est $\frac{15 + 60 + 72}{90} = \frac{147}{90}$ ou 1 entier plus $\frac{57}{90}$, ou 1 entier $\frac{19}{30}$. Maintenant, je fais l'addition des entiers, et j'y joins l'entier trouvé dans les fractions; donc, la somme demandée $= 4 + 6 + 7 + 1 \frac{19}{30}$ ou 18 entiers $\frac{19}{30}$.

234.— On peut faire la preuve d'une addition de fractions, par une autre addition de fractions formée de la différence qui existe entre chaque numérateur et son dénominateur; c'est-à-dire, de la différence entre l'unité et chacune des fractions proposées; le total de cette nouvelle addition, joint au total de la première, doit donner autant d'unités qu'il y a de fractions proposées.

Exemple : *Faire la preuve du 1er EXEMPLE (232).*

Les quatre fractions proposées sont : $\frac{5}{8}$, $\frac{4}{8}$, $\frac{2}{8}$, $\frac{7}{8}$; les différences entre chacune d'elles et l'unité, sont $\frac{3}{8}$, $\frac{4}{8}$, $\frac{6}{8}$, $\frac{1}{8}$, dont la somme est $\frac{3}{8} + \frac{4}{8} + \frac{6}{8} + \frac{1}{8}$, ou $\frac{16}{8}$, ou 2 unités. Joignant maintenant les entiers trouvés dans cette dernière addition, aux 2 entiers trouvés dans la première, j'ai $2 + 2 = 4$. D'où je conclus que la première addition est juste.

Il est facile de comprendre qu'en agissant ainsi, on agit comme si l'on faisait une addition de fractions dont les numérateurs seraient égaux aux dénominateurs.

233.—Comment fait-on quand il y a des entiers joints aux fractions?

234.—Comment fait-on la preuve d'une addition de fractions?

SOUSTRACTION DES FRACTIONS.

235.—*Pour soustraire une fraction d'une autre fraction, il suffit d'ôter le plus petit numérateur du plus grand, et de donner au reste le dénominateur commun ; mais avant tout, il faut réduire les deux fractions au même dénominateur, lorsqu'elles n'y sont pas.*

EXEMPLE I. *On avait les $\frac{7}{9}$ d'une bonne barrique de vin, et l'on en a cédé $\frac{2}{9}$: Combien en reste-t-il ?*

Puisque, possédant $\frac{7}{9}$, on en cède 2, il est évident qu'il n'en reste plus que 5. On a donc $\frac{7}{9} - \frac{2}{9} = $ R. $\frac{5}{9}$.

EXEMPLE II. *On propose d'ôter $\frac{3}{4}$ de $\frac{9}{11}$.*

D'après la règle, je réduis les deux fractions au même dénominateur. J'ai $\frac{9}{11} = \frac{9 \times 4}{11 \times 4} = \frac{36}{44}$, et $\frac{3}{4} = \frac{3 \times 11}{4 \times 11} = \frac{33}{44}$. Donc, le reste demandé est $\frac{36 - 33}{44} = \frac{3}{44}$.

On conçoit que si les fractions n'étaient pas au même dénominateur, la soustraction ne serait pas possible, puisque l'on ne peut soustraire, les unes des autres, que des unités de même dénomination (125).

236.—Lorsqu'il y a des entiers joints aux fractions, *on soustrait d'abord la fraction du plus petit nombre de celle du plus grand ; puis on fait la soustraction des entiers. Si la fraction du plus petit nombre est plus grande que celle du plus grand, on augmente le numérateur de celle-ci d'autant d'unités qu'il y en a dans le dénominateur commun ; mais, pour que la différence ne change pas, on augmente d'une unité le premier chiffre à droite du plus petit nombre.*

EXEMPLE : *Otez* 19 $\frac{6}{7}$ *de* 25 $\frac{4}{5}$.

Les deux fractions n'étant pas au même dénominateur, il faut les y réduire ; on a $\frac{6}{7} = \frac{6 \times 5}{7 \times 5} = \frac{30}{35}$, et $\frac{4}{5} = \frac{4 \times 7}{5 \times 7} = \frac{28}{35}$. Mais $\frac{30}{35}$, fraction du *p. p. n.*, ne peut être soustraite de $\frac{28}{35}$, fraction du *p. g. n.* ; c'est pourquoi j'augmente 28 de 35, et j'ai 28 + 35 — 30, ou 63 — 30 = 33. Donc, le reste de la soustraction des deux fractions est $\frac{33}{35}$.

Je fais ensuite la soustraction des entiers, et j'ai 25 — 19 ; mais ayant augmenté d'une unité la fraction du *p. g. n.*, il faut que j'augmente d'une unité le *p. p. n.* ; d'où j'ai 25 — 20 = 5. Ainsi, le reste demandé est 5 unités $\frac{33}{35}$.

235.—Comment soustrait-on une fraction d'une autre fraction ?
236.—Comment fait-on quand il y a des entiers joints aux fractions ?

237.—La preuve de la soustraction des fractions se fait par une addition de fractions, c'est-à-dire, qu'en additionnant le reste avec le *plus petit nombre*, on doit retrouver le *plus grand*.

Ainsi, pour faire la preuve de l'opération précédente, j'additionne $5\frac{35}{55}$ avec $19\frac{50}{55}$: le résultat $25\frac{28}{55}$, ou $25\frac{4}{5}$ indique que l'opération a été bien faite.

MULTIPLICATION DES FRACTIONS.

238.—*Pour multiplier une fraction par un nombre entier, on multiplie le numérateur de la fraction par ce nombre, puis on donne au produit le dénominateur de la fraction. On extrait les entiers, s'il y en a.*

Soit $\frac{6}{7}$ à multiplier par 8 : on a $\frac{6}{7} \times 8 = \frac{6 \times 8}{7}$ ou $\frac{48}{7}$ ou 6 unités $\frac{6}{7}$.

D'après la définition de la multiplication, multiplier $\frac{6}{7}$ par 8, c'est prendre 8 fois la fraction $\frac{6}{7}$; or elle est prise 8 fois ou multipliée par 8, lorsqu'on multiplie par 8 son numérateur, puisqu'elle est, en effet, rendue 8 fois plus grande (201).

Le même raisonnement étant applicable à tout autre cas, il s'ensuit que le procédé est démontré.

Remarques. — 1° *Si le dénominateur de la fraction était un multiple du nombre entier, on pourrait le diviser par ce nombre ; on conserverait le même numérateur, et le q^t obtenu serait le dénominateur du produit* (203). Ainsi $\frac{5}{9} \times 3 = \frac{5}{9:3} = \frac{5}{3} = 1\frac{2}{3}$.

2° *Si le nombre entier était accompagné d'une fraction décimale, on suivrait la règle énoncée* (238), *tout en conservant la virgule dans le produit, ou bien on ôterait cette virgule, et l'on écrirait, sur la droite du dénominateur de la fraction, autant de zéros qu'il y aurait de décimales dans le multiplicateur.* Ainsi $\frac{2}{3} \times 6{,}27 = \frac{2 \times 6{,}27}{3}$ ou $\frac{2 \times 627}{300}$ ou $4{,}18$.

239.—*Pour multiplier un nombre entier par une fraction, on multiplie ce nombre par le numérateur de la frac-*

---

tion et l'on donne au produit le dénominateur de cette fraction ; puis l'on extrait les entiers, s'il y a lieu.

Soit 6 à multiplier par $\frac{3}{4}$; on a $6 \times \frac{3}{4} = \frac{6\times3}{4}$ *ou* $\frac{18}{4}$ *ou*
4 unités $\frac{1}{2}$.

Pour justifier ce procédé, il faut se rappeler que multiplier 6 par
$\frac{3}{4}$, c'est prendre les $\frac{3}{4}$ de 6 ; or $\frac{1}{4}$, de 6, c'est $\frac{6}{4}$; et $\frac{3}{4}$ de 6, c'est
$\frac{6}{4} \times 3$, ce qui donne bien $\frac{6\times3}{4}$, c'est-à-dire 6 pris 3 fois et le produit divisé par 4.

Le même raisonnement est applicable à tout autre cas, donc la
règle est démontrée.

Mêmes observations que ci-dessus, 1º *et* 2º.

240.—*Pour multiplier une fraction par une fraction on
multiplie les deux numérateurs l'un par l'autre ; on multiplie de même les deux dénominateurs entre eux, et le
second produit devient le dénominateur du premier.*

Soit $\frac{5}{7}$ à multiplier par $\frac{4}{5}$; on a $\frac{5}{7} \times \frac{4}{5} = \frac{5\times4}{7\times5}$ *ou* $\frac{42}{35}$.

DÉMONSTRATION. — D'après la définition de la multiplication, mul-
tiplier $\frac{5}{7}$ par $\frac{4}{5}$, c'est prendre 4 fois le cinquième de $\frac{5}{7}$. Or, $\frac{1}{5}$ de $\frac{5}{7}$,
c'est $\frac{5}{7}$ divisé par 5 ou $\frac{5}{7\times5}$, et les $\frac{4}{5}$, c'est $\frac{5}{7\times5}$ multiplié par 4 ou
$\frac{5}{7\times5} \times 4$, ce qui donne bien $\frac{5\times4}{7\times5}$ et justifie la règle. *Donc pour...*

AUTRE DÉMONSTRATION. — En multipliant 3 par 4, dans $\frac{5}{7} \times \frac{4}{5}$,
on a 12 ; mais en ôtant le dénominateur 7 du multiplicande $\frac{5}{7}$, on
multiplie le produit par 7 ; en ôtant également le dénominateur 5 du
multiplicateur $\frac{4}{5}$, le produit est de nouveau multiplié par 5, il l'est
donc par 7 × 5 ou par 35 ; il faut donc le diviser par 7 × 5, ce qui
donne bien $\frac{5\times4}{7\times5}$ ou $\frac{12}{35}$ et justifie le procédé.

PROBLÈME : *Combien valent les $\frac{2}{3}$ de mètre d'une marchandise qui se vend $\frac{3}{4}$ de franc le mètre ?*

SOLUTION : Un mètre valant $\frac{3}{4}$ de franc, $\frac{1}{3}$ du mètre vaudra 3 fois
moins ou $\frac{3}{4\times3}$ ou $\frac{3}{12}$ de franc, et $\frac{2}{3}$ vaudront 2 fois plus ou $\frac{3}{12} \times 2$
ou $\frac{3\times2}{4\times3}$ ou $\frac{6}{12}$ de franc, c'est-à-dire $\frac{1}{2}$ franc.

241.—*Quand il y a des entiers joints aux fractions, on
réduit chaque facteur en fraction, puis on opère, selon le
cas, d'après l'une des trois règles énoncées précédemment.*

Ainsi, multiplier $4\frac{3}{5}$ par 4, revient à multiplier $\frac{23}{5}$ par 4, ce qui
donne $\frac{92}{5}$ ou 18 unités $\frac{2}{5}$ (238).

240.—Comment multiplie-t-on une fraction par une autre fraction ?
241.—Comment fait-on quand les facteurs contiennent des entiers ?

Multiplier 4 par $7\frac{5}{8}$, revient à multiplier 4 par $\frac{61}{8}$, ce qui donne $\frac{244}{8}$ ou $30\frac{1}{2}$ (239).

Multiplier $4\frac{2}{3}$ par $7\frac{1}{4}$, revient à multiplier $\frac{14}{3}$ par $\frac{29}{4}$, ce qui donne $\frac{406}{12}$ ou 33 unités $\frac{5}{6}$ (240).

FRACTIONS DE FRACTIONS.

242.—On appelle *fractions de fractions*, une ou plusieurs parties d'une fraction divisée en parties égales. Elles se reconnaissent à ce qu'elles forment une suite de fractions séparées entre elles par les mots *de*, *du*, *de la*, *des*, comme le $\frac{1}{3}$ du $\frac{1}{4}$ des $\frac{3}{4}$ de $\frac{5}{6}$.

243.—*Pour évaluer des fractions de fractions, on peut multiplier les uns par les autres tous les numérateurs, faire également le produit de tous les dénominateurs; on a ainsi une seule fraction qui a pour numérateur le produit des numérateurs primitifs, et pour dénominateur le produit des dénominateurs. Quand il y a un nombre entier à la suite des fractions proposées, on le fait entrer dans la multiplication des numérateurs.*

EXEMPLE : *Quels sont les $\frac{2}{3}$ des $\frac{3}{4}$ de 6 ?*

D'après la règle, on a pour résultat $\frac{6\times2\times3}{3\times4}=\frac{36}{12}$, ou 3 unités.

Chercher les $\frac{2}{3}$ des $\frac{3}{4}$ de 6 revient à prendre d'abord les $\frac{3}{4}$ de 6, ce qui donne $6\times\frac{3}{4}$ ou $\frac{18}{4}$, puis, les $\frac{2}{3}$ de ce produit, et l'on trouve $\frac{18}{4}\times\frac{2}{3}=\frac{36}{12}$, ce qui revient évidemment à $\frac{6\times3\times2}{3\times4}$.

DIVISION DES FRACTIONS.

244.—*Pour diviser une fraction par un nombre entier, il suffit de multiplier son dénominateur par ce nombre, tout en conservant le même numérateur, ce qui donne le quotient (202).*

Soit $\frac{5}{6}$ à diviser par 9. On a $\frac{5}{6}:9=\frac{5}{6\times9}$ ou $\frac{5}{54}$.

En effet, d'après la définition de la division, on cherche un

---

242.—Qu'appelle-t-on fractions de fractions ?
243.—Quelle est la règle à suivre pour évaluer des fractions de fractions ?

244.—Comment divise-t-on une fraction par un nombre entier ?

nombre **qui**, étant multiplié par 9, reproduit $\frac{5}{6}$; ce nombre est donc la 9e partie de $\frac{5}{6}$, mais cette 9e partie, c'est bien $\frac{5}{6 \times 9}$, d'après ce qui est démontré (202).

REMARQUES. — 1º *Si le numérateur de la fraction était un multiple du nombre entier, on pourrait le diviser par ce nombre et conserver le même dénominateur (202). Ex. :* $\frac{9}{13} : 3 = \frac{9 : 3}{13} = \frac{3}{13}$.

2º *Si le diviseur était un nombre décimal, on en ôterait la virgule, puis on écrirait sur la droite du numérateur de la fraction autant de zéros qu'il y aurait de décimales dans le diviseur, et on opérerait comme il est dit.*

Soit à diviser $\frac{5}{6}$ par 7, 5, il vient $\frac{5}{6} : 7, 5 = \frac{50}{6 \times 75} = \frac{50}{450}$ ou $\frac{1}{9}$.

245. — *Pour diviser un nombre entier par une fraction, il suffit de multiplier ce nombre par le dénominateur de la fraction, le numérateur de la même fraction devenant le dénominateur du quotient, et l'on extrait les entiers (152).*

Soit 9 à diviser par $\frac{5}{7}$. On a 9 : $\frac{5}{7} = \frac{9 \times 7}{5}$ ou $\frac{63}{5}$ ou 12 unités $\frac{3}{5}$.

En effet, d'après la définition de la division, diviser 9 par $\frac{5}{7}$, c'est chercher un quotient qui, étant multiplié par $\frac{5}{7}$, reproduise 9 ; d'où il suit que 9 est les $\frac{5}{7}$ du quotient demandé. Or, $\frac{1}{7}$ de ce quotient, c'est $\frac{9}{5}$ et les 7 septièmes c'est $\frac{9}{5} \times 7$, ce qui donne bien $\frac{9 \times 7}{5}$ et justifie la règle.

REMARQUE. — *Si le dividende est un nombre décimal, on en ôtera la virgule, on donnera au numérateur du diviseur autant de zéros que le dividende aura de décimales, puis on opérera comme il est dit.*

Ainsi 12,25 : $\frac{4}{5}$, donnera 1225 : $\frac{400}{5}$ ou $\frac{1225 \times 5}{400}$.

246. — *Pour diviser une fraction par une fraction, on multiplie le dividende par le diviseur renversé :* ce qui revient à multiplier le numérateur du dividende par le dénominateur du diviseur, et le dénominateur du dividende par le numérateur du diviseur; *le second produit est le dénominateur du premier.*

Soit $\frac{3}{7}$ *à diviser par* $\frac{2}{5}$. On a $\frac{3}{7} : \frac{2}{5} = \frac{3 \times 5}{7 \times 2}$ ou $\frac{15}{14}$ ou 1 unité $\frac{1}{14}$.

Remarques. — 1º Que pourrait-on faire si le numérateur de la fraction était un multiple du nombre entier ? — 2º Comment faudrait-il opérer si le diviseur était un nombre décimal ?

245. — Comment divise-t-on un nombre entier par une fraction ?

Remarque. — Que faudrait-il faire si le dividende était un nombre décimal ?

246. — Comment divise-t-on une fraction par une fraction ?

DÉMONSTRATION. — D'après la définition énoncée (152), diviser $\frac{3}{7}$ par $\frac{2}{5}$, c'est chercher un nombre qui, étant multiplié par $\frac{2}{5}$, reproduise $\frac{3}{7}$; donc, 3 *septièmes* contient les 2 *cinquièmes* du quotient demandé. Or, j'ai *un cinquième* de ce quotient en divisant 3 *septièmes* par 2, ce qui me donne $\frac{3}{7 \times 2}$; il faut donc que je multiplie ce *cinquième* par 5 pour avoir les 5 cinquièmes ou le quotient tout entier, ce qui donne bien $\frac{3 \times 5}{7 \times 2}$ et justifie la règle.

AUTRE DÉMONSTRATION. — En suivant la règle ordinaire pour la division des nombres entiers, on aurait 3 à diviser par 2, et le quotient serait $\frac{3}{2}$ ou $1\frac{1}{2}$; mais en ôtant le dénominateur dans $\frac{3}{7}$, on multiplie le quotient par 7, il faut donc multiplier le dénominateur 2 par 7, ce qui rétablit la valeur du quotient; d'autre part, en ôtant le dénominateur dans $\frac{2}{5}$, on divise le quotient par 5, il faut donc multiplier le dividende 3 par 5, ce qui rétablit la valeur du quotient. Ces diverses opérations donnant $\frac{3 \times 5}{2 \times 7}$, il s'ensuit que la règle énoncée ci-dessus est vraie.

PROBLÈME : *Combien vaut le mètre d'une marchandise dont $\frac{2}{3}$ de mètre coûtent $\frac{1}{2}$ franc ?*

RAISONNEMENT. — Puisque les $\frac{2}{3}$ de mètre valent $\frac{1}{2}$ f., un *tiers* de mètre vaut 2 fois moins, ou $\frac{1}{2 \times 2}$ ou $\frac{1}{4}$ de f.; trois tiers ou un mètre valent donc $\frac{1}{4} \times 3$ ou $\frac{3}{4}$ de f.

247. — *Quand il y a des entiers joints aux fractions, il faut réduire le dividende et le diviseur en fractions (207); puis opérer, selon le cas, d'après l'une des règles ci-dessus.*

Ainsi, *diviser 4 par $2\frac{3}{4}$*, revient à diviser $\frac{4}{1}$ par $\frac{11}{4}$, ce qui donne $\frac{16}{11}$ ou 1 entier $\frac{5}{11}$.

Diviser $2\frac{3}{4}$ par 4, revient à diviser $\frac{11}{4}$ par $\frac{4}{1}$, et l'on a $\frac{11}{16}$.

Diviser $2\frac{2}{3}$ par $3\frac{1}{4}$, revient à diviser $\frac{8}{3}$ par $\frac{13}{4}$, et l'on trouve $\frac{8 \times 4}{3 \times 13} = \frac{32}{39}$.

PROBLÈME : *Quel est le nombre dont les $\frac{2}{3}$ des $\frac{4}{5}$ donne 3 ?*

SOLUTION : Les $\frac{2}{3}$ des $\frac{4}{5}$ d'un nombre = les $\frac{8}{15}$ de ce nombre (car $\frac{2}{3} \times \frac{4}{5} = \frac{8}{15}$); or, en prenant les $\frac{8}{15}$ du nombre demandé, ou le multipliant par $\frac{8}{15}$ (133), on aurait 3; donc (152), en divisant 3 par $\frac{8}{15}$, on aura le nombre demandé. Ainsi, le résultat cherché est $3 : \frac{8}{15} = \frac{3}{1} \times \frac{15}{8} = \frac{45}{8} = 5\frac{5}{8}$. En effet, les $\frac{2}{3}$ des $\frac{4}{5}$ de $5\frac{5}{8} = 5\frac{5}{8} \times \frac{2}{3} \times \frac{4}{5} = \frac{45 \times 2 \times 4}{8 \times 3 \times 5} = 3$.

248. — La preuve de la division des fractions se fait en multipliant le quotient par le diviseur : le produit doit être

---

248. — Comment fait-on la preuve d'une division de fraction ?

égal au dividende. Celle de la multiplication se fait en divisant le produit par l'un des facteurs : le quotient doit être l'autre facteur.

CONVERSION DES FRACTIONS ORDINAIRES EN DÉCIMALES.

249. Pour réduire une fraction ordinaire en décimales, il suffit de diviser le numérateur par le dénominateur, en calculant le nombre de décimales demandé (166) soit $\frac{3}{40}$ à réduire en millièmes.

Cette fraction $\frac{3}{40}$ égale 3 unités divisées par 40 (200). Or, l'unité valant 1000 millièmes, 3 unités valent 3000 millièmes (35) ; donc $\frac{3}{40}$ = 3000 millièmes divisés par 40, ce qui donne 75 millièmes, qu'on écrit 0, 075 (38).

Nota. Il est bon de savoir que $\frac{1}{2}$ = 0,50 ; $\frac{1}{4}$ = 0,25 ; $\frac{1}{5}$ = 0,20 ; $\frac{3}{4}$ = 0,75 ; $\frac{2}{5}$ = 0,40 ; $\frac{3}{5}$ = 0,60 ; $\frac{4}{5}$ = 0,80... En général, toute fraction dont le dénominateur ne contient aucun facteur premier [1] autre que 2 et 5, peut se réduire exactement en décimales. Telles sont celles dont les dénominateurs seraient 2, 4, 8, 16, 32..... 5, 25, 125, 625..... 10, 20, 40, 50, 80.....

CONVERSION DES FRACTIONS DÉCIMALES EN FRACTIONS ORDINAIRES.

250.—Pour convertir une quantité décimale en fraction ordinaire, il suffit d'écrire cette quantité, abstraction

[1] On appelle *facteurs premiers* les nombres premiers qui entrent dans un p[t].

249.—Comment une fraction peut-elle être considérée ?—Que conclure de cela pour la réduction d'une fraction ordinaire en fraction décimale ? — Rappelez ici ces règles ?

250.—Comment peut-on convertir une fraction ordinaire en fraction décimale ?

faite de la virgule et de tous les zéros qui se trouvent sur la gauche des chiffres significatifs, et de lui donner pour dénominateur l'unité suivie d'autant de zéros que la quantité donnée contient de chiffres décimaux, et l'on réduit la fraction résultante à sa plus simple expression, quand il y a lieu. Soit 0,585. Écrivez $\frac{585}{1000}$ ou $\frac{117}{200}$.

Pour convertir en fraction ordinaire l'expression fractionnaire décimale 24,48, écrivez $\frac{2448}{100}$ ou $\frac{612}{25}$.

Nota. — Il est bon de remarquer que quoique le dénominateur ne soit pas représenté dans une fraction décimale, il est cependant exprimé quand on énonce cette fraction.

PREUVE DE LA MULTIPLICATION ET DE LA DIVISION AU MOYEN DU NOMBRE 9.

251.—Cette preuve consiste à chercher quels sont les restes que donnent le produit, le multiplicande et le multiplicateur, divisés par 9, quand il s'agit d'une multiplication; et le dividende, le diviseur et le quotient, également divisés par 9, quand il s'agit d'une division.

Or, pour trouver commodément le reste que donne un nombre divisé par 9, on peut en ôter 9 autant de fois qu'il y est contenu (n° 154), et ce qui reste est exactement le reste cherché. Mais, d'après ce qui est dit n° 222, on peut, pour trouver ce reste, s'en tenir à retrancher 9 autant de fois que possible de la somme des chiffres de ce nombre: d'où la règle suivante.

252.—Pour faire, par 9, la preuve de la multiplication, on additionne d'abord les chiffres du produit, comme si chacun représentait des unités simples, observant d'ôter 9 toutes les fois qu'on trouve ce nombre. On joint le reste de chaque soustraction au chiffre suivant, et le dernier reste est celui que l'on obtiendrait, si l'on divisait le nombre par 9. On écrit ce reste à côté de l'opération, puis on cherche, par le même moyen, les restes que donneraient le multiplicande et le multiplicateur, si on les divisait par 9. On multiplie les deux restes l'un par l'autre, on fait la somme des chiffres du résultat, on en retranche 9 autant de fois qu'il peut y être contenu; si le reste est le même qu'on a trouvé en opérant sur le produit, c'est une preuve que la multiplication a été bien faite. Si les deux restes ne sont pas semblables, on peut être assuré que l'opération est fausse.

Soit 725 × 634 = 459 650 *à prouver par* 9.

J'ai 4 + 5 = 9, que je laisse; 6 et 5 = 11, il reste 2. Ainsi, le reste de la division par 9 du produit est 2.

251.—En quoi consiste la preuve par 9? — Comment trouve-t-on commodément le reste que donne un nombre divisé par 9? — Enfin à quoi doit-on s'en tenir?

252.—Comment faut-il procéder pour faire par 9 la preuve d'une multiplication?

Au multiplicande, j'ai $7 + 2 = 9$, que je laisse; 5 n'égalant pas 9, est le reste cherché.

Au multiplicateur, j'ai $6 + 3 = 9$, que je laisse; 4 n'égalant pas 9, est le reste cherché.

Multipliant les deux restes 5 et 4, j'ai $5 \times 4 = 20$; la somme 2 des chiffres du produit n'égalant pas 9, est le reste de la division de 20 par 9; et comme ce reste est le même que celui que j'ai trouvé au produit, j'en conclus que la multiplication a été bien faite.

253.—Le dividende étant un produit, le diviseur et le quotient les facteurs de ce produit, on comprend que pour faire par 9 la preuve d'une division, il faut opérer sur le dividende, le diviseur et le quotient comme on opère dans la multiplication sur le produit et sur ses facteurs. S'il y a un reste à la division, on en ôte 9 autant de fois qu'il y est contenu; on prend le reste que l'on retranche de l'un quelconque des chiffres du dividende, ou de la somme des chiffres du dividende, ou, tout simplement, ce reste du dividende, après quoi on opère comme il est dit ci-dessus. Par exemple, que le dividende soit 9788, le diviseur 47, le quotient 208, et le reste de la division 12, je trouve que le reste donné par le reste de la division, est 3; j'ôte 3 de l'un des chiffres du dividende 9788, du 8 des unités, par exemple, ce qui réduit le dividende à 9785, nombre sur lequel j'effectue la preuve.

Démonstration de la preuve par 9. — Tout nombre non multiple de 9 contient un multiple de $9 +$ un reste, cela est évident (217 et 222). Donc, le multiplicande contient un multiple de $9 +$ un premier reste, et le multiplicateur, un second multiple de $9 +$ un second reste.

D'après cela, le produit contient (143, 3º) : *premier multiple $\times$ second multiple $+$ premier reste $\times$ second multiple $+$ premier multiple $\times$ second reste $+$ produit des deux restes.* Or, ôtant du produit général tous les multiples de 9 qu'il contient, on a *le produit des deux restes, diminué du multiple de 9 qu'il peut contenir.* Si donc, on calcule séparément ce produit des deux restes et qu'on en ôte le multiple de 9 qu'il renferme, le reste doit être le même que celui du produit général. D'après cela, si les deux facteurs ou l'un seulement des facteurs est multiple de 9, on a zéro pour reste de part et d'autre.

Remarque sur la preuve par 9. — Si, dans une opération, on s'était trompé de 9 ou d'un multiple de 9, en plus ou en moins, ou si, sur un chiffre du résultat, on s'était trompé d'un nombre d'unités *en plus* et d'un même nombre d'unités *en moins* sur un autre chiffre, la preuve ferait paraître le résultat bon lorsqu'il serait faux; mais il est toujours faux, lorsque la preuve par 9 le montre tel. Nous ajouterons qu'il est rare qu'on se trompe des deux manières que nous venons de signaler.

253.—Comment fait-on par 9 la preuve d'une division ?

DEUXIÈME PARTIE

l'on fait l'application des principes exposés dans la première.

RÈGLES DE TROIS ,— D'INTÉRÊT ET D'ESCOMPTE,— DES PARTAGES PROPORTIONNELS, — DES MOYENNES.

RÈGLES DE TROIS PAR L'UNITÉ (Voir compl. p. 46).

254.—1° On appelle *règle de trois* l'opération qui a pour but de résoudre les questions qui renferment au moins trois quantités connues et une quatrième inconnue , lorsque ces quantités sont homogènes entre elles , c'est-à-dire de même espèce deux à deux, et qu'elles varient proportionnellement. Ces quantités varient proportionnellement lorsque l'une d'elles, en devenant un certain nombre de fois plus grande que son homogène , fait que l'inconnue devient le même nombre de fois plus grande ou plus petite que la sienne.

2° Toute question qui renferme une règle de trois se divise en deux parties dont l'une est complète et l'autre incomplète. On les écrit l'une au-dessous de l'autre de manière que les homogènes se correspondent ; on représente la quantité inconnue par la lettre x.

3° La règle de trois se désigne par différents noms , suivant les applications qu'on en fait. Ainsi les règles *d'intérêt, d'escompte, de société*.... sont autant de règles de trois.

254.—1° Qu'appelle-t-on règle de trois ?—Qu'appelle-t-on quantités homogènes ? — Quand est-ce que ces quantités varient proportionnellement ? — 2° En combien de parties se divise un problème renfermant une règle de trois ?—Comment écrit-on ces parties ?—3° La règle de trois a-t-elle différents noms ?

255.—On distingue la règle de trois *simp'* et la *composée*. La règle de trois est simple lorsque sa solution n'admet pas plus de trois des quantités données [1]. Elle est composée toutes les fois qu'elle en admet un plus grand nombre. Les deux se font au moyen de la multiplication et de la division.

256.—Procédé général. Pour résoudre commodément une règle de trois quelconque, *déterminez d'abord les deux parties de la question, puis écrivez-les comme il est indiqué n° 254, 2°, puis raisonnez et opérez comme dans les exemples qui suivent : vous amenerez ainsi une division indiquée ; et ayant complété cette indication, vous pourrez supprimer les facteurs égaux que vous apercevrez dans le dividende et dans le diviseur* (n° 176), ce qui abrégera l'opération.

Exemple I. *Quatre hommes ont fait 40 mètres de fossé en 8 jours : Combien 20 hommes en feront-ils dans le même temps ?*

Raisonnement. — J'ai bien 4 quantités homogènes deux à deux : 4 hommes, 20 hommes ; 40 mètres x mètres. Ces quantités varient proportionnellement, car il est évident que si 4 hommes font 40 mètres, 20 hommes en feront proportionnellement cinq fois plus. La partie complète est 4 hommes et 40 mètres, l'incomplète est 20 hommes et x mètres ; je les écris comme il est dit et je raisonne ainsi : Puisque 4 hommes ont fait 40m en 8 jours, il est clair qu'un seul homme en aurait fait 4 fois moins dans le même temps ; j'écris donc 40 divisé par 4, c'est-à-dire 40 au-dessus du trait, et 4 au-dessous.

$$\begin{array}{l} \text{4 hom.} \quad \text{40m.} \\ \text{20 hom.} \quad x\text{m.} \\ \dfrac{40\times 20}{4} \quad \text{R. 200m.} \end{array}$$

Ayant ce que fait un homme dans 8 jours, je dis que 20 hommes en feront 20 fois plus dans le même temps, puis j'écris 20 au-dessus du trait, en le faisant précéder du signe × ; et, effectuant les calculs, la réponse est 200 mètres.

[1] Il peut arriver qu'un problème, renfermant une règle de trois simple, contienne plus de trois nombres donnés ; on fait alors subir aux données, ou à la valeur de l'inconnue, après l'avoir trouvée, les opérations que comporte l'énoncé du problème, et on l'amène ainsi aux conditions exposées, n° 254, 1°, c'est-à-dire, à ne renfermer en tout que quatre nombres.

---

255. — Combien distingue-t-on de sortes de règles de trois ? — Quand la règle de trois est-elle simple ? — Quand est-elle composée ?

256. — Quel est le procédé général pour effectuer une règle de trois ?

EXEMPLE II. *Sept maçons ont bâti une maison en 116 jours : Combien auraient-ils mis de temps s'ils avaient été 14 ?*

RAISONNEMENT.—Ce problème se résout évidemment par une règle de trois, car il renferme quatre quantités homogènes deux à deux et variant proportionnellement. En effet, si 7 ouvriers font un certain ouvrage dans un nombre de jours donné, il est visible qu'un plus grand nombre d'ouvriers mettront proportionnellement moins de temps.

SOLUTION : Sept maçons ayant employé 116 jours à bâtir une maison, un seul y eût été 7 fois plus de jours, c'est pourquoi j'écris 116, multiplié par 7, au-dessus du trait.

$$\text{7 ouvriers} \quad \text{116 j.}$$
$$14 \ldots \ldots x\ldots$$
$$\frac{116 \times 7}{14} \quad \text{R. 58 j.}$$

Ayant le temps que mettrait un seul homme, je dis que 14 hommes y mettront 14 fois moins de temps, c'est pourquoi j'écris 14 au dessous. En effectuant les calculs, il vient 58 jours, temps demandé.

EXEMPLE III. *On a acheté 6 mètres de drap pour 66 fr. : Combien en aurait-on de m. même qualité pour 187 fr.?*

SOLUTION : Pour 66f, on a eu 6m; pour 1f on en aura 66 fois moins, j'écris donc 6 au-dessus du trait, et 66 au-dessous.

$$66^f \quad 6^m$$
$$187^f \quad x^m$$
$$\frac{6 \times 187}{66} \quad \text{R. } 17^m.$$

Ayant la quantité de mèt. que donne 1 fr., je dis : 187 fr. en donneront 187 fois plus, puis j'écris 187 au-dessus du trait. En effectuant les calculs, la réponse est 17 mètres.

EXEMPLE IV. *Combien valent $35^m,60$ de drap, lorsque $150^m,75$ du même drap ont coûté 2035 fr. 125 ?*

SOLUTION : 15 075 centimètres coûtant 2035f,125, un seul centim. coûte 15 075 fois moins : j'écris conséquemment 2035,125, divisé par 15 075, ou 2035,125 au-dessus, et 15 075 au-dessous.

$$150^m,75\ldots \quad 2035^f,125$$
$$35^m,60\ldots \quad x\ldots$$
$$\frac{2035,125 \times 3560}{15075}$$
$$\text{R. } 480^f,60$$

Ayant le prix d'un centim., je le multiplie par 3560, quantité dont on demande la valeur ; j'écris donc 3560 au-dessus. En effectuant, il vient, valeur cherchée, 480 fr. 60.

EXEMPLE V. *Combien coûteront 75 centigrammes d'un médicament, dont on a eu 15 milligrammes pour 0 fr. 90?*

SOLUTION : 15 milligrammes coûtant 0f,90, un milligramme coûte 15 fois moins ; donc j'écris 0,90 sur le trait, et 15 au-dessous.

$$15\text{millig.} \quad 0^f90$$
$$750 \quad x$$
$$\frac{0,90 \times 750}{15} \quad \text{R. } 45^f.$$

Connaissant le prix d'un millig., je dis 750 millig. coûtent 750 fois plus, c'est pourquoi j'écris 750 au-dessus.

Après calcul, je trouve que le prix cherché est 45 **fr.**

RÈGLES DE TROIS COMPOSÉES.

EXEMPLE I. *En travaillant 13 heures par jour, 20 hommes ont fait en 7 jours 910 mètres d'un certain ouvrage : Combien 35 hommes en feront-ils dans 9 jours, s'ils ne travaillent que 10 heures par jour ?*

SOLUTION : Si 20 hommes font 910ᵐ dans 7 jours, il est clair qu'un seul en fait 20 fois moins ; j'écris donc 910 au-dessus, et 20 au-dessous du trait.

$$20 \text{ h}.. \; 7 \text{ j}.. \; 13 \text{ h}.. \; 910^m.$$
$$35 \text{ h}.. \; 9 \text{ j}.. \; 10 \text{ h}.. \; x^m.$$
$$\frac{910 \times 35 \times 10 \times 9}{20 \times 7 \times 13} \quad \text{R. } 1575^m.$$

Connaissant ce qu'un homme fait dans 7 jours, je dis que ce qu'il fait dans un seul jour est 7 fois moindre, et j'écris 7 au-dessous en le faisant précéder du signe $\times$.

Connaissant ce qu'un homme fait dans un jour de 13 h., je dis que ce qu'il fait dans une heure est 13 fois moindre, d'où j'écris 13 au-dessous.

Connaissant ce que fait un homme dans une heure, je dis que 35 hommes en feront 35 fois plus dans le même temps, d'où j'écris 35 au-dessus.

Connaissant ce que font 35 hommes dans une heure, je dis que dans 10 heures ou dans 1 jour, ils en feront 10 fois plus ; j'écris donc 10 au-dessus.

Connaissant ce que font 35 hommes dans 1 jour, je dis que, dans 9 jours, ils en feront 9 fois plus ; d'où j'écris 9 au-dessus.

La suppression des facteurs égaux, communs au dᵈᵒ et au dʳ, amène $\frac{91 \times 5 \times 5 \times 9}{13}$ et la réponse est 1575 mètres.

EXEMPLE II. *Combien faudra-t-il de jours à 27 ouvriers travaillant 15 heures par jour pour faire un même ouvrage que 17 ouvriers ont fait dans 35 jours de 12 heures chacun ?*

SOLUTION : Puisque 17 ouvriers font cet ouvrage en 35 jours, il est clair qu'un seul mettrait 17 fois 35 jours, c'est pourquoi j'écris 35 et 17 au-dessus, liés par le signe $\times$.

$$17 \text{ ouvr}. \quad 12 \text{ h}. \quad 35 \text{ j}.$$
$$27 \text{ ouvr}. \quad 15 \text{ h}. \quad x \text{ j}.$$
$$\frac{35 \times 17 \times 12}{27 \times 15} \quad \text{R. } 17 \text{ j}. \; 9 \text{ h}. \; 26^m$$

Connaissant ce qu'un seul homme met de jours de 12 heures, je dis qu'il mettra 12 fois plus de jours, s'il ne travaille qu'une heure par j.; j'écris donc 12 au-dessus.

Connaissant le nombre de jours, à une h. par j., qu'un ouvrier emploie à faire l'ouvrage, je dis que 27 mettront 27 fois moins de temps, et j'écris 27 au-dessous.

Connaissant le temps que 27 ouvriers emploient, à 1 h. par jour, je dis qu'à 15 heures par jour, ils mettront 15 fois moins de temps, c'est pourquoi j'écris 15 au-dessous.

Après calcul, on trouve 17 j. 9 h. 26 m.

EXEMPLE III. *En travaillant* 10 *heures par jour,* 35 *ouvriers ont fait* 1575 *m. d'un certain ouvrage en* 9 *jours : Combien faudra-t-il d'ouv. pour faire* 910 *m. du même ouvrage dans* 7 *jours à* 13 *heures par jour?*

SOLUTION : Puisqu'il faut 35 ouv., pendant 9 jours, pour 1575^m, pour 1^m il en faudra 1575 fois moins ; j'écris donc 35 au-dessus et 1575 au-dessous.

1575^m. 9 j. 10 h. 35 ouv.
910^m. 7 j. 13 h. x ouv.

$$\frac{35 \times 9 \times 10 \times 910}{1575 \times 13 \times 7}$$ R. 20 ouv.

Connaissant ce qu'il faut d'ouvriers pour 1 m. pendant 9 jours, je dis que, pendant 1 jour de 10 h., il en faudra 9 fois plus, et j'écris 9 au-dessus. Connaissant ce qu'il en faut pour faire un mètre par jour, je dis que pour 1 m. dans une heure, il en faudra 10 fois plus ; j'écris donc 10 au-dessus. Connaissant ce qu'il faut d'ouv. pour faire 1 m. en une heure, je dis que, pour 910 mètres, il en faudra 910 fois plus ; j'écris donc 910 au-dessus.

Connaissant ce qu'il faut d'ouv. pour faire 910 m. en 1 h., je dis que, dans 1 j. ou 13 h., il en faudra 13 fois moins, et dans 7 jours, 7 fois moins que dans un. J'écris donc 13 et 7 au-dessous.

Après calcul, il vient 20 ouvriers.

257.—On fait la preuve d'une règle de trois en combinant une autre question, contenant les mêmes éléments, mais où l'une des quantités données devant l'inconnue, la quantité trouvée figure au rang des données. Après calcul, on doit retrouver la quantité devenue x. Nous donnons ici les autres questions qui résultent de l'exemple I.

Vingt hommes ont fait 200 *mètres en* 8 *jours : combien* 4 *hommes en feront-ils dans le même temps ?* Réponse : 40.

Quatre hommes ont fait 40 *mètres en huit jours : combien faut-il d'hommes pour faire* 200 *mètres dans le même temps ?* Réponse : 20.

Vingt hommes ont fait 200 *mètres en huit jours : combien faut-il d'hommes pour faire* 40 *mètres dans le même temps ?* Réponse : 4.

RÈGLES D'INTÉRÊT PAR L'UNITÉ.

258.—On appelle *Règle d'intérêt,* une opération qui a pour but de trouver le bénéfice que fait sur son argent celui qui le prête. La somme prêtée se nomme *capital,* et le bénéfice s'appelle *intérêt* ou *rente.*

257.—Comment fait-on la preuve d'une règle de trois ?

258.—Qu'appelle-t-on règle d'intérêt ? — Comment se nomme la somme prêtée ? — Et le bénéfice ?

259.—On distingue *l'intérêt simple* et *l'intérêt composé* qu'on nomme aussi *intérêt des intérêts.*

260.—L'intérêt est simple, lorsque, chaque année , le prèteur retire son bénéfice ou est censé le retirer.

261.—L'intérêt est composé, lorsque, chaque année, le bénéfice s'ajoute au capital de l'année précédente pour porter aussi intérêt.

262.—Toute question d'intérêt renferme ou une règle de trois simple, ou une règle de trois composée ; donc on la résout par des raisonnements analogues à ceux qu'on emploie pour les règles de trois.

263.—Pour calculer le bénéfice que donne une somme quelconque placée à intérêt , on se sert du capital comparatif 100 fr. et de son intérêt conventionnel, auquel on donne le nom de *taux pour cent.*

264.—Ainsi placer un capital au *taux pour cent* , c'est convenir avec l'emprunteur qu'il payera, chaque année ou chaque mois, selon l'unité de temps convenue, un certain intérêt pour chaque 100 fr. de ce capital : 5 fr. par exemple, 4 fr. 50 ou 4 fr... par an. D'où il résulte que 100 fr. et l'intérêt stipulé de cette somme sont les termes de comparaison entre tout autre capital et son intérêt. L'expression *pour cent* se représente par p. 0/0[1].

---

[1] Autrefois les emprunts se contractaient au *denier*, c'est-à dire que, pour un nombre convenu de deniers , on en payait *un* de rente,

---

259.—Combien y a-t-il de sortes d'intérêt ?
260 — Quand l'intérêt est il dit *simple* ?
261.—Quand est-il dit *composé* ?
262.—Que renferme toute question d'intérêt ?

263.—Quels sont le capital comparatif et l'intérêt conventionnel dont on se sert pour résoudre un problème d'intérêt ? — Comment nomme-t-on cet intérêt conventionnel ?
264.—Qu'est-ce donc que placer une somme au taux pour cent ? — Quels sont les termes de comparaison entre un capital quelconque et l'intérêt ou la rente que doit produire ce capital ? — Comment se représente l'expression pour cent ?

QUESTION D'INTÉRÊT.

265.—Trouver l'intérêt pour un temps connu.

I. *Quel est l'intérêt de 629 f. placés pour un an au taux de 6 p. 0/0 ?*

SOLUTION : L'intérêt annuel de 100 f. étant 6 f., l'intérêt de 1 f. est 100 fois moindre; j'écris donc 6 sur 100. Connaissant l'intérêt annuel d'un f., je dis que celui de 629 f. est 629 fois plus fort, et j'écris 629 au-dessus. La R. est 37f, 74.

$$100 \text{ capit.} \quad 6 \text{ rent.}$$
$$629 \ldots x \ldots$$
$$\frac{6 \times 629}{100} \quad \text{R. } 37^f, 74.$$

II. *Quel est pour 3 ans l'intérêt de 3545 f. placés au taux de 5 p. 0/0 ?*

Sachant que l'intérêt annuel de 1 f. est 5 divisé par 100, je dis que l'intérêt de 1 f., pour 3 ans, est 3 fois plus fort, et j'écris 3 au-dessus. Ayant l'intérêt de 1 f. pour 3 ans, je dis que celui de 3545 f., pour le même temps, est 3545 fois plus fort; donc, j'écris 3545 au-dessus. Le calcul donne 531f,75.

$$100 \ldots 1 \ldots 5$$
$$3545 \ldots 3 \ldots x$$
$$\frac{3 \times 3 \times 3545}{100} = 531,75.$$

III. *Trouver l'intérêt que donnera dans 7 mois le capital 575 f. placé au 5 p. 0/0.*

L'intérêt annuel de 1 fr. est 5 divisé par 100; l'intérêt de 1 fr., pour un mois, est 12 fois moindre; l'intérêt de 1 fr., pour 7 mois, est 7 fois plus fort; enfin, l'intérêt de 575 fr., pour 7 mois, est 575 fois plus fort.

$$100 \ldots 12 \ldots 5$$
$$575 \ldots 7 \ldots x$$
$$\frac{5 \times 7 \times 575}{100 \times 12} \quad \text{R. } 16^f, 77$$

IV. *Chercher l'intérêt de 3000 f. placés au 5 p. 0/0 pendant 1 an 35 jours.*

L'intérêt annuel de 1 fr. est 5 sur 100; l'intérêt de 1 fr., pour 1 jour, est 360 fois moindre; l'intérêt de 1 fr., pour 395 jours, est 395 fois plus fort; enfin, l'in-

$$100 \ldots 360 \ldots 5$$
$$3000 \ldots 395 \ldots x$$
$$\frac{5 \times 395 \times 3000}{100 \times 360} \quad \text{R. } 164^f, 58.$$

ou ce qui revient au même, *un franc*, pour un nombre convenu de francs. Alors, le taux 1 fr. était invariable et c'était le capital de ce taux qui faisait l'objet de la convention. Les deniers les plus ordinaires étaient 20 et 25. Ce mode n'est plus en usage, mais il n'est pas inutile de savoir qu'on amène un denier quelconque au taux p. % correspondant, en divisant 100 par ce denier. Ainsi le denier 20 se ramène au taux p. % par $\frac{100}{20} = 5$, et 25 par $\frac{100}{25} =$ 4 p. %.

265.—Comment trouve-t-on l'intérêt pour un temps connu ?

térêt de 3000 fr., pour ce même temps, est 3000 fois plus fort. Après suppression des facteurs égaux, il vient $\frac{5 \times 3.95}{12}$, ou 164f, 58.

266.—*Des raisonnements qu'on vient de lire, résulte la règle générale suivante : Pour calculer un intérêt quelconque au taux p. 0/0, multipliez le taux annuel par le nombre d'années, de mois ou de jours, selon l'unité de temps, et par le capital, puis divisez le produit par 100 multiplié par 1 ou 12 ou 360.*

267. — Calculer le capital.

I. *Trouver le capital qui étant placé* **au 5 p.** *0/0 donne* **un** *revenu annuel de* **275** *fr. ?*

Le capital de 5 fr. étant 100 fr., celui de 1 fr. est 5 fois moindre ; donc, j'écris 100 au-dessus et 5 au-dessous. Le capital de 1 fr. étant connu, je dis que celui de 275 fr. est 275 fois plus fort, et j'écris 275 au-dessus.

$$100. \ldots \quad 5$$
$$x. \ldots \quad 275$$
$$\frac{100 \times 275}{5} \quad \text{R.} \quad 5500.$$

II. *Quel capital placera-t-on pendant 3 ans au 5 p. 0/0 pour avoir 531 f. 75 ?*

Je sais que le capital de 1 fr. de rente annuelle est 100 divisé par 5 ; or, le capital de 1 fr. de rente, dans 3 ans, est 3 fois plus faible ; j'écris donc 3 au-dessous. Ayant le capital de 1 fr. de rente en 3 ans, il est clair que celui de 531f,75, pour ce même temps, est 531,75 fois plus fort, d'où j'écris 531,75 au-dessus. Ce capital est 3545 fr.

$$100. \ldots \ldots 5. \, . \, 1$$
$$x. \ldots \quad 531,75. \, . \, 3$$
$$\frac{100 \times 531,75}{5 \times 3} \quad \text{R.} \quad 3545$$

III. *Quel capital placera-t-on pendant 20 jours, au 5 p. 0/0, pour avoir 9 f. d'intérêt ?*

Le capital de 1f de rente annuelle étant $\frac{100}{5}$, le capital de 1 fr. de rente, pour 1 jour, est 360 fois plus fort, ou $\frac{100 \times 360}{5}$. Le capital de 1 fr. de rente, pour 20 jours, est 20 fois plus faible ou $\frac{100 \times 360}{5 \times 20}$. Enfin, le capital de 9 fr., pendant 20 jours, est 9 fois plus fort ou $\frac{100 \times 360 \times 9}{5 \times 20}$ ou 3240 fr.

$$100. \, . \, . \, 360 \ldots 5$$
$$x. \ldots \quad 20 \ldots 9$$

268.—*D'après cela, pour revenir de l'intérêt au capital, multipliez* 100 *par* 1 *ou* 12 *ou* 360 *et par la rente proposée ; puis divisez le produit par le taux multiplié par le nombre d'années, de mois ou de jours.*

266.—Quelle est la règle générale à suivre pour calculer un intérêt quelconque au taux p. o/o?

268.—Comment revenir de la rente au capital?

269.—Trouver le taux.

I. *Le capital étant 25 340 fr. et l'intérêt annuel 1267 fr., trouver le taux.*

La rente de 25 340 fr. étant 1267, la rente de 1 fr. est 25 340 fois moindre, c'est pour cela que j'écris 1267 sur 25 340. Puisque je connais la rente annuelle de 1 fr., je dis que la rente annuelle de 100 fr., est 100 fois plus forte; donc, j'écris 100 au-dessus. Après calcul, il vient 5 p. 0/0.

$$100 \ldots x$$
$$25\,340 \ldots 1267$$
$$\frac{1267 \times 100}{25\,340} = 5 \text{ fr.}$$

II. *Le capital étant 836 f. et la rente de 8 mois 33 f. 44, trouver le taux.*

La rente de 1 fr., pour les 8 mois, est 33,44 divisé par 836. Mais la rente de 1 fr., pour 1 mois, est 8 fois moins forte. Celle de 12 mois est 12 fois plus forte. Enfin, la rente de 100 fr., pour les 12 mois, est 100 fois plus forte. D'où le taux cherché est 6 p. 0/0.

$$100 \ldots 12 \ldots x$$
$$135 \ldots 8 \ldots 37{,}44$$
$$\frac{33{,}44 \times 12 \times 100}{836 \times 8} = 6 \text{ p. } 0/0.$$

270.—De ces analyses, il résulte que, *pour trouver le taux annuel, il suffit de multiplier la rente proposée par 1 ou 12 ou 360, et par 100, puis de diviser ce produit par le capital multiplié par le nombre d'années, de mois, ou de jours.*

271.—Trouver le nombre d'années, de mois ou de jours.

I. *Trouver combien d'années il faudra laisser à intérêt, au 5 p. 0/0, le capital 3000 fr., pour avoir 1050 fr. d'intérêt.*

Le temps pour 5 fr. de rente étant 1 an, le temps pour 1 fr. est 5 fois moindre; donc, j'écris 1 au-dessus, et 5 au-dessous.

$$10 \ldots 1 \ldots 5$$
$$3000 \ldots x \ldots 1050$$
$$\frac{1 \times 100 \times 1050}{5 \times 3000} = 7 \text{ ans.}$$

Le temps pour 1 fr. de rente, au capital 100 fr., étant connu, je dis que le temps de 1 fr. de rente, au capital 1 fr., est 100 fois plus long; donc, j'écris 100 au-dessus. Le temps de 1 fr. de rente, au capital 3000 fr., est 3000 fois plus court; d'où j'écris 3000 au-dessous. Le temps de 1 fr. de rente, au capital 3000 fr., étant connu, je dis que le temps de 1050 fr. de rente, au même capital 3000 fr., est 1050 fois plus long; donc, j'écris 1050 au-dessus. L'expression se réduit à $\frac{105}{15}$. R. 7 ans.

II. *Le capital 2000 fr. ayant été placé un certain nombre de mois, au taux de 5 p. 0/0, a donné 25 fr. d'intérêt : Trouver ce nombre de mois.*

270.—Quelle est la règle à suivre pour trouver le taux?

Temps pour 1 fr. de rente, au capital 100 fr., $\frac{12}{5}$; 5 fois moindre.

Temps pour 1 fr. de rente, au capital 1 fr., $\frac{12 \times 100}{5}$; 100 fois plus long.

Temps pour 1 fr. de rente, au capital 2000 fr , $\frac{12 \times 100}{5 \times 2000}$; 2000 fois moindre.

Temps pour 25 fr. de rente, au capital 2000 fr., $\frac{12 \times 100 \times 25}{5 \times 2000}$; 25 fois plus long.

La dernière expression réduite donne $\frac{5 \times 12}{20}$ ou 3 mois.

272.—D'après cela , *pour trouver le nombre d'années, de mois ou de jours, multipliez 1, 12 ou 360 par 100 et par l'intérêt proposé, puis divisez le produit par le taux multiplié par le capital.*

Nota. — Cette règle revient à diviser toujours l'intérêt donné par l'intérêt annuel du capital s'il s'agit d'années , par l'intérêt mensuel s'il s'agit de mois, et d'un jour si c'est de jours qu'il s'agit.

RÈGLE D'INTÉRÊT COMPOSÉ.

273.—*Pour trouver un intérêt composé, calculez d'abord l'intérêt annuel du capital proposé ; ajoutez ce premier intérêt au premier capital, ce qui vous donnera le capital de la deuxième année ; calculez l'intérêt de la deuxième année et joignez-le à son capital, ce qui vous donnera le capital de la troisième année... Et ainsi, autant de fois qu'il y aura d'années. La somme des divers intérêts annuels vous donnera l'intérêt demandé.*

Exemple : *Trouver l'intérêt composé du capital 3000 fr., placé pour 3 ans, au taux de 4 p. 0/0.*

Fin de la 1re année $\frac{4 \times 3000}{100} =$ 120f

Fin de la 2e $\frac{4 \times (3000 + 120)}{100} =$ 124f,80.

Fin de la 3e $\frac{4 \times (3000 + 120 + 124,8)}{100} =$ 129f,792.

Intérêt demandé. . . . . 374f,592.

274.—Un moyen d'abréger et de laisser moins de chance à l'erreur, c'est de multiplier le capital primitif par 1 fr., plus son intérêt ; puis, le résultat par 1 fr., plus son intérêt, et ainsi, autant de fois qu'il y a d'années : le dernier résultat obtenu exprime l'intérêt composé réuni

---

272.—Quelle est la règle générale pour trouver, dans un problème d'intérêts, le nombre d'années, de mois et de jours ?

273.—Comment s'y prend-on pour opérer une règle d'intérêt composé ?

274.—N'y a-t-il pas un moyen abrégé ?

au capital ; donc, on aura l'intérêt demandé en ôtant de cette somme le capital primitif. Soit à résoudre par ce procédé l'exemple énoncé ci-dessus, on dira : puisque le taux pour 100 est 4, le taux pour 1 est 0,04 et 1 plus son intérêt est 1,04. On a donc :

Fin de la 1re année, 3000 $\times$ 1,04 = 3120 fr.
Fin de la 2e   3120 $\times$ 1 04 = 3244 fr. 80
Fin de la 3e   3244,8 $\times$ 1,04 = 3374f 592.

L'intérêt cherché est donc 3374,592 — 3000, ce qui donne bien 374f,592.

Il n'y aurait pas de soustraction à faire, si l'on se proposait de trouver l'intérêt composé joint au capital.

L'avantage de cette méthode, qui est la même que celle donnée no 273, consiste en ce que la multiplication qui donne l'intérêt, et l'addition du capital avec cet intérêt se font en même temps et sans déplacement des chiffres.

En effet la multiplication du capital actuel par le taux pour 1, donne l'intérêt de ce capital et la multiplication par 1 ajoute ce même capital à son intérêt.

RENTES SUR L'ÉTAT.

275.—Acheter des *rentes sur l'Etat*, c'est acheter d'un particulier les titres de rentes que lui paye l'Etat, pour une somme prêtée au Trésor public, ou par ce particulier lui-même ou par toute autre personne dont il a acquis les droits.

La somme qu'il faut compter pour acheter 4 fr. $\frac{1}{2}$, 4 fr. ou 3 fr. de rente c'est *le cours*; et cette rente 4 $\frac{1}{2}$, 4 ou 3 fr. c'est *le taux*; la somme qu'on débourse est *le capital*, et enfin le revenu que produit ce capital est ce qu'on appelle *la rente*.

La rente est dite *au pair*, lorsqu'elle est au cours 100 fr., c'est-à-dire, qu'elle s'achète ou se vend 100 fr.

Explications.—Les gouvernements n'empruntent pas de la même manière que les particuliers. Un particulier emprunte, pour un temps déterminé, un certain capital et en paye les intérêts à un taux plus ou moins élevé, mais qui, pour être légal, ne doit pas dépasser 5 pour cent, et au bout du temps convenu, il rembourse intégralement ce capital à son prêteur.

Il n'en est pas ainsi d'un gouvernement : il constitue, dans ses

---

275.—Qu'est-ce qu'acheter des rentes sur l'Etat ? — Comment s'appelle la somme qu'il faut compter pour avoir 4 fr. $\frac{1}{2}$, 4 fr. ou 3 fr. de rente ?—Et cette rente elle-même 4 fr. $\frac{1}{2}$... comment s'appelle-t-elle ? —Et la somme que l'on emploie à acheter des rentes, quel est son nom ? — Quand est-ce que la rente est dit *au pair* ?

besoins pressants, des rentes fixes et les vend au plus offrant, contre un capital indéterminé d'abord. Les capitalistes qui achètent ces rentes, les portent ensuite à la Bourse, selon leur convenance, par petites portions, et les vendent à des particuliers, qui peuvent eux-mêmes les revendre : de sorte que les titres peuvent indéfiniment passer de main en main.

Ces sortes de marchés se font à la *Bourse* par l'intermédiaire d'un *agent de change*, moyennant un salaire de 1 fr., appelé *droit de courtage*, pour chaque 800 fr. du capital, ce qui fait 125 *milliemes* p. 0/0.

Ces rentes se payent aux taux de constitution ; le 4 $\frac{1}{2}$ et le 4 p. 0/0, moitié en *mars* et moitié en *septembre*. Le 3 p. 0/0 se paye par quarts, en *janvier*, *avril*, *juillet* et *octobre*.

Les gouvernements empruntent, mais ils ne sont pas tenus de rembourser : c'est pourquoi les capitalistes qui leur prêtent ne peuvent rentrer dans leurs fonds que par voie de vente.

La somme qu'il faut verser pour acheter 4 $\frac{1}{2}$, 4 ou 3 fr. de rente varie selon que les temps sont plus ou moins favorables à la circulation des capitaux. Ainsi pour le 4 $\frac{1}{2}$, le cours sera tantôt 100 fr. ou plus de 100 fr. et tantôt moins, selon que les affaires vont bien ou moins bien ; c'est ce qui explique la hausse et la baisse des fonds publics.

La raison qui explique pourquoi il y a des fonds publics à 3, à 4 et à 4 1/2 p. 0/0, c'est que la France n'a pas toujours emprunté à un même taux de constitution.

276.— Tout problème ayant trait à ces sortes de rentes se résout par des procédés analogues à ceux qu'on emploie pour les intérêts au taux **p. 0/0**; en voici des exemples.

EXEMPLE I. *Quelle rente aura-t-on pour* 13 000 *fr., le* 4 $\frac{1}{2}$ p. 100 *étant au cours* 97 ? — *Quelle somme aura-t-on à payer à l'agent de change ?*

RAISONNEMENT. — 97 fr. donnant 4 fr. 5, 1 fr. donnera 97 fois moins, ou $\frac{4,5}{97}$ et 13 000, 13 *mille* fois plus, ou $\frac{4,5 \times 13000}{97}$, ou 603 fr. 09...

97,	cap.	4,5,	rent.
13 000,	cap.	x,	rent.

La somme à payer pour droits de courtage = $\frac{13000}{800}$ ou 16 fr. 25.

EXEMPLE II. *Quel capital placera-t-on pour avoir* 300 *fr. de rente, le* 4 p. 0/0 *étant au cours* 92 ? — *Quels seront les droits de courtage ?*

RAISONNEMENT. — Le capital de 4 fr étant 92, le capital de 1 fr. est $\frac{92}{4}$, et le capital de 300 fr. est $\frac{92 \times 300}{4}$, ou 6900 fr.

4,	rente.	92,	cap.
300,	rente.	x,	cap.

Droits de courtage $\frac{6900}{800}$ = 8 fr. 625.

276.—Comment se résout toute question ayant trait aux rentes sur l'Etat?

RÈGLES D'ESCOMPTE.

277.— On appelle *escompte* la diminution qu'éprouve la valeur d'un billet lorsqu'on en touche le montant avant l'échéance du terme. Ainsi la règle d'escompte a pour but de trouver cette diminution calculée au taux pour cent [1].

On distingue l'escompte *en dedans*, et l'escompte en *dehors*.

ESCOMPTE EN DEDANS.

278.—L'escompte *en dedans* a lieu lorsque l'escompteur ne retient que l'intérêt de la somme qu'il remet à celui qui lui présente un billet, et non pas l'intérêt de toute la somme portée sur ce billet. Dans ce cas, c'est 100 fr. $+$ son intérêt qui donne l'escompte p. 0/0.

---

[1] On distingue dans le commerce deux sortes de billets : le *billet à ordre*, et la *lettre de change*, plus communément appelée *traite*. Le billet à ordre est créé et signé par le débiteur en faveur de son créancier. La traite est créée et signée par le créancier lui-même et tirée contre son débiteur, qu'il en avertit par une lettre d'avis. Voici la formule de l'un et de l'autre :

BILLET A ORDRE.—Au (*mettre ici en toutes lettres la date de l'échéance*), je payerai à M. ... (*mettre ici le nom de la personne*) ou à son ordre, la somme de (*la mettre ici en toutes lettres*), valeur reçue en marchandises (*ou comptant ou en compte*). *Terminer par le nom du lieu, la date de la création et la signature.*

TRAITE.—Au (*vingt-cinq avril prochain*), il vous plaira de payer à (*M. Gabory, de Nantes*), ou à son ordre, la somme de (*soixante-dix huit francs*), valeur reçue en marchandises (*ou comptant ou en compte*). (*Saint-Pierre d'Oléron, le vingt-cinq décembre mil huit cent cinquante quatre*). A. Huet.

A M. Bourget, propriétaire au Palet, Loire-Inférieure.

Lorsqu'on reçoit un billet à ordre en payement, on peut ou le faire escompter ou le négocier, c'est-à-dire le donner en payement. Dans l'un comme dans l'autre cas, il faut l'endosser, c'est-à-dire le passer à l'ordre de celui à qui on le donne. On écrit donc sur le dos du billet : *passé à l'ordre de M...*, on met le quantième et l'on signe. Même observation pour une traite.

277.—Qu'appelle-t-on escompte? — Combien distingue-t-on de sortes d'escomptes?

278.—Qu'est-ce que l'escompte en dedans?

279.—*Pour connaître l'escompte en dedans d'une somme quelconque, il suffit de calculer l'intérêt de 100 fr. pour le temps que le billet a encore à courir ; de multiplier cet intérêt par la somme portée au billet, et de diviser le produit par 100, augmenté du même intérêt. Ensuite, pour savoir à combien se réduit la somme escomptée, il suffit d'ôter l'escompte trouvé de la somme à escompter.*

Exemple : *L'escompte étant fixé à 6 p. 0/0 par an, trouver l'escompte en dedans de 177 fr. payables dans 4 mois, ainsi que la somme escomptée.*

Solution. Puisque c'est 100 fr. plus l'intérêt de 100 fr., calculé pour les 4 mois, qui règlent l'escompte à trouver, il faut donc d'abord trouver cet intérêt. Or 100 fr., donnant 6 fr. dans un an, donnent $\frac{6}{12}$ fr. dans un mois, et $\frac{6}{12} \times 4$ ou $\frac{6\times4}{12}$ ou 2 fr. dans 4 mois.

C'est donc 102 fr. et 2 fr. qui sont ici les termes de comparaison.

Mais, puisque 102 fr. escomptent 2 fr., 1 fr. escompte $\frac{2}{102}$ et 177 fr. escomptent $\frac{2\times177}{102}$ ou 3 fr. 47 $\frac{1}{17}$.

La somme escomptée est donc 177—3,47 ou 173 fr. 43.

Nota. — L'escompte en dedans n'étant point en usage en France, nous n'en dirons pas davantage sur ce sujet.

ESCOMPTE EN DEHORS.

280.—L'escompte *en dehors* a lieu lorsque l'escompteur retient l'intérêt de toute la somme portée sur un billet. Cet escompte n'est donc autre chose que l'intérêt de la somme portée au billet. Pour le calculer, voyez N°s 265 et 266. Ensuite, pour savoir à combien se réduit la somme escomptée, il suffit de retrancher l'escompte trouvé de la somme à escompter.

Exemple I. *A combien se réduira un billet de 520 fr. payable à un an de terme, s'il est escompté à 6 p. 0/0 par an ?*

Escompte ou intérêt annuel... $\frac{6\times520}{100}$ = 31f,20.
Somme escomptée = 520 — 31,20 = 488f,80.

279.—Comment calcule-t-on un escompte en dedans ?

280.—Quand est-ce qu'a lieu l'escompte en dehors ?—Quelles sont les règles à employer pour calculer les escomptes en dehors ?

EXEMPLE II. *Quel est l'escompte d'un billet de 3520 fr., ayant 3 ans de cours, à 6 p. 0/0 par an ?*

Escompte ou intérêt annuel $= \frac{6 \times 3520}{100}$.

Escompte pour 3 ans $= \frac{6 \times 3520 \times 3}{100} = 633^f,60$.

EXEMPLE III. *Trouver l'escompte d'un billet de 3520 fr., payable à 3 mois de terme, l'escompte étant fixé à ½, ou 0 fr. 50 p. 0/0 par mois ?*

Escompte ou intérêt d'un mois $= \frac{0,50 \times 3520}{100}$.

Escompte pour 3 mois $= \frac{0,50 \times 3520 \times 3}{100} = 52^f,80$.

EXEMPLE IV. *A combien se réduit un billet de 239 fr. payable dans 7 mois, l'escompte p. 0/0 étant 6 fr. par an ?*

Escompte annuel $\frac{6 \times 239}{100}$.

Escompte pour 1 mois $\frac{6 \times 239}{100 \times 12}$.

Escompte pour 7 mois $\frac{6 \times 239 \times 7}{100 \times 12}$ ou $8^f,365$.

Valeur demandée 239 — 8,365 ou $230^f,635$.

EXEMPLE V. *A combien se réduit un billet ayant 25 jours à courir, ce billet étant de 1180 fr. et le taux 5 p. 0/0 par an ?*

Escompte annuel $\frac{5 \times 1180}{100}$.

Escompte pour 1 jour $\frac{5 \times 1180}{100 \times 360}$.

Escompte pour 25 jours $\frac{5 \times 1180 \times 25}{100 \times 360}$ ou $4^f, 10$.

Valeur demandée 1180 — 4,10 ou $1175^f,90$.

281.—Pour trouver la valeur nominale d'un billet, connaissant l'escompte de ce billet et le taux, voyez Nos 267 et 268.

282.—Pour trouver le taux, connaissant la valeur nominale d'un billet et son escompte, voyez Nos 269 et 270; et pour le temps, voyez Nos 271 et 272.

283. — On demande quelquefois ce que vaut une somme, plus son escompte, après un temps determiné. Le moyen le plus simple, pour resoudre ces sortes de questions, est de chercher, par les moyens indiqués ci-dessus, l'escompte de ladite somme pour le temps determiné, et de l'ajouter à la somme donnée.

281.—Comment retrouver la valeur nominale d'un billet?

282.—Comment retrouver le taux d'escompte d'un billet au moyen de sa valeur nominale et de son escompte?

283 —Comment trouver la valeur d'une somme augmentée de son escompte après un certain temps ?

EXEMPLE : *Un particulier achète pour* 620 *fr. de marchandises ; il demande 4 mois de crédit ; le vendeur y consent, à condition que l'acheteur payera au bout des 4 mois les* 620 *fr., plus l'escompte au* 6 °/₀ *par an : Combien l'acheteur aura-t-il à débourser en tout ?*

Escompte, ou intérêt annuel... $\frac{6 \times 620}{100}$.

Escompte pour 1 mois... $\frac{6 \times 620}{100 \times 12}$.

Escompte pour 4 mois... $\frac{6 \times 620 \times 4}{100 \times 12} = 12^{f} 40$.

Somme demandée... $620 + 12,40 = 632^{f},40$.

PARTAGES PROPORTIONNELS

OU RÈGLES DE SOCIÉTÉ.

284.—Quand il s'agit de partager une somme en parties égales, une simple division suffit; mais quand une somme doit être partagée en parties inégales et proportionnelles à d'autres sommes, il faut faire une *règle de partages proportionnels*.

Ainsi, *la règle de partages proportionnels*, autrement dite *règle de société*, est une opération qui a pour but de partager entre plusieurs associés, proportionnellement à la mise de fonds de chacun, le bénéfice ou la perte résultant de leur association.

Les mises s'appellent *nombres proportionnels*, et les parties obtenues, *parties proportionnelles*.

Lorsque les mises restent le même temps dans la société, la règle est dite *simple*; lorsque les mises ne sont pas pour le même temps dans la société, la règle est dite *composée*.

RÈGLE DE SOCIÉTÉ SIMPLE.

285.—*Pour faire une règle de société simple, il faut diviser le gain ou la perte par la somme des mises, et multiplier le quotient par chaque mise particulière, ce qui donnera les résultats demandés.*

On fait *la preuve*, en additionnant les parts échues à

284.—Quel est le but de la règle de société ? — Quand est-ce que la règle de société est dite simple ? — Quand est-ce qu'elle est dite composée ?

285.—Comment faut-il s'y prendre pour effectuer une règle de société simple ? — Comment fait-on la preuve d'une règle de société ?

chaque associé; leur somme doit reproduire la somme partagée.

EXEMPLE 1. *Quatre associés ont fait un fonds commun sur lequel ils ont gagné 480 fr. : Combien revient-il à chacun, sachant que le premier avait mis 320 fr., le second 200 fr., le troisième 180 fr., et le quatrième 100 fr.?*

SOLUTION : La somme des mises ou des nombres proportionnels est 320 + 200 + 180 + 100 = 800 fr., et le gain à partager ou la somme des parties proportionnelles demandées est 480 fr. Or, si les mises des associés étaient égales, le problème serait résolu en divisant par 4 le bénéfice 480, car dans ce cas, les parts seraient aussi égales. Mais les mises étant inégales, il est évident que les mises plus ou moins fortes doivent avoir des parts proportionnellement plus ou moins fortes. Le raisonnement qui suit conduit aisément à la découverte de ces parts, ou de ces parties proportionnelles.

Puisque 800 fr. gagnent 480 fr., il est clair que 1 fr. gagne 800 fois moins ou 480 : 800 ou 0 fr. 60.

Mais puisque 1 fr. gagne 0 fr. 6, $\quad$ 320^f gagneront $0{,}6 \times 320 = 192$ fr.

On voit par ces raisonnements $\quad$ 200 $\qquad 0{,}6 \times 200 = 120$
que la règle donnée n° 185, con- $\quad$ 180 $\qquad 0{,}6 \times 180 = 108$
duit aux résultats demandés, ce $\quad$ 100 $\qquad 0{,}6 \times 100 = 60$
qui la justifie.

$\qquad\qquad\qquad\qquad$ Preuve. . . . . . . 420 fr.

Le problème qui vient d'être résolu et tous ses analogues peuvent être présentés sous la forme suivante : *Partagez 480 en parties proportionnelles aux nombres 320, 200, 180 et 100.*

Pour le résoudre sous cette forme, on dira, après avoir additionné les nombres proportionnels : si 800 prennent 480, 1 ne prendra que $\frac{480}{800}$ ou $\frac{48}{80}$ et 320 prendront $\frac{48 \times 320}{80} = \frac{48 \times 32}{8}$, et ainsi pour les trois autres parties proportionnelles.

Les raisonnements dont nous avons fait usage font voir que les parties proportionnelles ont, avec leurs nombres proportionnels, un même rapport que leurs sommes respectives entre elles, ce qui veut dire que chaque partie proportionnelle étant divisée par son nombre proportionnel, on trouve le même quotient qu'en divisant la somme des parties proportionnelles par celle des nombres proportionnels.

286.—*Si le nombre à partager n'est pas divisible exactement par la somme des mises, il est plus avantageux de le multiplier par chaque mise, et de diviser les produits par la somme des mises. On évite ainsi la multiplication de nombres fractionnaires qui pourraient rendre le calcul fort pénible. On peut, d'ailleurs, supprimer dans le dividende et dans le diviseur les facteurs communs qui s'aperçoivent aisément, ce qui abrége les opérations.*

286.—Que peut-on faire lorsque le nombre à partager n'est pas exactement divisible par la somme des mises?

EXEMPLE II. *Trois négociants ont fait un fonds commun pour charger un navire : le premier a mis 15 000 fr.; le second 20 000 fr.; le troisième 75 000 fr.; leurs marchandises ayant été avariées en route, ils n'en ont retiré que 97 000 fr. : Quelle doit être la part de chaque associé à proportion de sa mise ?*

Somme des mises = 110 000 fr. Donc :

$$1^{re} \text{ part} = \frac{97000 \times 15000}{110000} = \frac{97 \times 1500}{11} = 13\ 227^f,27.$$

$$2^e \text{ part} = \frac{97000 \times 20000}{110000} = \frac{97 \times 2000}{11} = 17\ 636^f,36.$$

$$3^e \text{ part} = \frac{97000 \times 75000}{110000} = \frac{97 \times 7500}{11} = 66\ 136^f,36.$$

PREUVE. . . . . 96 999^f,99.

OBSERVATION. — En calculant chaque part jusqu'aux centimes, et négligeant les quantités moindres qu'un demi-centime, il arrive quelquefois que la somme des parts diffère un peu du nombre à partager ; mais, dans tous les cas, l'erreur se compose d'un nombre de centimes moindre que le nombre des parts.

RÈGLE DE SOCIÉTÉ COMPOSÉE.

287. — *Pour faire cette règle, ayant exprimé les temps divers au moyen d'une même unité, on multiplie chaque mise particulière par le temps qu'elle est restée dans la société ; puis, considérant les produits comme s'ils étaient les mises des associés, on opère comme il a été dit (285 et 286).*

EXEMPLE : *Trois marchands s'étant associés, le premier a mis 197 fr. pour 12 mois ; le deuxième 365 fr. pour 8 mois ; le troisième 412 fr. pour 15 mois. Au bout des 15 mois, ils partagent leur bénéfice qui est de 286 fr. 60. Dire le bénéfice de chacun, à proportion de sa mise et du temps qu'elle est restée dans la société.*

Justifions sur cet exemple la règle qui le précède.

Le 1er associé met 197 fr. pendant 12 mois, il faudrait donc que, pour avoir droit à la même part du bénéfice 286 fr. 60, il mît 12 fois plus ou 197 fr. × 12 = 2364 fr., pendant un seul mois. Pour la même raison, le 2e devrait mettre 8 fois plus, ou 365 fr. × 8 = 2920 fr.; et le 3e 15 fois plus, ou 412 fr. × 15 = 6180 fr. D'où la somme des mises pendant un mois serait 2364 + 2920 + 6180 = 11 464 fr. Par ce moyen, le temps de l'association est évidemment ramené à une même unité de temps, un mois, et l'opération à une règle de société

287. — Comment faut-il procéder pour faire une règle de société composée ?

simple. On n'a donc plus qu'à raisonner et à faire comme on a dit et fait pour l'exemple I, N° 285 :

Puisque 11 464 fr. gagnent 286 fr. 60, 1 fr. gagne 286,6 : 11 464 ou 0 fr. 0 25.

Donc 2364 f., mise supposée du 1er gagne 0.025 × 2364 ou   59f. 10.

2920 f., mise supposée du 2e gagne 0.025 × 2920 ou   73f. 00.

6180 f., mise supposée du 3e gagne 0,025 × 6180 ou 154f. 50.

$$\overline{286f.\ 60.}$$

Si l'on faisait la multiplication avant la division, on aurait : la 1re part $= \frac{286.6 \times 2364}{11464}$, et ainsi pour les deux autres

RÈGLE DES MOYENNES.

288.—La *règle des moyennes* a pour but de trouver un nombre moyen entre plusieurs nombres donnés.

289.—*Pour résoudre les questions de ce genre, il faut additionner les quantités données, et diviser la somme par le nombre de ces quantités : le quotient est la moyenne cherchée.*

EXEMPLE I. *Trois personnes reçoivent les sommes suivantes : la première 255 fr.; la seconde 318 fr.; la troisième 336 fr. : Combien chaque personne eût-elle reçu, si ces trois sommes leur eussent été réparties également ?*

SOLUTION : Les trois personnes reçoivent isolément 255 fr., 318 fr. et 336 fr. : c'est donc comme si elles recevaient ensemble, pour se les partager, 255 fr. + 318 fr. + 336 fr. ou 909 fr., car il est clair que dans ce cas, chacune a le tiers de la somme totale. Donc la part de chacune, ou la somme moyenne = 909 : 3 ou 303 fr.

EXEMPLE II. *On a du blé à 3 fr., à 4 fr., à 4 fr. 55 le double décalitre : Quel serait le prix moyen, si l'on mêlait ces trois espèces en quantités égales ?*

SOLUTION : Le prix total des trois hectolitres est évidemment 3 + 4 + 4, 55 ou 11 fr. 55. Donc le prix d'un seul ou le prix moyen demandé est $\frac{11.55}{3}$ ou 3 fr. 85.

290.—Quand on veut la moyenne d'un mélange formé de quantités inégales et à des prix inégaux, *il faut multiplier le prix de chaque quantité par sa quantité respective, faire la somme des différents produits, et la diviser par la somme des diverses quantités données.*

288.—Quel est le but de la règle des moyennes ?

289.—Comment résout-on une règle des moyennes ?

290.—Comment obtient-on la moyenne d'un mélange formé de quantités inégales et à des prix inégaux ?

EXAMPLE : *On veut mêler 20 litres de vin à 0 fr. 50 c. le litre avec 35 litres à 0 fr. 40 c. le litre ; 60 litres à 0 fr. 75 c., et 25 à 0 fr. 60 c. : Quel sera le prix du litre de ce mélange ?*

SOLUTION :

$$20 \text{ litres, à } 0 \text{ fr. } 50 \text{ valent } 0,50 \times 20 = 10 \text{ fr.}$$
$$35 \text{ litres, à } 0 \text{ fr. } 40 \text{ valent } 0,40 \times 35 = 14 \text{ fr.}$$
$$60 \text{ litres, à } 0 \text{ fr. } 75 \text{ valent } 0,75 \times 60 = 45 \text{ fr.}$$
$$25 \text{ litres, à } 0 \text{ fr. } 60 \text{ valent } 0,60 \times 25 = 15 \text{ fr.}$$

Total des litres 140   Valeur totale des 140 litres.   84 fr.

Puisque d'une part on a 140 litres et d'autre part leur valeur totale 84 fr., il est clair que la valeur d'un seul litre ou le prix du litre de leur mélange est 84 : 140 ou 0 fr. 60.

NOTA — Le mécanisme de ces sortes d'opérations consiste à reporter aux sommes plus faibles, en tout ou en partie, l'excédant qu'ont sur elles les sommes plus fortes.

291. On peut faire la preuve d'une règle de moyenne en voyant si l'ensemble des augmentations éprouvées par certaines valeurs, compense l'ensemble des diminutions subies par les autres.

Soit notre exemple 1. Le résultat étant 303 fr., la personne qui n'a que 255 fr. et qui en reçoit 303, a une augmentation de 303-255 ou de 48 fr.

Celle qui a 318 fr. n'en recevant que 303, subit une diminution de 318-303 ou de 15 fr.

Celle qui a 336 fr. et qui n'en reçoit que 303, subit une diminution de 336-303 ou de 33 fr.

Or $33 \times 15 = 48$ fr., somme égale à l'augmentation trouvée.

291.— Comment fait-on la preuve d'une règle des moyennes ?

TROISIÈME PARTIE

NOTIONS SUR LA GÉOMÉTRIE.

DÉFINITIONS PRÉLIMINAIRES.

I. On appelle *point* un espace infiniment petit.

II. On appelle *ligne* une suite de points infiniment rapprochés; c'est l'étendue en longueur.

III. On appelle *surface* l'étendue en longueur et largeur (*Voir N° 61*).

IV. La surface sur laquelle on peut appliquer en tous sens une règle bien droite s'appelle *surface plane* ou *plan*. Le dessus d'une table est un plan.

V. Une surface est *convexe* lorsqu'elle est bombée; elle est *concave* lorsqu'elle offre un enfoncement circulaire. Un verre de montre est convexe en dessus et concave en dedans.

VI. Une surface est *rectiligne* lorsque ses côtés sont des lignes droites; *curvilignes* lorsqu'ils sont des lignes courbes; et *mixtilignes* lorsqu'ils sont des lignes droites et des lignes courbes.

VII. On appelle *solide*, *volume* ou *corps* l'étendue en longueur, largeur et hauteur. Une pièce de bois quelconque est un solide (*Voir N° 78*).

LIGNES DIVERSES.

VIII. La *ligne droite* est celle qui mesure la plus courte distance d'un point à un autre. Telle est la ligne AB (fig. N° 292).

IX. La *ligne courbe* est celle qui n'est ni droite ni composée de lignes droites. Telle *h f d b* (figure N° 326).

X. On appelle *circonférence* de cercle une ligne courbe dont tous

---

I. Qu'appelle-t-on un point?
II. Qu'est-ce que la ligne?
III. Qu'est-ce qu'une surface?
IV. Qu'est-ce que le plan?
V. Qu'est-ce qu'une surface convexe?
VI. Qu'entend-on par surface rectiligne, curviligne, mixtiligne?
VII. Qu'appelle-t-on solide, corps ou volume?
VIII. Qu'est-ce que la ligne droite?
IX. La courbe?
X. Qu'est-ce que la circonférence du cercle?

les points sont dans un même plan et également distants d'un point intérieur appelé *centre*. Telle est ABDE (fig. N° 301), dont le centre est au point C. Une portion plus ou moins grande, *xy*, de la circonférence se nomme *arc*. Toute circonférence de cercle se divise en 360 degrés (110) : donc, la mesure d'un arc est le nombre des degrés qu'il comprend. Ainsi les six divisions de la circonférence ABDE, fig. N° 301, donnent 6 arcs de chacun 60 degrés, puisque 6 fois 60 donne 360.

XI. On appelle *ellipse* une ligne courbe qui, étant tracée sur un plan, est telle que la somme des distances de chacun de ses points à deux points intérieurs, appelés *foyers de l'ellipse*, est partout la même. Telle est la courbe, fig. N° 304, dont les foyers sont en *a* et en *b*.

XII. On nomme *perpendiculaire* la ligne qui, tombant sur une autre, ne penche ni vers la droite ni vers la gauche de cette autre. Les quatre lignes qui déterminent la fig. N° 292, sont perpendiculaires les unes aux autres.

XIII. On nomme *oblique* la ligne qui, tombant sur une autre, penche vers la droite ou vers la gauche de cette autre. Les quatre lignes qui déterminent la fig. N° 296, sont obliques entre elles.

XIV. On appelle *parallèles* les lignes qui, étant dans un même plan, conservent entre elles la même distance, et ne peuvent jamais se rencontrer, quelque prolongées qu'on les suppose. Telles sont les lignes AB et DC dans la fig. N° 295.

XV. On appelle *verticale* d'un lieu la droite indiquée par la direction du fil-à-plomb ; toute perpendiculaire à la verticale d'un lieu est une *horizontale* pour ce même lieu. La ligne *horizontale* est parallèle à l'horizon, et elle suit la direction de l'eau dormante sur un bassin de petite étendue.

ANGLES.

XVI. On appelle *angle* l'écart plus ou moins grand de deux lignes qui se coupent : tel est l'écart que forment les deux lignes BD et BE, fig. N° 298. Les lignes DB et BE sont les côtés de l'angle BDE, et B en est le sommet ; le sommet d'un angle est donc le point où ses côtés se coupent.

XVII. On appelle *angles droits* les angles formés par des perpendiculaires. Les quatre angles que renferme la fig. N° 292, sont des angles droits. Les angles plus grands que les angles droits sont dits *obtus* et les angles plus petits sont dits *aigus*. La fig. N° 298 contient un angle obtus et deux angles aigus.

XI. Qu'appelle-t-on ellipse ?
XII. Qu'appelle-t-on ligne perpendiculaire ?
XIII. Qu'appelle-t-on ligne oblique ?
XIV. Qu'appelle-t-on lignes parallèles ?
XV. Qu'appelle-t-on ligne verticale ?

XVI. Qu'appelle-t-on angle ?
XVII. Qu'est-ce qu'un angle droit ? — Quelle est la mesure d'un angle ?

La mesure d'un angle est celle de l'arc de cercle compris entre ses côtés, le centre de ce cercle étant au sommet. Ainsi l'angle *xcy*, fig. Nº 301, a pour mesure l'arc *xy*.

Les angles droits sont des angles de 90°, parce que quatre de ces angles comprennent toute la circonférence, le sommet étant au centre.

SURFACES.

XVIII. Toute surface qui a trois côtés ou plus de trois côtés se nomme *polygone*. Or, le polygone qui a trois côtés se nomme *trilatère ou triangle* (fig. Nº 298); celui qui en a quatre se nomme *quadrilatère* (fig. Nº 292... 297); cinq, *pentagone*; six, *hexagone*; sept, *heptagone*; huit, *octogone*... (Fig. Nos 299 et 300).

XIX. Le triangle est dit *rectangle* lorsqu'il a un angle droit, alors ses deux autres angles sont aigus; le plus grand côté d'un triangle-rectangle s'appelle *hypothénuse*. Le triangle est dit *obtusangle* lorsqu'il a un angle obtus, et *acutangle* lorsqu'il a trois angles aigus. Le triangle Nº 298 est un obtusangle.

XX Le triangle est *équilatéral* lorsque ses côtés sont égaux et ses angles égaux; il est *isocèle* lorsque deux seulement de ses côtés sont égaux, il a alors deux angles égaux ; il est *scalène* lorsque ses trois côtés sont inégaux, alors ses angles sont inégaux. Le triangle Nº 298 est scalène. Des triangles sont égaux quand ils ont les bases égales et les hauteurs égales. Les trois angles d'un triangle quelconque rectiligne valent ensemble deux angles droits ou 180 degrés.

XXI. Les principaux quadrilatères sont le *carré*, le *rectangle*, le *rhombe ou losange*, le *rhomboïde* et le *trapèze* Les quatre premiers sont appelés *parallélogrammes* parce qu'ils ont les côtés opposés parallèles.

XXII. Le *carré* est un parallélogramme dont les côtés sont égaux et les angles droits (fig. Nº 292).

XXIII. Le *rectangle* est un parallélogramme dont les angles sont droits. Le carré est en lui-même un rectangle : cependant on suppose ordinairement que dans le rectangle les côtés ne sont pas égaux (fig. Nº 295).

XXIV. Le *rhombe* est un parallélogramme dont les côtés sont égaux; ses angles ne sont pas droits.

XVIII. Comment se nomme toute surface qui a au moins trois côtés? — Comment nomme-t-on le polygone qui a trois côtés?— Celui qui en a quatre?— Cinq ? — Six ?— Sept ? — Huit?

XIX. Comment s'appelle le triangle qui a un angle droit? — Que sont alors ses deux autres angles? — Comment s'appelle le plus grand côté d'un triangle-rectangle?

XX. Quand le triangle est-il équilatéral? — Isocèle? — Scalène? — Quand est-ce que des triangles sont égaux?

XXI. Quels sont les principaux quadrilatères?— Comment nomme-t-on les quatre premiers ?

XXII. Qu'est-ce que le carré?

XXIII. Le rectangle?

XXIV. Le rhombe?

XXV. Le *rhomboïde* est un parallélogramme dont les côtés contigus sont inégaux (fig. No 296).

XXVI. Le *trapèze* n'a que deux côtés parallèles (fig. No 297).

XXVII. Les quadrilatères qui n'ont point de côtés parallèles, n'ont point de noms particuliers (fig. No 35). On les désigne sous le nom de *polygones*, ou simplement de *quadrilatères*.

XXVIII. Un polygone est régulier lorsque tous ses côtés sont égaux et ses angles égaux (fig. No 299) ; hors ce cas, il est irrégulier (fig. N s 300, 325 et 326).

XXIX. On appelle *diagonale*, toute droite qui, dans un polygone, va du sommet d'un angle, au sommet d'un autre angle, qui n'a pas un côté commun avec le premier. Telles sont *ad*, n° 299, et *oc* n° 300.

XXX. Le *cercle* est une surface plane terminée par une circonférence (fig. No 301). La droite AB qui passe par le centre et se termine de part et d'autre à la circonférence s'appelle *diamètre*. La partie BC ou CA du diamètre s'appelle *rayon* ; le rayon est donc la moitié du diamètre. Tous les diamètres d'un même cercle sont égaux.

XXXI. Le plan terminé par une ellipse a deux diamètres inégaux que l'on appelle *axes* de l'ellipse (fig. No 304).

SOLIDES.

XXXII. Les principaux solides sont les *polyèdres*, le *cylindre*, le *cône* et la *sphère*.

XXXIII. Tous les polyèdres sont terminés par des surfaces planes ; les rencontres de ces plans s'appellent *arêtes*.

XXXIV. Les polyèdres qu'on a le plus souvent à évaluer sont les *prismes* et les *pyramides*.

XXXV. Le *prisme* (fig. No 308) est un polyèdre qui a pour bases des polygones égaux et parallèles, et dont toutes les autres faces sont des parallélogrammes.

XXV. Le rhomboïde ?
XXVI. Qu'est-ce que le trapèze ?
XXVII. Par quels noms désigne-t-on les quadrilatères qui n'ont point de côtés parallèles ?
XXVIII. Quand est-ce qu'un polygone est dit régulier ?
XXIX. Comment s'appelle la droite qui, passant par un polygone, atteint les sommets de deux angles opposés ?
XXX. Qu'est-ce que le cercle ? — Qu'est-ce que le diamètre du cercle ? — Qu'est-ce que le rayon ?
XXXI. Qu'est-ce qui caractérise le plan elliptique ?

XXXII. Quels sont les principaux solides ?
XXXIII. Qu'est-ce qui caractérise les polyèdres ?
XXXIV. Quels sont les principaux polyèdres ?
XXXV. Qu'est-ce que le prisme ?

XXXVI. La hauteur d'un prisme est la perpendiculaire élevée d'une base à l'autre. Le prisme est droit lorsque ses arêtes sont perpendiculaires aux bases ; dans tout autre cas il est oblique. Le prisme est régulier lorsque ses bases sont régulières (XXVIII) ; hors ce cas, il est irrégulier.

XXXVII. **Deux prismes ont des noms particuliers : le *cube* et le *parallélipipède*.**

XXXVIII. Le cube (fig. N° 305) est terminé par six carrés égaux qui en sont les *bases*, opposés et parallèles deux à deux, toutes ses arêtes sont perpendiculaires aux bases.

XXXIX. Le parallélipipède (fig. N° 307) est terminé par six parallélogrammes égaux deux à deux ; il est dit rectangle lorsque ses faces sont des rectangles.

XL. La pyramide (fig. N° 309) est un polyèdre dont la base est un polygone quelconque et les faces des triangles qui ont pour bases les côtés du polygone. Les sommets de ces triangles se confondent tous dans un même point appelé *sommet de la pyramide*.

La pyramide est régulière lorsque sa base est un polygone régulier et que la hauteur passe par le centre de ce polygone.

XLI. Lorsque la pyramide est coupée parallèlement à la base, on l'appelle *pyramide tronquée* : elle a alors deux bases inégales mais semblables (fig. N° 310).

XLII. Le *cylindre* (fig. N° 313) est un solide terminé par deux cercles égaux et parallèles et par une surface décrite par une droite qui se meut parallèlement à l'axe, en touchant toujours les circonférences des deux bases.

Le *cylindre* est droit ou oblique selon que son axe est ou n'est pas perpendiculaire aux bases. Sa hauteur est la perpendiculaire abaissée d'une base sur l'autre base, ou sur son prolongement. L'axe d'un cylindre est la droite qui joint les centres des deux bases.

XLIII. Le *cône* (fig. N° 314) est un solide terminé par un cercle, qui en est la base, et par une surface que décrit la droite, qui, passant toujours par un point nommé *sommet* du cône, touche continuellement la circonférence de la base.

XXXVI. Quelle est la hauteur d'un prisme ?
XXXVII. Y a-t-il des prismes qui aient des noms particuliers ?
XXXVIII. Qu'est-ce que le cube ?
XXXIX. Qu'est-ce que le parallélipipède ?
XL. Qu'est-ce que la pyramide ? — Quelle est la hauteur d'une pyramide ? — Quand est-ce que la pyramide est droite ? — Quand est-elle oblique ? — Quand est-elle régulière ?
XLI. Quand est-ce que la pyramide est dite tronquée ?
XLII. Qu'est-ce que le cylindre ? — Quand le cylindre est-il droit ? — Quand est-il oblique ? — Quelle est la hauteur du cylindre ?
XLIII. Qu'est-ce que le cône ? — Quelle est la hauteur du cône ? — Quand est-ce que le cône est droit ? — Quand est-il oblique ?

XLIV. Lorsque le cône est coupé parallèlement à sa base, on l'appelle *cône tronqué* ; il a alors deux bases inégales (fig. N° 314).

XLV. La *sphère* est un solide terminé de toutes parts par une surface convexe, dont tous les points sont également distants d'un point intérieur appelé *centre*. Une boule à jouer est une sphère.

Les *diamètres* ou *axes* de la sphère sont des droites qui, passant par le centre, aboutissent de part et d'autre à la surface.

On appelle *grand cercle* de la sphère la section faite dans la sphère par un plan qui passerait par le centre et la partagerait ainsi en deux parties égales.

MÉTRAGE DES SURFACES (61).

292.—*Pour trouver la surface d'un carré, il suffit de multiplier par elle-même la longueur d'un de ses côtés.*

EXEMPLE : *Quelle est la surface d'un carré de 6 mètres de côté ?*

SOLUTION : $6 \times 6 =$ R. 36 m. carrés.

En traçant à un mètre de l'un des côtés AB, pris pour base, une ligne CD de même longueur que ce côté, on forme une bande ABDC, contenant autant de m. car. que le côté contient de m. ; on n'a donc plus, pour connaître la surface du carré, qu'à prendre cette bande autant de fois que le côté contigu BE contient de m. ; mais ce côté est de même longueur que la base : donc, *pour trouver*... (292).

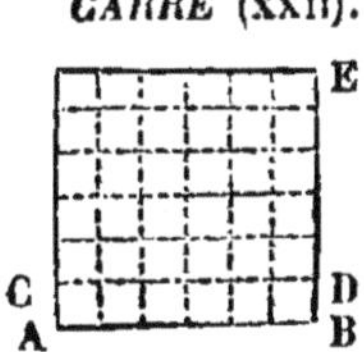

293.—*C'est en multipliant un de ses côtés par lui-même, qu'on trouve que le mètre carré vaut* 100 d. car., 10 000 c. car., 1 000 000 *de mil. car.; car les côtés du m. car. étant* 10 d. 100 c., 1000 mil , *on a* $10 \times 10 = 100$ d. car.; $100 \times 100 = 10\,000$ c. car.; $1000 \times 1000 = 1\,000\,000$ *de mil. car.* (63).

Dans le carré ci-contre, qui représente *un mètre carré*, chacune des bandes comme AB représente un dixième de m. car. ; chaque petit carré représente un centième de m. car., par conséquent un d. car. Dans un nombre de m. car., le 1er chiffre décimal représente autant de bandes, comme AB, qu'il vaut d'unités ; le 2e représente des petits carrés.

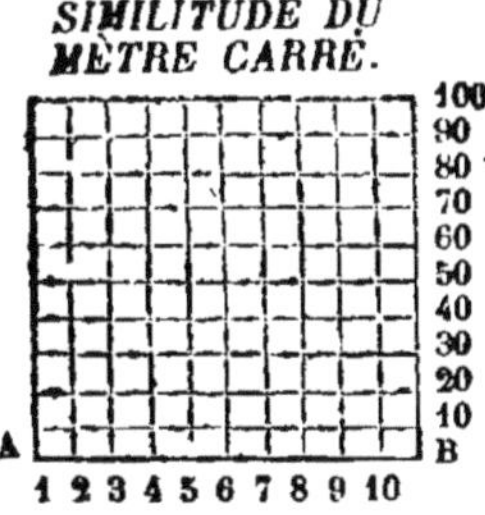

XLIV. Comment s'appelle le cône qui est coupé parallèlement à sa base ?

XLV. Qu'est-ce que la sphère ? — Quels sont les diamètres ou axes de la sphère ? — Qu'appelle-t-on grand cercle de la sphère ?

292.—Comment faut-il opérer pour évaluer la surface d'un carré ?

293.— Comment trouve-t-on les décimètres, les centimètres et les millimètres carrés contenus dans un mètre carré ?

En supposant que le même carré représente un d. car., chacune des bandes, comme AB. représentera un dixième de d. car., conséquemment un millième de m. car., et chaque petit carré un centième du d. car. ; par conséquent, un dix-millième du m. car. D'après la même supposition, dans un nombre de m. car., le 3e chiffre décimal représente autant de bandes, comme AB, qu'il vaut d'unités, et le 4e, autant de petits carrés qu'il vaut d'unités.

On peut se servir du même carré pour décomposer le c. car., car les subdivisions sont les mêmes, à la grandeur près.

294.—*On trouve d'une manière analogue les m. car., les d. car., les c. car., contenus dans un carré quelconque.*

Soit à trouver les m. car. contenus dans un hectare, je dirai : Un hectare est un carré dont le côté a 100 mèt.; donc, la surface de l'hectare, en m. car., est de 100 × 100 ou de 10 000 mètres carrés.

En effet, si nous convenons que le carré ci dessus est un hectare, chaque bande, comme AB, sera un dixième d'hectare ou 10 ares [1], et chaque petit carré, un are. Si nous convenons que le même carré est un are, chaque bande sera un dixième d'are ou 10 centiares (un déciare), et chaque petit carré, un centiare ou un m. carré.

295.—*Pour calculer la surface d'un rectangle, il suffit de multiplier l'un des grands côtés par l'un des petits.*

EXEMPLE : *Quelle est la surface d'un rectangle dont la longueur est 10 m. et la largeur 3 m. ?*

SOLUTION : 10 × 3 = 30 m. car.

Si, comme pour le carré, on trace à un mètre de l'un des grands côtés pris pour base, une ligne *cc* égale en longueur à ce grand côté, on a une bande ABcc, contenant autant de m. car. que le grand côté contient de m.; on a donc les m. car. contenus dans cette bande, à prendre autant de fois que le petit côté BC contient de m. : donc *pour calculer*, etc.

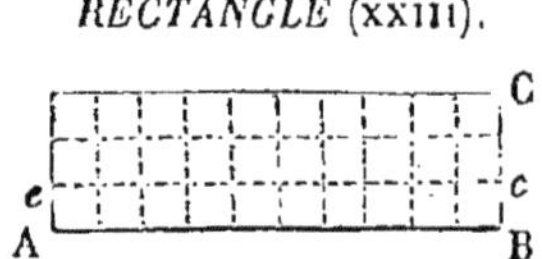

RECTANGLE (XXIII).

296.—*Pour trouver la surface du losange (qu'on appelle aussi rhombe) et du rhomboïde , il suffit de multiplier la base AB par la perpendiculaire DE, qu'on nomme hauteur.*

[1] Ce serait le *décare*, si le décare était en usage ; mais ce multiple de l'are, ainsi que le *kilare* et le *déciare* ont été rejetés, parce qu'on n'a voulu que des mesures carrées, et que le côté d'un carré, contenant un décare, un kilare, ou un déciare, ne peut s'exprimer exactement en mètres.

294.—Comment trouve-t-on les mètres, décimètres, centimètres carrés contenus dans un carré quelconque ?

295.—Comment évalue-t-on la surface d'un rectangle ?

296.—Comment calcule-t-on la superficie du rhombe ou du rhomboïde ?

EXEMPLE : *Quelle est la surface d'un rhomboïde dont la base est 8 m. et la hauteur 4 m.?*

SOLUTION : $8 \times 4 = 32$ m. car.

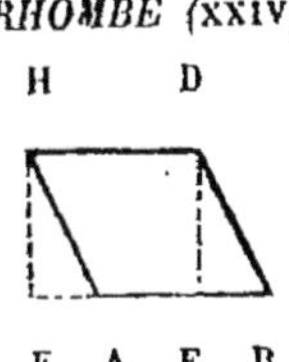

RHOMBE (XXIV).

RHOMBOÏDE (XXV).

En opérant ainsi, on agit comme pour un rectangle. Or, si dans chacune des deux figures ci-dessus, nous retranchons le triangle BDE, et que nous ajoutions le triangle AHF (égal à BDE), nous aurons pour chacune un rectangle FEDH, qui aura, pour longueur, la longueur même du losange ou du rhomboïde, et, pour largeur, la perpendiculaire abaissée d'un point quelconque de l'un des côtés DH sur le côté opposé AB, pris pour base. Ainsi, tout losange, comme tout rhomboïde, est égal en superficie à un rectangle de même base et de même hauteur : donc, *pour trouver la surface du losange ou du rhomboïde, il suffit*, etc.

297.—*La surface d'un trapèze s'obtient en additionnant les deux côtés parallèles, en multipliant leur somme par la perpendiculaire CE, abaissée de l'un des côtés parallèles sur l'autre, et en prenant la moitié du produit.*

EXEMPLE : *Quelle est la surface d'un trapèze dont les deux côtés parallèles sont 7 et 6 mèt. et la hauteur 5 mèt.?*

RÉPONSE : $\frac{7+6 \times 5}{2} = 32$ mètr. car. 50 décim. car.

En multipliant la somme des deux côtés parallèles AB, CD, par la perpendiculaire CE, on opère comme pour le rhomboïde AmnC, qui aurait pour base AB + Bm (somme des deux lignes parallèles AB, CD), et pour hauteur CE. Or, il est visible que le trapèze ABCD, n'est que la moitié du rhomboïde AmnC : donc, *la surface d'un trapèze*, etc.

TRAPÈZE (XXVI).

298.—*Pour obtenir la surface du triangle on multiplie la base AB par la perpendiculaire DE, abaissée du sommet sur la base, puis on prend la moitié du produit.*

EXEMPLE : *Quelle est la surface d'un triangle de 112 m. de base sur 42 m. de hauteur?*

RÉPONSE : $\frac{112 \times 42}{2} = 2352$ mètres carrés, ou 23 ares 52 centiares.

297.—Comment s'obtient la surface du trapèze?
298.—Comment obtient-on la surface d'un triangle?

On multiplie la base par la hauteur, puis on prend la moitié du produit, parce que tout triangle est la moitié d'un parallélogramme de même base et de même hauteur.

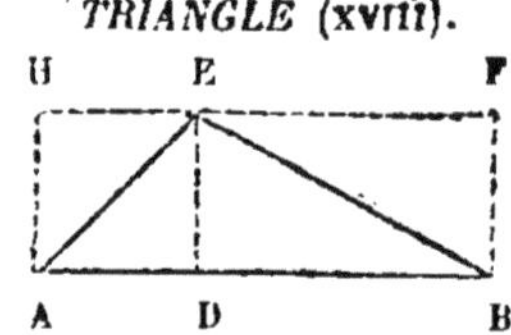

En effet, par le sommet E, tirons HF, parallèle à la base AB, puis menons AH et BF, perpendiculaires à la même ligne : nous aurons le rectangle ABFH, de même base AB et de même hauteur DE que le triangle ABE. Or, le triangle BDE est égal au triangle BFE, et le triangle ADE est égal au triangle AHE : donc le triangle ABE est la moitié du rectangle ABFH.

299.—*Pour calculer la surface d'un polygone régulier, multipliez la longueur d'un des côtés ab, bc, cd... par la perpendiculaire AB, abaissée du centre B, du polygone sur l'un des côtés (elle est toujours sur le milieu de ce côté); multipliez le produit par le nombre des côtés : la moitié du nouveau produit sera le résultat demandé.*

Exemple : *Quelle est la surface d'un polygone régulier à 6 côtés, sachant que les bases ont chacune 17 mètres, et que la perpendiculaire abaissée du centre sur le milieu de l'une des bases est, à peu de chose près, de 14ᵐ,722 ?*

Solution : $\frac{17 \times 14,722 \times 6}{2}$ = 750 m. car., 822, ou, à peu près, 751 m. car. = 7 ares, 51.

Menons du centre B, les droites Ba, Bb, Bc...; nous décomposerons le polygone en autant de triangles égaux entre eux, qu'il y a de côtés dans ce polygone ; pour avoir la surface demandée, il suffit donc de calculer la surface d'un de ces triangles, et de la multiplier par leur nombre. Or, la surface du triangle abB = *la moitié du produit* $ab \times$ AB (298) : donc, celle du polygone $abcdef$ = 6 fois *la moitié de* $ab \times$ AB, ou = *la moitié de* $ab \times$ AB $\times$ 6, ce qui justifie la règle donnée ci-dessus.

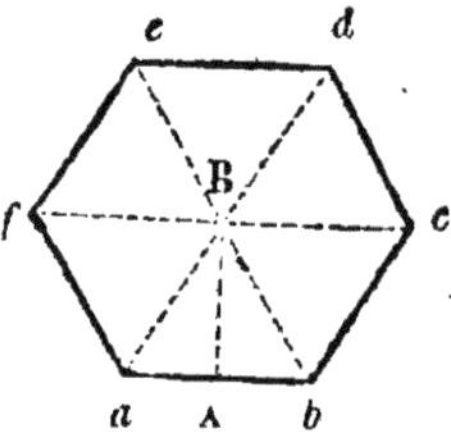

300.—*Pour avoir la surface d'un polygone irrégulier quelconque, on divise ce polygone en triangles par des diagonales (XXIX) ; puis, on évalue chaque triangle séparément ; la somme des surfaces de ces triangles est la superficie du polygone.*

Exemple : *Un polygone irrégulier est divisé en trois triangles : le premier a 15 m. de base et 6 m. de hauteur ; le deuxième a la même base que le premier, et 9 m. de hauteur, la hauteur du troisième est 4 m., et la base est 12 : Quelle est la surface de ce polygone ?*

299.—Comment s'y prend-on pour obtenir la surface d'un polygone régulier ?

300.—Comment évalue-t-on la surface d'un polygone irrégulier ?

SOLUTION : $\dfrac{15\times6}{2} + \dfrac{15\times9}{2} + \dfrac{12\times4}{2} = \dfrac{90+135+48}{2} = \dfrac{273}{2} =$
136 m. car., 50.

Les lignes AC, OC, sont les bases;
A*b*, D*c*, B*a*, sont les trois hauteurs. AC,
CO sont les deux diagonales qui par-
tagent le polygone en trois triangles.

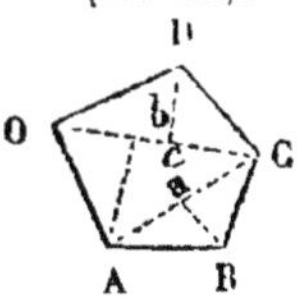

POLYGONE IRRÉGULIER
(XXVIII).

301.—*Pour trouver la surface du cercle, il suffit de multiplier la
circonférence par le quart du diamètre AB. — On trouve la circonférence, en multipliant le diamètre par* $\frac{22}{7}$, *attendu que toute circonférence est, à fort peu de chose près, égale à* 22 *fois le septième de son
diamètre ; de sorte qu'un cercle qui a* 7 m. *de diamètre en a* 22 *de circonférence.*

EXEMPLE : *Quelle est la surface d'un cercle qui a* 25 *centimètres de
diamètre ?*

SOLUTION : Circonférence... $0{,}25 \times \dfrac{22}{7} = \dfrac{0{,}25\times22}{7}$;

Surface... $\dfrac{0{,}25\times22}{7} \times \dfrac{0{,}25}{4} = \dfrac{0{,}25\times22\times0{,}25}{7\times4} = 0$ m. car., 0491.
On peut considérer le centimètre comme unité principale ; mais il faut
se rappeler que le résultat représente des c. car... et non des m. car.
On a alors $\dfrac{25\times22\times25}{7\times4} = 491$ c. car. $\frac{1}{14}$.

Divisons la circonférence en un très-
grand nombre de parties égales (en
un million par exemple) : chaque partie
pourra, sans erreur sensible, être
regardée comme droite. Joignant par
des droites le centre à chaque point
de division, nous aurons autant de
triangles égaux entre eux que de parties dans la circonférence, chacun de
ces triangles ayant pour base une très-
petite portion de la circonférence, et

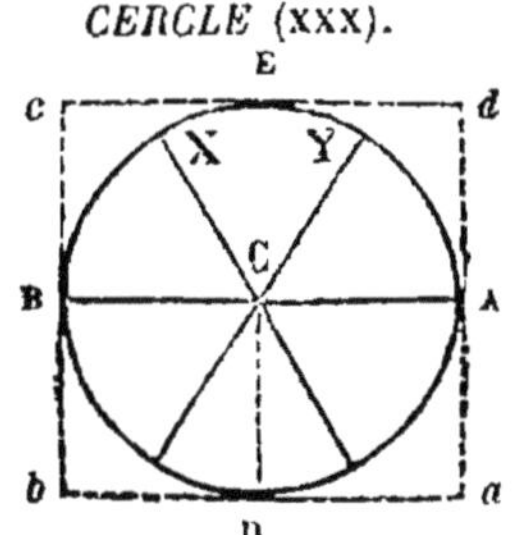

CERCLE (XXX).

pour hauteur le rayon du cercle. Pour trouver la surface du cercle,
il suffit donc de calculer celle d'un de ces triangles, et de la multiplier par leur nombre. Or, la surface d'un de ces triangles = *la moitié
du produit de sa base* × *sa hauteur*, ou = *sa base* × *la moitié de sa
hauteur* ; donc, la surface du cercle = *la base* d'un de ces triangles
× *la moitié de sa hauteur* × *le nombre* des triangles, ou = *la base*
d'un des triangles × *le nombre* des triangles × *la moitié de sa hauteur*. Mais, *la base* d'un des triangles × *le nombre* des triangles,
c'est *la circonférence* ; et *la moitié de la hauteur*, c'est la moitié du
rayon ou *le quart du diamètre*. Donc, *pour trouver la surface d'un
cercle*, etc.

301.—Comment trouve-t-on la superficie d'un cercle ? — Comment
trouve-t-on sa circonférence ?

302.—Quand on connaît le diamètre, on peut le multiplier par lui-même, et prendre les $\frac{11}{14}$ du produit.

Exemple : *Dites quelle est la surface d'un cercle de 25 m. de diamètre ?*

Solution : $25 \times 25 \times \frac{11}{14} = 491 \frac{1}{14}$ mèt. carrés.

Cette méthode est tirée de la précédente (301).

En effet, soit D le diamètre, C la circonférence, S la surface, on trouve C par $D \times \frac{22}{7}$ et S par $D \times \frac{22}{7} \times \frac{D}{4}$, ce qui donne $S = \frac{D \times D \times 22}{7 \times 4}$. Or (177) divisant par 2 le facteur 22 dans le dividende, et le facteur 4 dans le diviseur, il vient $S = \frac{D \times D \times 11}{7 \times 2}$, ce qui équivaut à $\frac{D \times D \times 11}{14}$. Donc, *quand on connaît le diamètre, etc.*

303.—Quand on connaît la circonférence, il suffit, pour connaître la surface d'un cercle, de multiplier cette circonférence par elle-même, et de prendre les $\frac{7}{88}$ du produit.

Exemple : *Trouver la surface d'un cercle dont la circonférence est* 78m, 57.

Surface demandée : $78,57 \times 78,57 \times \frac{7}{88} = 491$ m. car., 0536 à peu près.

Ce procédé est aussi tiré de la règle énoncée No 301, et voici comment :

Pour calculer C, on a $D \times \frac{22}{7}$, et pour trouver S, on a $D \times \frac{22}{7} \times \frac{D}{4}$; or $C \times C = D \times \frac{22}{7} \times D \times \frac{22}{7}$, mais si, à ces quatre facteurs, on ajoute le facteur $\frac{D}{4}$, il viendra $D \times \frac{22}{7} \times D \times \frac{22}{7} \times \frac{D}{4}$, ce qui donne la surface multipliée par $D \times \frac{22}{7}$: la vraie valeur de S est donc $(D \times \frac{22}{7} \times D \times \frac{22}{7} \times \frac{D}{4}) : D \times \frac{22}{7}$, ce qui équivaut à $D \times \frac{22}{7} \times$

302.—Comment calcule-t-on la surface d'un cercle, sans calculer la circonférence ?

303.—Que fait-on pour trouver la surface d'un cercle lorsqu'on ne connaît que sa circonférence ?

$$D \times \frac{22}{7} \times \frac{D}{4} \times \frac{7}{D \times 22} = D \times \frac{22}{7} \times D \times \frac{22}{7} \times \frac{7}{4 \times 22}. \text{ Donc } S$$

$$= C \times C \times \frac{7}{88}.$$

304.—*Pour calculer la surface d'une ellipse, multipliez le grand diamètre AB, par le petit CD; puis, prenez les $\frac{11}{14}$ du produit.*

EXEMPLE : *Quelle est la surface d'une ellipse dont le grand diamètre est 11 décim. et le petit 7 décim. ?*

Surface demandée : $= \frac{11 \times 7 \times 11}{14} = 60$ d. car., 50.

La géométrie démontre que la surface renfermée par une ellipse est égale à la surface d'un cercle dont le pᵗ du diamètre par lui-même serait le même que le pᵗ des deux diamètres de cette ellipse.

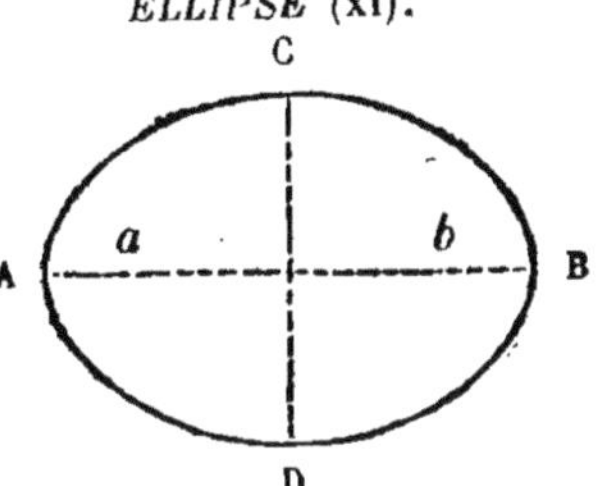

MÉTRAGE DES SOLIDES (78).

305.—*Pour trouver la solidité d'un cube, multipliez un des côtés AB par lui-même et le produit par ce même côté.*

EXEMPLE : *Quelle est la solidité d'un cube qui a 4 m. de côté?*

SOLUTION : $4 \times 4 \times 4 = 64$.

En multipliant le côté par lui-même, on obtient la surface de la base ABDC, et cette surface est de 16 m car. Si maintenant on mesure un mètre Aa sur l'arrête AF, formant la hauteur, et que, par le point a, on coupe le cube parallèlement à sa base ABCD, on aura un solide qui aura 4 m. de long AB, 4 mètres de large BD, et un mètre de haut Aa, et ce solide contiendra autant de m. cub. que la base contient de m. car.

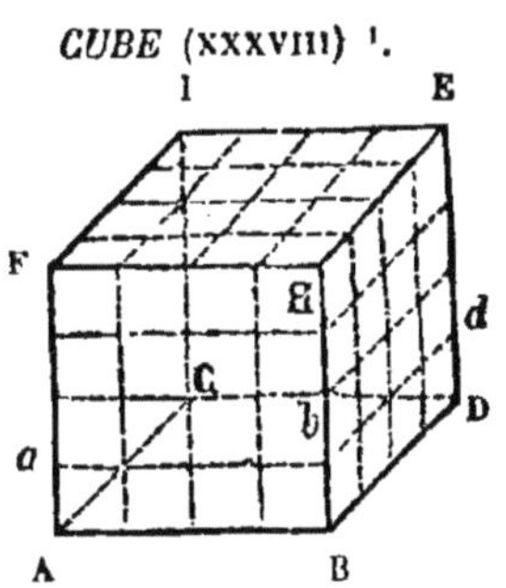

Mais chaque mètre qu'on mesurera sur l'arrête AF donnera naissance

---

¹ Le cube, nommé aussi *hexaèdre*, est un des cinq polyèdres dits *réguliers*. Les quatre autres sont : le *tétraèdre*, dont les faces sont quatre triangles équilatéraux; *l'octaèdre*, huit triangles équilaté-

---

304.—Comment calcule-t-on la surface d'un plan elliptique?

305.— Comment évalue-t-on la solidité du cube?

à un solide égal au premier ; donc, on a ce premier solide, ou cette première tranche, à prendre autant de fois que la hauteur contient de mètres. Mais la hauteur est la même que chacune des dimensions de la base. Donc, *pour trouver la solidité d'un cube*, etc.

306.—*C'est en opérant ainsi qu'on trouve que le mèt. cub. vaut* 1000 *d. cub.*, 1 000 000 *de c. cub.*, 1 000 000 000 *de mil. cub.; car, les côtés du mèt. cube valant* 10 *d.* 100 *c.*, 1000 *mil., on a :*

Pour trouver les d. cub., $10 \times 10 \times 10 = 1000$;
Pour trouver les c. cubes, $100 \times 100 \times 100 = 1\,000\,000$;
Et pour trouver les mil. cube, $1000 \times 1000 \times 1000 = 1\,000\,000\,000$.

SIMILITUDE DU MÈTRE CUBE.

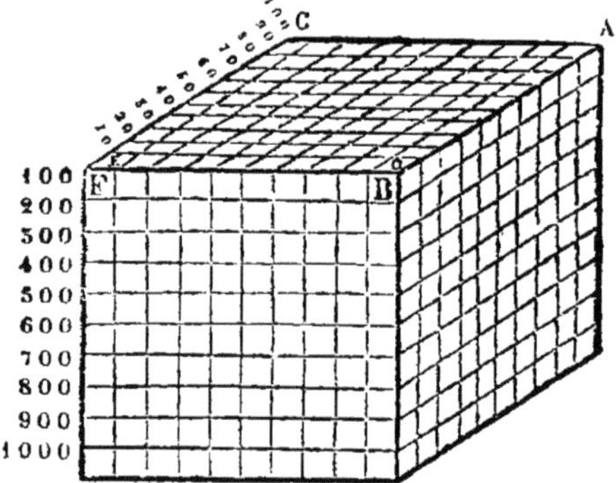

Si l'on considère le cube ci-dessus comme un m. cube, la tranche supérieure ABCF, qui a 1 m. de long, 1 m. de large et 1 d. de haut, représente un dixième du m. cube. Les rhomboïdes tracés sur la surface supérieure de cette tranche représentent les bases d'autant de d. cube ; donc, cette première tranche en contient en tout 100 ; donc, le m. cube en contient en tout 10 fois 100, ce qui fait bien 1000.

Le centième du m. cube est représenté par la colonne EFBO. La première tranche (dixième du m. cube), contient 10 de ces colonnes, ce qui fait 100 pour le m. cube. Chaque colonne contenant 10 d. cube, le m. cube en contient 100 fois 10, ou 1000, quantité déjà trouvée.

raux ; le *dodécaèdre*, douze pentagones égaux ; l'*icosaèdre*, vingt triangles équilatéraux. Le tétraèdre est une simple pyramide triangulaire ; l'octaèdre vaut deux pyramides quadrangulaires ; le dodécaèdre vaut douze pyramides pentagonales, dont les sommets se réunissent au point central du solide ; l'icosaèdre vaut vingt pyramides triangulaires, sommets au point central.

306.—Comment trouve-t-on les décimètres, centimètres et millimètres cubes contenus dans le mètre cube ?

Dans un nombre de m. cub.. le 1er chiff e décimal représente des tranches ayant chacune 1 m. de long, 1 m. de large et 1 d. de haut ; le 2e représente des colonnes ayant chacune 1 m. de long, sur 1 d. d'équarrissage ; et le 3e représente des d. cub. Ainsi, dans 0 m. c., 547, le 5 représente *cinq* tranches ; le 4, *quatre* colonnes, et le 7, *sept* petits cubes ou 7 d. cub., ce qui fait bien en tout 547 d. cub. (Voir 95 et 101).

On peut se servir du m. cube pour le d. cube et pour le c. cube, car les subdivisions sont les mêmes, à la grandeur près.

307.—*Pour trouver la solidité d'un parallélipipède rectangle, il suffit de calculer la surface de la base (ce qui se fait en multipliant la longueur AB par la largeur BC), et de multiplier cette surface par la hauteur BO, perpendiculaire à la base. On pourrait également calculer la surface d'une des extrémités, et la multiplier par la longueur.*

EXEMPLE : *Quelle est la solidité d'une poutre qui a 4 m. de long, sur 0m,40 de large, et 0m,35 d'épaisseur ?*

SOLUTION : $4 \times 0,40 \times 0,35 = 0^m. ^{cub.},560$.

PARALLÉLIPIPÈDE (XXXIX).

En multipliant la longueur AB par la largeur BC, on obtient une surface de 160 d. car., qui valent 16 000 c. car.; si donc on prend une tranche qui ait un centimètre d'épaisseur, et pour base cette surface, on aura 16 000 c. cub.; c'est donc cette première tranche qu'il faut prendre autant de fois qu'il y a de centimètres dans l'épaisseur. Le volume demandé contient donc 16 000 c. cub. $\times$ 35 = 560 000 c. cub., ou 560 d. cub. Donc, pour, etc.

308.—*Pour calculer le volume d'un prisme, il suffit de chercher la surface de l'une des bases, qui est un polygone quelconque, et de multiplier cette surface par la hauteur.*

EXEMPLE : *Un prisme de 1 m, 50 c. de haut est terminé par 2 triangles ayant 0 m, 30 c. de base sur 0 m, 40 de hauteur : Dire la solidité de ce prisme.*

Surface de la base : $\frac{0,30 \times 0,40}{2}$ (298) ;

Solidité demandée : $\frac{0,30 \times 0,40}{2} \times 1,50) = \frac{0,30 \times 0,40 \times 1,50}{2} =$ $0^{m \cdot cub.},090$.

PRISME TRIANGULAIRE DROIT (XXXV).

En multipliant 0,30 par 0,40 et prenant la moitié du produit, on a

---

la surface de la base ABC, et cette surface est de 6 d. car.; donc, en prenant une tranche qui ait cette surface pour base, et pour épaisseur 1 d., on aura 6 d. cub.; c'est donc cette tranche qu'il faut prendre autant de fois qu'il y a de d. dans la hauteur CF. Ainsi, la solidité demandée $= 0,06 \times 1,50$, ou $\frac{0,30 \times 0,40}{2} \times 1,50$, ou, etc.

309.—*La solidité d'une pyramide s'obtient en multipliant la surface de la base par la hauteur, puis on prend le tiers du produit.*

EXEMPLE : *Quelle est la solidité d'une pyramide ayant pour base un carré de 2 m. de côté et dont la hauteur est 6 m.?*

La solidité demandée $= \frac{2 \times 2 \times 6}{3} = 8$ mèt. cubes.

La géométrie démontre que toute pyramide est le tiers d'un prisme de même base et de même hauteur : c'est pourquoi on calcule d'abord la solidité d'un prisme, puis on en prend le tiers.

310.—*Pour trouver le volume d'une pyramide tronquée, calculez les surfaces des deux bases et une troisième qui soit moyenne entre la grande et la petite, faites la somme de ces trois bases, multipliez-la par la hauteur et prenez le tiers du produit.*

Pour trouver la base moyenne, multipliez la grande par l'un des côtés de la petite, et divisez le produit par le côté correspondant de la grande. Lorsque les bases sont des carrés ou des rectangles, il suffit de multiplier le côté de la grande par le côté de la petite ou le grand côté de la grande par le petit de la petite.

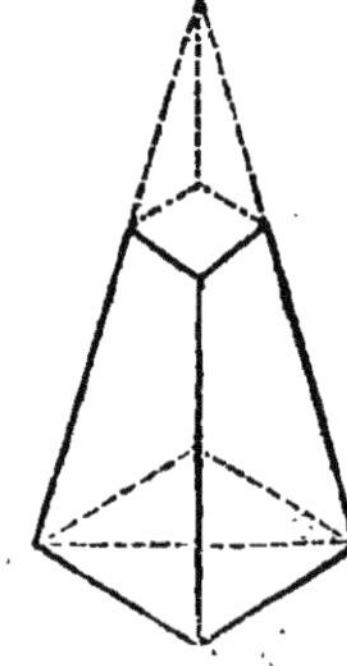

PYRAMIDE (XL).

EXEMPLE : *Trouver le volume d'une pièce de bois équarrie dont le côté de la grande base est 6 d., et le côté de la petite 4ᵈ,5, la hauteur ou longueur étant 2ᵐ,30.*

Surface de la grande base en d. car. 6×6 ou 36 d. car.
   —   de la petite   — $4,5 \times 4,5$ ou 20d. car.,25
   —   de la moyenne   — $6 \times 4,5$ ou 27d. car.

Somme des trois bases. 83d. car.,25

Volume en d. cub. $\frac{83,25 \times 23}{3}$ ou 638ᵈ. cub.,25.

La géométrie démontre que toute pyramide tronquée équivaut en solidité à trois pyramides dont chacune aurait pour base l'une des trois bases précitées, et pour hauteur du tronc proposé.

309.— Comment s'obtient la solidité d'une pyramide ?
310.— Et celle d'une pyramide tronquée ?— Comment trouve-t-on la base moyenne ?

311.—*Pour calculer le volume d'un polyèdre qui aurait pour bases deux parallélogrammes inégaux, mais parallèles, et dont les autres faces fussent des trapèzes, comme le polyèdre ci-contre (prisme tronqué), on peut s'y prendre de la manière suivante : Calculez la surface de la base ABCD, puis* celle de abcd ; *calculez une surface moyenne en multipliant* AB *par* bc *et* ab *par* BC, *et prenant la demi-somme de ces deux produits, additionnez ces trois bases ; multipliez la somme par la hauteur et prenez le tiers du produit.*

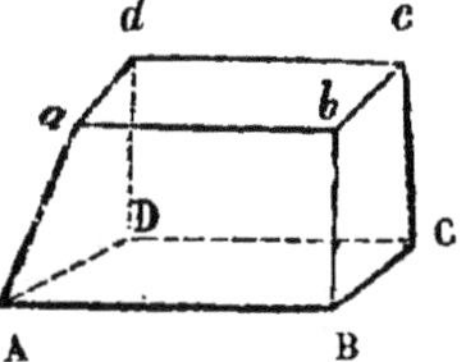

EXEMPLE : *Quel est le volume d'un polyèdre ayant pour bases deux rectangles inégaux, l'un de 8 m. et 4 m. de côté, l'autre de 6 m. et de 2 m. de côté, sa hauteur verticale étant 2 mètres ?*

NOTA. — Pour reconnaître un prisme tronqué d'avec une pyramide tronquée, voyez si les parallélogrammes bases sont semblables ; et pour cela divisez les côtés de la grande base par leurs correspondants de la petite. Si les quotients sont égaux, c'est d'une pyramide qu'il s'agit ; s'ils sont inégaux, c'est d'un prisme tronqué.

Surface de la grande base : 8×4

— de la petite : 6×2

— de la moyenne : $\frac{8 \times 2 + 6 \times 4}{2}$

Solidité : $$\frac{(8 \times 4 + 6 \times 2 + \frac{8 \times 2 + 6 \times 4}{2}) \times 2}{3} =$$

$$\frac{8 \times 4 + 6 \times 2 + 4 \times 2 + 3 \times 4 \times 2}{3} = 42^{\text{m.cub.}},666 \tfrac{2}{3}.$$

312.—Les autres polyèdres se décomposent en pyramides ou en prismes et en pyramides.

313.—*Pour trouver la solidité d'un cylindre, multipliez la surface de l'une de ses bases par la hauteur.*

EXEMPLE : *Quelle est la solidité d'un cylindre qui a pour base un cercle de 0 m,75 c. de diamètre, et dont la hauteur est* 2m,60 c. ?

Surface de la base : $0,75 \times 0,75 \times \frac{11}{14} = \frac{6,1875}{14}$;

Solidité : $\frac{6,1875}{14} \times 2,60 = \frac{6,1875 \times 2,60}{14} = 1^{\text{m.cub.}},149\,107.$

CYLINDRE DROIT (XLII).

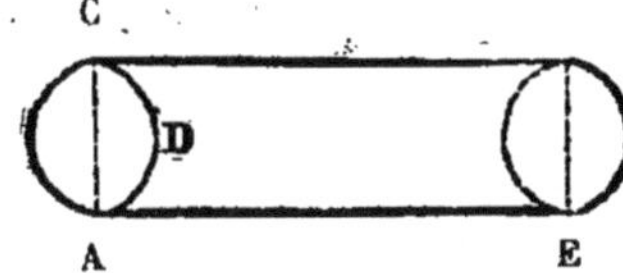

En multipliant le diamètre AC par lui-même et le produit par

311.—Comment peut-on s'y prendre pour calculer le volume d'un polyèdre ou prisme tronqué, qui aurait pour base deux parallélogrammes inégaux et dissemblables ?

312.—Comment s'évaluent les autres polyèdres ?

313.—Comment trouve-t-on la solidité d'un cylindre ?

$\frac{11}{14}$, on obtient la surface du cercle ABCD, servant de base au cylindre, cette surface est $\frac{61875}{140000}$ de mètre carré, ou 441 964 millimètres carrés; si donc, on prend une tranche qui ait cette surface pour base, et pour épaisseur 1 millimètre, elle contiendra nécessairement 441 964 mil. cub.; on aura donc dans le cylindre autant de fois 441 964 mil. cub. qu'il y a de millimètres dans la hauteur AE, c'est-à-dire 2600 fois. Donc, la solidité demandée est, en mil. cub., $441\,964 \times 2600$, ou mieux $\frac{750 \times 750 \times 11 \times 2600}{14}$. Ainsi, ayant effectué les calculs, il faudra séparer 9 chiffres décimaux, pour avoir le résultat en m. cub.

314.—*La solidité du cône s'obtient en multipliant la surface de la base par la hauteur, puis en prenant le tiers du produit.*

EXEMPLE : *Trouver la solidité d'un cône, le diamètre de sa base étant 7 décim. et sa hauteur verticale 6 décim.*

Surface de la base : $\frac{7 \times 7 \times 11}{14}$ (302).

Solidité : $\frac{7 \times 7 \times 11 \times 6}{14 \times 3} = \frac{7 \times 11 \times 2}{2} = 7 \times 11 = 77$ d. cub.

La géométrie démontre que tout cône est le tiers d'un cylindre de même base et de même hauteur, c'est pourquoi on calcule la solidité d'un cylindre, puis on prend le tiers du résultat.

315.—*Pour trouver la solidité d'un cône tronqué, calculez la surface de la grande base et celle de la petite, puis une surface moyenne qui soit les $\frac{11}{14}$ du produit du grand diamètre par le petit; additionnez ces trois bases, multipliez la somme par la hauteur et prenez le tiers du produit.*

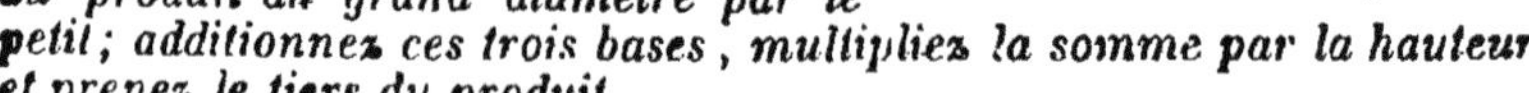

EXEMPLE : *Trouver la solidité d'un tronc de cône dont les diamètres des bases soient 7 et 4 décimètres et la hauteur 9 décimètres.*

Grande base : $7 \times 7 \times \frac{11}{14}$.
Petite base : $4 \times 4 \times \frac{11}{14}$.
Base moyenne : $7 \times 4 \times \frac{11}{14}$.

Solidité : $(7 \times 7 + 4 \times 4 + 7 \times 4) \times \frac{11}{14} \times \frac{9}{3} = \frac{(7 \times 7 + 4 \times 4 + 7 \times 4) \times 11 \times 9}{14 \times 3} = 219$ d. cub. $\frac{3}{14}$.

La géométrie démontre que tout cône tronqué vaut trois cônes dont chacun aurait pour base une des trois bases précitées et pour hauteur celle du tronc proposé.

Le volume d'une sphère s'obtient en multipliant par $\frac{11}{21}$ le produit de trois facteurs égaux au diamètre.

314.— Comment s'obtient le volume du cône?

315.— Comment évalue-t-on le cône tronqué?— Comment trouve-t-on la base moyenne?

316.— Dites ce qu'il y a faire pour obtenir le volume d'une sphère?

EXEMPLE : *Quelle est la solidité d'une boule qui a 7 décim. de diamètre.*

Solidité demandée : $\frac{7 \times 7 \times 7 \times 11}{21} = 179$ cubes $\frac{2}{3}$.

SURFACES DES SOLIDES.

317.—*Pour évaluer la surface d'un polyèdre quelconque, le moyen le plus simple est de calculer séparément les superficies des différentes faces et d'en effectuer la somme. Lorsque plusieurs de ces faces sont égales, on en calcule une seulement et on la multiplie par leur nombre.*

EXEMPLE I. *Trouver la surface d'un cube de 3 m. de côté.*

Un cube est un solide terminé par 6 carrés égaux ; or, la valeur de l'un de ces carrés étant 3×3, la surface des six est $3 \times 3 \times 6$ ou 54 m. carrés.

EXEMPLE II. *Trouver la surface d'un parallélipipède rectangle qui ait 2 m. de long sur 0m, 30 et 0m, 25 d'équarrissage.*

Un parallélipipède est aussi terminé par 6 faces. Ou 4 de ces faces sont égales et les deux autres égales ; ou elles sont égales deux à deux, et c'est de ce dernier cas qu'il s'agit ici.

Surface des deux plus grandes faces . $2 \times 0,3 \times 2 =$ 1m.car., 20
Surface des deux autres grandes faces : $2 \times 0,25 \times 2 =$ 1   00
Surface des deux extrémités : $0,30 \times 0,25 \times 2 =$ 15
Surface demandée. 2m.car., 35

EXEMPLE III. *Trouver la surface d'une pyramide à base carrée, cette base ayant 2 m. de côté et la hauteur des triangles latéraux étant 6 m.*

Une pyramide à base carrée est terminée par un carré et par quatre triangles dont les bases sont les côtés de la base du solide. Donc, la surface demandée $= 2 \times 2 + \frac{2 \times 6 \times 4}{2} = 4 + 24 = 28$ m. carrés.

318.—*La surface convexe d'un cylindre droit s'obtient en multipliant la circonférence de la base par la hauteur.*

EXEMPLE : *Quelle est la surface convexe d'un cylindre de 3 m. de hauteur, le diamètre de la base étant 0m,5 ?*

Circonférence de la base : $\frac{0,5 \times 22}{7}$.

Surface demandée : $\frac{0,5 \times 22 \times 3}{7} =$ 4m.car., 71 $\frac{3}{7}$.

319.—*La surface convexe d'un cylindre oblique s'obtient en multipliant, par l'axe, la circonférence d'une section faite perpendiculairement à cet axe.*

320.—*La surface convexe d'un cône droit est égale au produit de la circonférence de la base par la moitié de la longueur du côté.*

317.— Comment évaluer les surfaces des polyèdres ?
318.— Comment obtenir la surface convexe d'un cylindre droit ?
319.— Comment s'y prendre pour trouver la surface d'un cylindre oblique ?
320.— Quelle est la surface convexe d'un cône ?

EXEMPLE : *Trouver la surface convexe d'un cône droit* (d'un toit de moulin à vent) , *dont le diamètre est* 5m,60 *et le côté* 4 *m.*

Surface demandée : $\frac{5.60 \times 22 \times 4}{7 \times 2}$ $=$ 35m. car., 20.

321.— *La surface latérale d'un tronc de cône est égale au produit de la demi-somme des circonférences des deux bases par la hauteur du côté de ce tronc.*

EXEMPLE : *Trouvez la surface convexe d'un tronc de cône droit, les diamètres des bases étant* 3 *et* 6 *décim. et le côté* 10 *décim.*

Surface demandée : $\frac{(3 \times 22 + 6 + 22) \times 10}{2 \times 7}$ $=$ $\frac{(3 + 6) \times 22 \times 10}{2 \times 7}$ $=$ 141 d. car $\frac{6}{7}$.

322.— *Si l'on avait à trouver la surface convexe d'un cône oblique, on la trouverait approximativement, en multipliant le contour de sa base par la demi-longueur du côté moyen. On trouve le côté moyen en divisant par* 2 *la somme du plus long et du plus court.*

323.— *Pour trouver approximativement la surface convexe d'un tronc de cône oblique, à bases parallèles, additionnez les contours des deux bases, multipliez la somme par le côté moyen et prenez la moitié du produit.*

324.— *La surface de la sphère est égale au produit de son diamètre par lui-même et par* $\frac{22}{7}$.

EXEMPLE : **Quelle est la surface d'une boule de** 14 **centim. de diamètre ?**

La surface demandée $= 14 \times 14 \times \frac{22}{7} =$ 616 cent. car.

La géométrie démontre que la surface d'une sphère est égale au pt de la circonférence de l'un de ses grands cercles par son axe. Or, soit C cette circonférence ; A l'axe, et S la surface : on trouve que $C = A \times \frac{22}{7}$, que $S = A \times \frac{22}{7} \times A$, ce qui donne bien $A \times A \times \frac{22}{7}$, et justifie la règle.

La géométrie démontre aussi que la solidité de la sphère est un composé de pyramides infiniment petites, lesquelles ont toutes leurs bases à la surface, et leurs sommets au centre de la sphère ; d'où elle enseigne que la solidité d'une sphère s'obtient en multipliant sa surface par le $\frac{1}{3}$ du rayon ou par $\frac{1}{6}$ de l'axe. C'est de cette règle qu'on fait ressortir celle que nous enseignons N° 316. En effet, puisque pour trouver la surface, on a $A \times A \times \frac{22}{7}$, pour trouver le volume, on aura $A \times A \times \frac{22}{7} \times \frac{A}{6} = \frac{A \times A \times A \times 22}{7 \times 6} = \frac{A \times A \times A \times 11}{7 \times 3}$

321.—Comment se calcule la surface convexe d'un cône tronqué ?
322.—Comment faudrait-il procéder pour trouver la surface convexe d'un cône oblique ?
323.—Et pour celle d'un tronc de cône oblique ?
324.—Comment calcule-t-on la surface de la sphère ?

NOTIONS SUR L'ARÉAGE.

325.—*Pour diviser en triangles un terrain offrant un polygone irrégulier, et pour trouver le point où tombe la perpendiculaire sur le
plus grand côté d'un triangle, ce côté étant pris pour base, opérez de
la manière suivante :*

Soit un polygone comme ABCD, ci-dessous.

CALCUL DE LA SUPERFICIE.

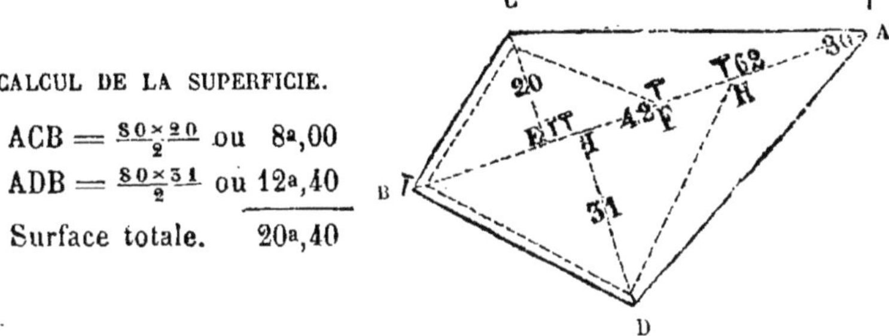

$$ACB = \frac{80 \times 20}{2} \text{ ou } 8^a,00$$

$$ADB = \frac{80 \times 31}{2} \text{ ou } 12^a,40$$

Surface totale.   20^a,40

Plantez bien verticalement des jalons [1] aux angles A et B ; placez-
vous à quelques pas de l'un des deux ; puis, regardant vers l'autre,
un œil fermé, faites-en planter un nombre quelconque entre les deux
premiers, mais de manière que celui près duquel vous êtes, les cache
tous, et le polygone sera divisé en deux triangles ACB, BDA, dont la
ligne AB sera la base commune.

Après cela, cherchez le point où tombent les perpendiculaires CE,
DI, sur la base commune. A cet effet, attachez un cordeau à l'angle
C, et tendez-le le long du petit côté CB, du triangle ACB ; transportez
la longueur de CB, du point C au point F, sur la base, et marquez
ce point d'un jalon. Fixez également le cordeau à l'angle D ; tendez-
le le long du petit côté BD, du triangle ADB ; transportez la longueur
de DB, du point D au point H, et marquez ce point.

Commencez au point B à mesurer la base, en suivant soigneuse-
ment la direction des jalons ; arrivé au point F, écrivez les mètres
trouvés depuis B ; prenez la moitié de ce nombre, et mesurez un
nombre de mètres égal à cette moitié, en retournant sur B ; marquez
ce point, car c'est là que tombe la perpendiculaire CE. Mesurez cette
perpendiculaire et écrivez-en le chiffre.

Revenez au point F et continuez à mesurer la base ; arrivé au point
H, écrivez le nombre de mètres trouvés depuis B, prenez-en la moitié, et mesurez cette moitié en revenant sur B ; marquez le point,
car là tombe la perpendiculaire DI ; mesurez cette perpendiculaire,
écrivez-en le chiffre, et achevez de mesurer la base en reprenant au
point H. Arrivé au point A, écrivez la longueur totale de la base, et

[1] On appelle *jalons* des piquets bien droits au haut desquels on fixe
du papier blanc.

325.—Comment divise-t-on en triangles un polygone irrégulier ?

vous aurez les nombres nécessaires pour évaluer les deux triangles, selon la méthode enseignée (298).

326.—*Pour un polygone qui a plus de quatre côtés, on établit plusieurs bases ; et quand, parmi les côtés, il se trouve des lignes courbes, on établit des droites d'une extrémité à l'autre de ces courbes ; on élève sur ces droites des perpendiculaires, mesurant la distance des droites aux courbes ; puis on évalue à part les petits trapèzes et triangles ainsi formés, et l'on joint la somme de leurs surfaces à celles des grands triangles. Si les courbes rentraient, on établirait les droites de manière à en toucher le point le plus avancé, etc.*

Soit le polygone ci-dessous.

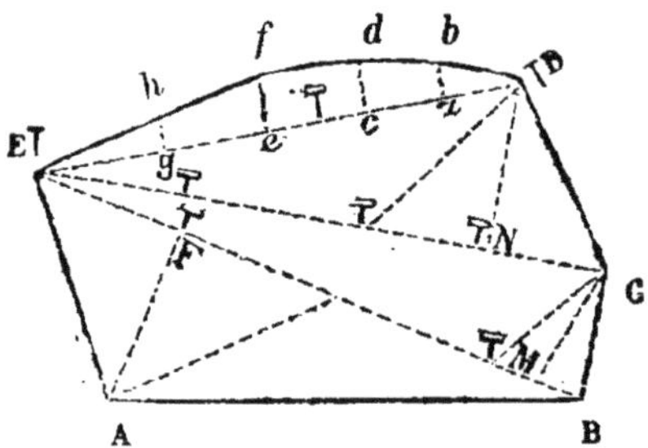

EB est la base commune aux deux triangles EAB, BCE ; AF et CM sont les deux perpendiculaires de ces deux mêmes triangles. EC est la base du triangle CDE ; DN est sa perpendiculaire ; DE est la droite établie d'une extrémité à l'autre de la courbe ; *ab*, *cd*, *ef*, *gh*, sont les perpendiculaires élevées de la droite à la courbe.

327.—Pour se rappeler les nombres, on trace au crayon, sur un papier, la figure du polygone et les lignes d'opérations ; puis on écrit sur ces lignes leur valeur en mètres. Ainsi, si dans le premier polygone ci-dessus, j'ai trouvé 42 m. de B à F, j'écris 42 au point F. Si j'ai trouvé 62 m. de B à H, j'écris 62 m. au point H. Enfin, si j'ai trouvé 80 m. de B à A, j'écris 80 m. au point A. Ainsi pour les perpendiculaires.

328.—La méthode donnée ci-dessus pour élever les perpendiculaires n'est applicable qu'aux petites surfaces ; pour les grandes, on se sert d'un instrument appelé *équerre* ; nous donnerons ici la manière de s'en servir.

Supposons qu'il s'agisse de déterminer la perpendiculaire AF d'un triangle comme BAE, dans le polygone ABCDE ci-dessus : je place des jalons aux angles BAE, puis partant du point E, j'avance vers B jusqu'à F ou aux environs. Je plante l'équerre aussi verticalement et

---

326.—Comment fait-on pour diviser en triangles un polygone ayant plus de quatre côtés ?

327.—Comment fait-on pour se rappeler les longueurs des lignes mesurées ?

328.—Ne peut-on pas se servir d'un instrument autre que le cordeau pour élever des perpendiculaires sur le terrain ?

aussi solidement que possible, de manière que deux ouvertures correspondantes regardent l'une le point B et l'autre le point E. Je regarde par les ouvertures, un œil étant fermé, et si je vois les jalons plantés en B et en E, ou d'autres placés entre eux, j'en conclus que je suis bien sur la base. Si je n'y suis pas, je tâche de m'y mettre. Lorsque je reconnais que je suis sur la base, je regarde, sans déranger l'équerre, par l'ouverture opposée au point A, et si je vois le jalon planté en A, j'en conclus que je suis au point où tombe la perpendiculaire à déterminer. Si je vois entre A et B, j'avance l'équerre vers E, mais si je vois entre A et E, j'avance vers B.

QUESTIONS DIVERSES DE GÉOMÉTRIE.

SURFACES.

I. *Combien faut-il de carreaux de 16 centim. de côté pour carreler une salle rectangulaire qui a 12 m. de long sur 5 de large ?*

R. Il en faudra autant que la superficie de la salle contient de fois celle d'un carreau, il faut donc diviser la 1re par la 2me ; ce qui donne $\frac{12 \times 5}{0,16 \times 0,16}$ ou $\frac{120000 \times 5}{16 \times 16} = 2343$ carreaux.

II. *Combien faudra-t-il d'ardoises pour couvrir un toit de maison qui offre un rectangle de 12 m. de long sur 9 de large, si l'on met 42 ardoises par m. carré ?*

R. Il en faudra autant de fois 42 que le toit contient de m. carrés, ce qu'on trouvera par $42 \times 12 \times 9 = 4536$ ardoises.

III. *Trouver les ares contenus dans un pré rectangle de 95 m. de long sur 64m,75 de large ?*

R. La surface demandée vaut en m. carrés $95 \times 64,75$ ou 6151 m. car., 25 ; donc, elle contient 61 ares 51 centiares (74).

IV. *Une couverture de maison se compose de deux trapèzes dont les côtés parallèles sont 20 et 12 m., de deux triangles dont les bases sont 8 m. : Trouvez-en la surface, la hauteur, tant des trapèzes que des triangles, étant de 5 m.*

Je calcule d'abord la surface d'un des trapèzes, puis je la multiplie par 2, ce qui donne $\frac{(20+12) \times 5 \times 2}{2}$. Je calcule également la surface d'un des deux triangles et je la multiplie aussi par 2, d'où j'ai $\frac{8 \times 5 \times 2}{2}$. La surface totale est donc : $\frac{(20+12) \times 5 \times 2}{2} + \frac{8 \times 5 \times 2}{2} = (20 + 12 + 8) \times 5$ ou 200 m. car.

V. *Combien coûtera la taille d'un cylindre de granit pour fouler le blé, si le diamètre est 81 centim. et la hauteur 92 centim., le prix pour un m. carré étant fixé à 3 f. 60 ?*

R. La somme demandée sera d'autant de fois 3 fr. 60 que le cylindre en question contient de m. carrés ; il faut donc les chercher d'abord.

Surface des deux bases : $\frac{0,81 \times 0,81 \times 11 \times 2}{14} = 1$ m. car., 0310

Surface convexe : $\frac{0,81 \times 22 \times 0,92}{7} = 2$ m. car., 3421

Surface totale. . . . . 3 m. car., 3731

La somme demandée est d'après cela $3,6 \times 3,3731$ ou 12 fr. 14.

VI. *On demande ce que coûtera la taille de deux petits globes de granit pour ornement d'une porte-cochère, la hauteur de chacun étant de 3 déc. et le prix convenu de 25 centimes par décim. carré.*

La surface des deux globes $= \frac{3 \times 22 \times 3 \times 2}{7}$ (324).

Le prix demandé $= \frac{0,25 \times 3 \times 3 \times 22 \times 2}{7} = 12$ fr. $71 \frac{3}{7}$.

SOLIDITÉS.

I. *Une poutre a* $0^m,55$ *d'équarrissage au gros bout et* $0^m,34$ *au petit : Combien la paiera-t-on, à 8 f. 20 le décistère, sa longueur étant de 7 m. ?*

R. On a d'abord à trouver, en décistères, le volume d'une pyramide tronquée, puis à multiplier 8 fr. 20 par le résultat.

Volume de la poutre $\frac{(0,55 \times 0,55 + 0,34 \times 0,34 + 0,55 \times 0,34) \times 7}{3} =$ 14 décist. 123.

Le prix cherché $= 8,2 \times 14,123 = 115$ fr. 81.

II. *Trouver la solidité en décistères d'une pièce de bois équarrie, terminée aux deux extrémités par des rectangles dont le plus grand a 6 et 4 décim. de côté, et le plus petit, 4 et 2 décim., la longueur étant 6 m.*

On a à trouver la solidité d'un polyèdre qui a deux bases parallèles mais inégales ; donc (311) la solidité demandée $= (6 \times 4 + 4 \times 2 + \frac{6 \times 2 + 4 \times 4}{2}) \times \frac{60}{3} = (6 \times 4 + 4 \times 2 + 6 \times 1 + 4 \times 2) \times 20 = 920$ d. cubes ou 92 centistères.

III. *Un tronc de chêne non équarri a 4 m. de long : Trouvez-en la solidité, le diamètre de la grande base étant 6 décimètres et celui de la petite 4 décim.*

Le volume demandé est celui d'un cône tronqué ; donc (315) ce volume en d. cubes $= \frac{(6 \times 6 + 4 \times 4 \times 6 \times 4) \times 11 \times 40}{14 \times 3} = 796$ d. cubes $\frac{4}{21}$ ou 7 décistères $96 \frac{4}{21}$.

329.—REMARQUE. — On peut, pour évaluer le volume d'une poutre plus grosse à un bout qu'à l'autre, calculer une surface moyenne en prenant l'équarrissage entre le milieu et le tiers vers le gros bout, et la multiplier par la longueur de la pièce. Cette approximation est suffisamment juste dans la pratique.

EXEMPLE : *Une poutre a pour équarrissage moyen 5 décim. sur 3 : Quelle en est la solidité, la longueur étant 6 m. ?*

Solidité en d. cub. : $5 \times 3 \times 60 = 900$ d. cub.

330.—AUTRE REMARQUE. — Pour calculer la solidité d'une pièce de bois éboutée, mais non équarrie, on peut prendre la circonférence

---

329.—Quel moyen approximatif peut-on employer dans la pratique pour trouver la solidité d'une poutre ou de tout autre solide équarri plus gros à une extrémité qu'à l'autre ?

330.—Quel moyen approximatif peut-on employer pour cuber un solide ayant la forme d'un tronc de cône, surtout pour les bois en grume ?

entre le tiers et le milieu de la pièce vers le gros bout, calculer une base moyenne et la multiplier par la longueur. Ce moyen approximatif est suffisamment juste dans la pratique.

EXEMPLE : *La longueur d'un tronc d'arbre est de 4 m. et la circonférence prise vers milieu est 1ᵐ,791 : Trouvez-en la solidité.*

Solidité en mèt. cubes $\frac{1,791 \times 1,791 \times 7 \times 4}{88} = 1$ m. cub., 021.

CAPACITÉS.

331.—Pour calculer une capacité, on prend les dimensions intérieures du vase à mesurer, puis on opère comme si c'était un solide, et, ayant trouvé la contenance, en mètres, ou en décimètres, ou en centimètres cubes, on en déduit aisément les kilolitres, hectolitres ou litres, selon l'espèce d'unités demandées.

I. *Combien contient d'hectolitres un bassin rectangle qui a 12 m. de long sur 4 m. de large et 1ᵐ,25 de profondeur?*

Il s'agit de trouver le volume d'un parallélipipède ; on a donc (307) : volume $= 12 \times 4 \times 1,25 = 60$ m. cubes. Capacité $= 60$ kilolitres ou 600 hectolitres (95).

II. *Quelle est la capacité d'un seau cylindrique dont le diamètre est 0ᵐ,25 et la hauteur 0ᵐ,30?*

Il s'agit de trouver le volume d'un cylindre droit, on a donc (313) : volume $= \frac{0,25 \times 0,25 \times 11 \times 0,30}{14} = 14$ d. cubes 732, ou, capacité $= 14$ litres 732 (95).

III. *Un bassin carré a 6 m. de côté à l'ouverture et 2ᵐ,5 au fond : Combien contient-il d'hectolitres, la profondeur verticale étant de 1ᵐ,75?*

Il s'agit de trouver le volume d'une pyramide tronquée ; j'ai donc (310) : volume $= \frac{6 \times 6 + 2,5 \times 2,5 + 6 \times 2,5 \times 1,75}{3} = 33$ m. cubes ; ou, capacité $= 33$ kilol. 395 $\frac{5}{6}$ ou 333 hectol. 95 $\frac{5}{6}$ (95).

IV. *Trouver la quantité d'eau que contient un fossé long de 14 m. et large de 0ᵐ,9 à l'ouverture, long de 13 m. et large de 0ᵐ,4 au fond, la profondeur verticale étant de 0ᵐ,4.*

Il s'agit de calculer le volume d'un polyèdre à bases inégales ; j'ai donc (311) : volume $= \left(14 \times 0,9 + 13 \times 0,4 + \frac{14 \times 0,4 + 13 \times 0,9}{2} \right) \times \frac{0,4}{3} = 3$ m. cubes 566 ; ou, capacité $= 35$ hectol. 66 (95).

TROUVER L'UNE DES DIMENSIONS D'UN CORPS

332.— Pour revenir du volume à l'une des dimensions d'un cube ou d'un parallélipipède rectangle du volume à la hauteur, il faut diviser le volume par la surface de la base contiguë à la dimension cherchée. Pour revenir d'un cylindre ou d'un prisme polygonal droit, il faut diviser le volume par la surface de la base.

331.— Comment faut-il s'y prendre pour calculer une capacité ?
(Faire effectuer et expliquer les exemples.)

332.— Comment peut-on revenir du volume ou de la capacité d'un cube ou d'un parallélipipède rectangle, à l'une de ses dimensions ? — Du volume d'un cylindre ou d'un prisme polygonal à la hauteur ?

1. *Quelle profondeur faut-il donner à une boîte à base carrée de 3 d. de côté, pour qu'elle contienne 36 litres ?*

Solution : Pour trouver la capacité 36 lit. ou 36 d. cub., on aurait la surface de la base 3 $\times$ 3 ou 9 d. car. à multiplier par la profondeur ; ainsi, on connaît un p^t 36, et l'un de ses facteurs 9 : donc, pour trouver l'autre ou la profondeur demandée, il faut diviser 36 par 9, ce qui donne 4 décimètres. (On pourrait raisonner comme dans les exemples ci-dessous.)

II. *Quelle profondeur donnera-t-on à un bassin rectangle de la contenance de 120 kilol., la longueur étant 11 m. et la largeur 9 m ?*

La surface de la base est 11 $\times$ 9 ou 99 m. carrés ; donnons-lui 1 m. d'épaisseur, nous aurons une tranche de 99 m. cubes ; cherchons combien de fois cette tranche est contenue dans la contenance 120 kilol. et nous connaîtrons la profondeur ; donc profondeur demandée $= \frac{120}{99} = 1^m,212$. (On peut raisonner comme dans l'exemple I.)

III. *Quelle serait la longueur d'un solide parallélipipède rectangle contenant 1 m. cube, si la largeur était 1 m. et la hauteur $0^m,80$?*

$R. \frac{1}{1 \times 0,8} = \frac{10}{8} = 1^m, 25.$

IV. *Quelle serait la profondeur du double décalitre, si son diamètre était de $0^m, 29$?*

Le double décalitre vaut 20 litres et 20 litres valent 20 d. cubes ou 20 000 c. cubes. Je calcule la surface de la base en c. carrés, par 29 $\times$ 29 $\times \frac{11}{14}$ ce qui donne $\frac{29 \times 29 \times 11}{14}$. Divisant maintenant 20 000 c. cubes par cette quantité $\frac{29 \times 29 \times 11}{14}$, que je suppose exprimer des c. cubes, il vient $\frac{20000 \times 14}{29 \times 29 \times 11}$ ou, profondeur demandée 302 millimètres. (On peut raisonner comme dans l'exemple I.)

ÉQUARRISSAGE ET PRIX DES BOIS.

333.—*Pour trouver l'équarrissage d'un arbre, mesurez-le, à son milieu, avec un cordeau ; divisez la longueur du cordeau par 5, le quotient sera l'équarrissage moyen de l'arbre, à vives arêtes, c'est-à-dire débarrassé de tout aubier. On peut obtenir un équarrissage plus ou moins propre, en divisant la circonférence par un des nombres 6... 7... 8... 9... 10, en retranchant le quotient de la circonférence, et en divisant le reste par 4. Ce dernier quotient est l'équarrissage demandé.*

Exemple : *On demande l'équarrissage à vives arêtes d'un chêne qui a 2^m, 90 c. de tour.*

L'équarrissage demandé $=$ 2,90 : 5 ou R. $0^m,75$ c.

Autre exemple : *Dire l'équarrissage au 8e d'un peuplier qui a 1^m, 40 c. de tour.*

On a 1,40 : 8 $=$ 0,175 mil. à ôter de la longueur du cordeau...

333.—Comment trouve-t-on l'équarrissage, à vives arêtes, d'une pièce de bois ? — Comment trouve-t-on un équarrissage plus ou moins propre ?

1,40—0,175 = 1,225, dont le *quart* = 0^m,306 ¼ , équarrissage demandé.

334. *Pour trouver le prix du mètre courant d'un bois dont on connaît le prix du mètre cube, multipliez le prix donné par la surface de l'un des bouts, si la pièce est partout de même grosseur ; ou d'une section faite au milieu, si elle n'est pas partout de même grosseur.*

EXEMPLE : *Quel est le prix du m. courant d'une pièce de bois dont on vend le m. cube 54^f,40, sachant que l'équarrissage moyen 0^m,3 sur un sens et 0^m,2 sur l'autre ?*

Prix demandé = 54,4 $\times$ 0,3 $\times$ 0,2, ou 54,4 $\times$ 0,06, ou 3^f,264.

335. — *Pour trouver le prix du mètre cube d'un bois dont on connaît le prix du mètre courant, divisez le prix donné par la surface de l'un des bouts, ou par la surface de la section moyenne de la pièce.*

EXEMPLE : *Quel serait le prix du mètre cube d'un bois dont le m. courant vaudrait 4 fr., si l'équarrissage moyen était de 32 centimètres ?*

Prix demandé = $\frac{4}{0,32 \times 0,32}$ ou $\frac{4}{0,1024}$ ou $\frac{40000}{1024}$ ou 39^f,06…

MESURAGE DES TONNEAUX.

336. — *Pour trouver, par calcul, la capacité d'une barrique, prenez le diamètre à la bonde et à l'un des fonds ; à leur demi-somme, ajoutez le huitième de leur différence ; multipliez la somme par elle-même, et le produit par la longueur intérieure de la barrique, et par* $\frac{11}{14}$.

EXEMPLE : *Combien contient de litres une barrique dont le grand diamètre est 64 centimètres et le petit 56, la longueur intérieure de la barrique étant de 90 centimètres ?*

SOLUTION : Demi-somme des 2 diamètres $\frac{64 \times 56}{2} = \frac{120}{2} = 60$ centi.

Huitième de leur différence $\frac{64-56}{8} = \frac{8}{8} = 1$.

Somme multipliée par elle-même $(60 + 1) \times (60 + 1)$
= 61 $\times$ 61 = 3621 centimètres carrés.

Contenance en centimètres cubes $\frac{3621 \times 11 \times 90}{14}$ ou 256 056 centimètres cubes.

Mais puisqu'il faut 1000 centi. cubes pour faire un déci. cube, qui correspond au litre, on a donc 256 litres, 056 millilitres.

---

334. — Comment peut-on trouver le prix du mètre d'un bois dont on connaît le prix du m. cube ?

335. — Comment peut-on trouver le prix d'un mètre cube d'un bois lorsqu'on connaît le prix du m. courant ?

---

336. — Comment trouve-t-on, par calcul, la capacité d'un tonneau ?

EXERCICES

SUR

LA PREMIÈRE PARTIE.

NUMÉRATION DES NOMBRES ENTIERS.

1.—(*Sur la règle* 19.) Dites les différents ordres représentés dans les nombres suivants ; dites en même temps combien chaque chiffre exprime d'unités de l'ordre qu'il représente [1] :

1°	12	11°	89	21°	742	31°	6591
2°	14	12°	91	22°	999	32°	2111
3°	18	13°	52	23°	888	33°	7213
4°	35	14°	122	24°	955	34°	25875
5°	42	15°	129	25°	1211	35°	45737
6°	78	16°	217	26°	1412	36°	77777
7°	26	17°	146	27°	1466	37°	11111
8°	52	18°	279	28°	2841	38°	66666
9°	43	19°	381	29°	2996	39°	22222
10°	67	20°	658	30°	3747	40°	111111

2.—(*Sur la règle* 20.) Distinguez la valeur absolue et la valeur relative de chaque chiffre des nombres ci-dessus.

3.—(*Sur les règles* 21 *et* 22.) Rendez plus grand, selon que cela est exigé, chacun des nombres suivants, en écrivant des zéros sur la droite :

1° 7 dix fois.

2° 12 cent fois.

3° 24 mille fois.

4° 35 dix mille fois.

5° 42 cent mille fois.

6° 75 un million de fois.

7° 102 dix millions de fois.

8° 226 cent millions de fois.

9° 3785 dix fois.

10° 99 674 cent fois.

11° 97 524 mille fois.

12° 76 978 dix mille fois.

4.—(*Sur les règles susdites.*) Rendez plus petits, selon que cela est exigé, les nombres ci-après, en supprimant des zéros sur leur droite :

1° 20 dix fois.

2° 400 cent fois.

3° 5000 mille fois.

4° 60 000 dix mille fois.

5° 700 000 cent mille fois.

6° 8 000 000 un million de fois.

7° 80 000 000 dix millions de fois.

8° 900 dix fois.

9° 154 000 cent fois.

10° 750 000 mille fois.

11° 7 890 000 cent fois.

12° 670 000 dix mille fois.

---

[1] Tous les exercices sur la numération peuvent être travaillés soit sur le livre même, soit au cahier, soit au tableau, suivant que les élèves savent ou ne savent pas écrire. *On dira donc :* Pour 1° 2 *unités* 1 *dizaine ;* 2° 4 *unités* 1 *dizaine ;* 3° 8 *unités* 1 *dizaine ;* 4° 5 *unités* 3 *dizaines…;* 14° 2 *unités* 2 *dizaines* 1 *centaine,* etc.

5.—(*Sur la règle* 23.) Énoncez les nombres du N° 1 et du N° 3, composés de deux chiffres.

6.—(*Sur la règle* 24.) Énoncez les nombres composés de 3 chiffres des N°ˢ 1 et 4.

7.—(*Sur la règle* 25.) Classez chacun des nombres composés de plus de 3 chiffres des N°ˢ 1, 3 et 4 ; écrivez à droite de chaque classe le nom de cette classe ; écrivez également sous chaque ordre le **nom de cet ordre**, selon le tableau N° 25.

8.—(*Sur la règle* 26.) Classez et énoncez les nombres suivants :

1°	2002	6°	20202	11°	8100011
2°	4045	7°	130406	12°	107
3°	3305	8°	90340607	13°	31205
4°	6034	9°	90005	14°	602
5°	55003	10°	7504	15°	50011

9.—(*Sur la règle* 27.) Écrivez en chiffres les nombres suivants :

1° Soixante-dix-neuf.
2° Quatre-vingt-dix-sept.
3° Vingt-sept.
4° Trente-six.
5° Trois cent trente-neuf.
6° Quatre cent quatre-vingt-dix.
7° Trois mille six cent quatre-vingt-quatre.
8° Six mille neuf cent trente-six.
9° Quatre-ving-dix-neuf mille neuf cent soixante-quinze.
10° Neuf mille neuf cent dix-sept.
11° Dix-sept mille cinq cent seize.
12° Quinze mille quatre cent dix-huit.
13° Un million, trois cent douze mille quatre cent vingt et une unités.
14° Dix-sept millions, huit cent quarante et un mille, sept cent quatorze unités.
15° Deux cent-vingt-neuf millions trois cent soixante-dix-huit mille, six cent dix-neuf unités.
16° Trente-trois billions, neuf cent treize millions, cinq cent douze mille, huit cent quarante-six unités.

10.—(*Sur la règle* 28.) Écrivez en chiffres les nombres suivants :

1° Cent quatre.
2° Trois cent neuf.
3° Six cent sept.
4° Sept cent neuf.
5° Neuf cent cinq.
6° Mille deux.
7° Mille sept.
8° Trois mille seize.
9° Neuf mille vingt.
10° Quinze mille quatre-vingt-quinze.
11° Quatorze mille deux.
12° Cent mille deux cent-un.
13° Trois cent mille quarante-six.
14° Sept cent mille huit.
15° Neuf cent mille trois cent quatre.
16° Quatre millions douze.
17° Sept millions quarante-quatre.
18° Sept cent mille huit.
19° Neuf cent mille vingt-quatre.
20° Dix millions quatre-cents.
21° Neuf billions quatre mille.
22° Onze trillions huit cent deux.

CHIFFRES ROMAINS.

11.—(*Sur les règles* 31, 32, 33.) Énoncez et écrivez en chiffres ordinaires les nombres suivants :

1° VIII.		4° IV.		7° XIV.
2° IX.		5° XV.		8° XVII.
3° VII.		6° XVI.		9° XVIII.

10° XIX.	18° X.	26° MDLXXXVI.
11° XXXIII.	19° D.	27° DVIII.
12° XXVI.	20° XX.	28° DCXXIX.
13° CLXX.	21° C.	29° DCCVII.
14° CCLXV.	22° MDLXIV.	30° CCCI.
15° CCCLXXXIII.	23° MDCCLXIII.	31° CCIX.
16° M.	24° MDCXXI.	32° DX.
17° L.	25° MDCCCIV.	

12. — Écrivez en chiffres romains les nombres suivants :

1° 15.	7° 91.	13° 100.	19° 841.
2° 16.	8° 12.	14° 122.	20° 659.
3° 18.	9° 29.	15° 136.	21° 999.
4° 14.	10° 46.	16° 329.	22° 577.
5° 52.	11° 40.	17° 475.	23° 1789·
6° 66.	12° 17.	18° 709.	24° 1775·

DÉCIMALES.

13. — (*Sur la règle* 35.) Réduisez en ajoutant des zéros :

1° 4 dixièmes en centièmes.
2° 5 dixièmes en millièmes.
3° 9 dixièmes en dix-millièmes.
4° 2 centièmes en millièmes.
5° 7 centièmes en dix-millièm.
6° 8 dixièmes en cent-millièm.
7° 35 centièmes en dix-millièmes.
8° 175 millièmes en cent-millièmes.
9° 4952 dix-millièmes en millionièmes.

14. — Combien 9 entiers valent-ils de dixièmes, de centièmes ?

15. — Dites combien il y a de dixièmes... de centièmes... de millièmes... de dix-millièmes... de cent-millièmes... de millionièmes... dans 46 entiers.

16. — Combien 154 entiers valent-ils de dixièmes... de centièmes... de millièmes?

17. — Réduisez en dixièmes... puis en centièmes... les nombres 7... 8... 15... 54.

18. — (*Sur la règle* 36.) Ecrivez en chiffres les nombres décimaux suivants :

1° Quatorze entiers, quatre dixièmes.
2° Dix-neuf unités, quatre dixièmes, un centième.
3° Cent cinquante-quatre unités, neuf dixièmes, neuf centièmes.
4° Trois cents unités, cinq dixièmes.
5° Mille trois cent vingt-sept unités, cinq dixièmes, deux centièmes, quatre millièm.
6° Cent cinquante-deux entiers, trois dixièmes, deux centièmes, quatre millièmes.
7° Mille huit cent quarante-cinq entiers, quatre dixièmes, sept centièmes, un millième, cinq dix-millièmes.

19. — (*Sur la règle* 37.) Ecrivez en chiffres les nombres décimaux suivants :

1° Vingt entiers, soixante-quinze millièmes.
2° Trente-cinq entiers, cinq dixièmes, sept millièmes.

3º Quarante-six entiers, cinq centièmes, douze dix-millièmes.

4º Soixante-sept entiers, neuf cents millièmes.

5º Quatre-vingt-dix-sept entiers, trois dixièmes, sept centièmes, neuf dix-millièmes.

6º Douze entiers, neuf cent-millièmes.

7º Trente-sept unités, six di-xièmes, onze dix-milliém.

8º Trente-six unités, quatre millionièmes.

9º Cent cinquante-huit entiers, cent vingt-quatre millionièmes.

10º Vingt-huit entiers, cinq dixièmes, huit centièmes, six millièmes, neuf dix-millièmes, douze millionièmes.

20.—(*Sur la règle* 38.) Écrivez en chiffres les fractions décimales suivantes :

1º Sept dixièmes.

2º Cinq centièmes.

3º Neuf millièmes.

4º Six dix-millièmes.

5º Quatre cent-millièmes.

6º Huit millionièmes.

7º Trois dix-millionièmes.

8º Deux billionièmes.

9º Trois dixièmes, quatre centièmes.

10º Deux centièmes, cinq millièmes.

11º Sept millièmes, quatre dix-millièmes.

12º Quatre centièmes, deux dix-millièmes.

13º Neuf dixièmes, quatre cent-millièmes.

14º Quatre dixièmes, deux millièmes, six cent-millièmes.

15º Huit centièmes, quatre dix-millièmes, trois millionièmes.

21.—(*Sur la règle* 39.) Enoncez les nombres décimaux suivants [1] :

1º 35,25	6º 526,441	11º 709,006
2º 43,67	7º 478,591	12º 90 909,0055
3º 79,85.	8º 17,999	13º 7309,0055
4º 177,177.	9º 1237,878	14º 12 789,50 406
5º 245,82	10º 2891,705	15º 245 234,05 789

22.—(*Sur la règle* 40). Enoncez les nombres décimaux ci-dessus, nº 21, en réduisant le tout en parties de la plus petite espèce.

23.—(*Sur la règle* 40.) Enoncez les fractions décimales ci-après :

1º 0,20	8º 0,07	15º 0,997
2º 0,45	9º 0,97	16º 0,777
3º 0,75	10º 0,99	17º 0,185
4º 0,15	11º 0,09	18º 0,3027
5º 0,05	12º 0,525	19º 0,40 705
6º 0,74	13º 0,291	20º 0,670 007
7º 0,47	14º 0,849	21º 0,6 070 705

[1] On peut partager les chiffres décimaux en tranches de trois chiffres, comme on partage les chiffres de la partie entière. Si le premier chiffre, à droite de la virgule, significatif ou zéro, se prononce *cent*, le dernier chiffre du nombre se prononcera *millièmes* ; s'il se prononce *mille*, le dernier se prononcera *dix-millièmes* ; s'il se prononce *dix mille*, le dernier se prononcera *cent-millièmes* ; s'il se prononce *cent mille*, le dernier se prononcera *millionièmes*, etc. EXEMPLE : 152 854,13 554 694. Enoncez : 152 mille 854 unités ; 13 millions 554 mille 694 cent-millièmes.

PROPRIÉTÉS DES DÉCIMALES.

24.—Mettez cinq zéros à droite des quantités 1,7 et 6,5 ; un à droite des nombres 174,0760 et 702,1276, et dites si ces quantités ont changé de valeur par l'addition des zéros ; nommez aussi les nouvelles décimales.

25.—Otez tous les zéros des nombres 1,700000 ; 65,500000 ; 174,07600 et 702,12760, et dites si les nouveaux nombres ont une moindre valeur.

26.—(*Sur la règle 44.*) Rendez plus grand, par le déplacement de la virgule, selon qu'on le demande pour chacun, les nombres décimaux suivants :

1° 2,5 dix fois.	7° 26,340 dix fois.
2° 3,55 cent fois.	8° 47,2186 cent fois.
3° 7,775 mille fois.	9° 342,6275 mille fois.
4° 9,5234 dix mille fois.	10° 778,1 946 517 dix mille fois.
5° 8,67 589 cent mille fois.	11° 996,76 298 475 un million de
6° 12,794 815 un million de fois.	fois.

27.—(*Sur la règle 46.*) Rendez plus petits, par le déplacement de la virgule, selon que cela est exigé pour chacun, les nombres décimaux ci-après :

1° 7,4 dix fois.	6° 141 239,43 cent mille fois.
2° 21,88 cent fois.	7° 29 786 895,498 un million de
3° 326,52 mille fois.	fois.
4° 6945,831 mille fois aussi.	8° 429 877 997,3428 dix millions
5° 33 991,27 dix mille fois.	de fois.

28.—(*Sur la règle 45.*) Rendez plus grands, selon qu'on le demande, les nombres décimaux ci-dessous :

1° 8,4 cent fois.	4° 721,632 cent mille fois.
2° 15,58 mille fois.	5° 2347,5 un million de fois.
3° 27,42 dix mille fois.	6° 55,78 345 dix millions de fois.

29.—(*Sur la règle 47.*) Rendez plus petits les nombres décimaux ci-après :

1° 1,7 dix fois.	4° 155,322 dix mille fois.
2° 3,42 cent fois.	5° 27,4 cent mille fois.
3° 9,95 mille fois.	6° 326,7789 un million de fois.

30.—(*Sur la règle 48.*) Rendez plus petits les nombres entiers ci-après, chacun selon que cela est exigé :

1° 75 dix fois.	5° 53 298 794 cent mille fois.
2° 232 cent fois.	6° 39 667 596 un million de fois.
3° 36 497 mille fois.	7° 3221 dix fois.
4° 5 983 431 dix mille fois.	8° 7934 cent fois.

RÉCAPITULATION SUR LA NUMÉRATION.

31.—Rendez 100 000 fois plus grand le nombre 17 547, et énoncez le nouveau nombre.

32.—Dites combien il y a de millionièmes dans 2747 entiers.

33.—Ecrivez en chiffres le nombre *trois millions* quarante-sept *unités*.

34.—Ecrivez en lettres , ou énoncez verbalement le nombre 305 480 060 214.

35.—Faites que 52 entiers deviennent des millièmes et énoncez le nouveau nombre.

36.—Faites connaître les millionièmes contenus dans 64 *dixièmes* et énoncez le nouveau nombre.

37.—On a 52 535 *centièmes* : Combien y a-t-il d'entiers dans ce nombre?

38.—On a neuf *dixaines* de mille , huit *centaines* et quatre *unités* : Comment représenteriez-vous et énonceriez-vous ce nombre? (Ecrivez 90 000 et puis 8 à la place du 0 des centaines et enfin 4 unités.)

39.—On a sept *centaines* de mille et vingt six *unités* : Représentez ces deux nombres dans un seul (Ecrivez 700 000 et etc.).

40.—Quel nombre aura-t-on en mettant dans un seul : quatre *millions*... trois cent *mille*... neuf *centaines*... six *dizaines*... huit *unités*? (Ecrivez d'abord 4 000 000 , puis mettez à la place des zéros les chiffres qui doivent les remplacer, 300 968.)

41.—Mettez dans un seul nombre : Quatre *dixièmes*, sept *centièmes*, neuf *millièmes*.

42.—Faites un seul nombre de : 1 *millionième* , 3 *dix-millièmes* , 4 *centaines* , 3 *unités* , 7 *mille* , 2 *centaines de mille*. (Ecrivez d'abord 200 000 et ensuite...)

43.—Dites les unités contenues dans 15 786 579 *centièmes*.

44.—Rendez 1000 fois plus petits les nombres : 5. 6. 7.

45.—Rendez 1000 fois plus grands les nombres ci-dessus n° 44.

46.—Ecrivez en chiffres cinq *dix-millièmes ;* quatre *cent-millièmes ;* quatre cents *millièmes*.

47.—Ecrivez en chiffres six *cent-millièmes* , et six cents *millièmes ;* huit *cent-millionièmes* et huit cents *millionièmes*.

48.—Représentez 9 *dix-millièmes ;* 27 *centièmes ;* 40 *millièmes :* 11 *cent-millièmes*.

49.—Représentez 154 *billionièmes ;* 3525 *centièmes ;* 2944 *millièmes ;* 672 *cent-millièmes*.

50.—Rendez 10 fois plus petits les nombres : 27, 75, 46.

51.—Rendez 100 000 fois plus petit le nombre 123 456 799.

52.—Faites que 4 *millièmes*, 5 *centièmes*, 2 *dixièmes* ne fassent qu'un seul nombre.

53.—Représentez les nombres 4 *cent-millièmes ;* 400 *millièmes ;* 9 *cent-millièmes ;* 900 *millièmes*.

54.—Représentez 275 *dix-billionièmes* dans un même nombre avec 275 *unités*.

55.—Dites combien il y a d'unités dans 123 456 789 *centièmes*.

56.—Ecrivez 7 zéros à la suite du nombre 0,705, et dites si le nouveau nombre est de même valeur qu'avant d'avoir ces zéros.

57.—Le nombre 750 vaut-il bien 750 unités ?

58.—Le nombre 8749 vaut-il bien 8749 unités ?

EXERCICES SUR LE SYSTÈME MÉTRIQUE.

MESURES DE LONGUEUR.

59.—(*Sur la règle* 56.) Faites un seul nombre des nombres suivants : 4 myriam., 7 kilom., 8 hectom., 6 décam., 5 mèt., et énoncez le nouveau nombre en prenant alternativement le mèt., le décam., l'hectom., le kilom., le myriam. pour unité.

60.—Où mettrez-vous la virgule dans 75 978 m., pour que le myriam. soit l'unité principale ?

61.—Placez la virgule où il faut qu'elle soit dans 5789 m., pour que l'hect. soit l'unité principale.

62.—Dites où il faut mettre la virgule dans 58, pour que 8 représente des décimètres.

63.—Enoncez le nombre 126 957 m. de toutes les manières dont il peut l'être.

64.—(*Sur la règle* 58.) Enoncez chiffre à chiffre le nombre 175^m,585. Enoncez-le en deux nombres, mais en donnant à chacun la dénomination qui lui est propre. Enoncez-le en un seul, mais en nommant seulement la plus petite subdivision.

65.—Ecrivez en un seul nombre les nombres suivants : 4 dizaines de mètres, 7 mètres, 8 décimètres, 9 centimètres, 18 millimètres, et énoncez le nouveau nombre des trois manières dont il peut l'être.

66.—Comment énoncez-vous le nombre 3787^m,005 ?

67.—Combien y a-t-il de dizaines de décimètres dans 12^m,500 ?

68.—Combien y a-t-il de centaines de millimètres dans 21^m,545 ?

69.—Si l'on vous disait de prendre le centimètre pour unité principale, où placeriez-vous la virgule dans 17 525 millimètres ?

MESURES DE SURFACE.

MÈTRE CARRÉ.

70.—(*Sur la règle* 67.) Placez la virgule où il faut qu'elle soit placée dans 224 d. carrés, pour que le m. car. soit l'unité principale.

71.—Enoncez de toutes les manières que vous connaissez, le nombre 4528 m. car., 3524.

72.—Ecrivez en un seul nombre les nombres suivants : 5 mille de m. car., 4 centaines de m. car., 7 dizaines de m., 8 unités de m. car., 17 d. car., 19 c. car., 17 mil. car.

73.—Ecrivez en un seul nombre 75 dizaines de mètres carrés, 300 centaines de milli. car.

74.—Ecrivez en un seul nombre 4000 centaines, 50 dizaines et 35 unités de mèt. car., et énoncez le nouveau nombre.

75.—(*Sur la règle* 68.) Enoncez les nombres suivants en fraction de mètre carré : 0,3... 0,005... 0,04... 0,0002... 0,00 0008... 0,00 007.

76.—Représentez en un seul nombre 5 dixièmes, 4 centièmes, 5 millièmes de m. car., et énoncez le nouveau nombre.

MESURES AGRAIRES.

77.—(*Sur la règle* 74.) Dire combien il y a d'ares dans 19 475 m. car.

78.—Dire combien il y a d'hectares dans 576 902 m. car.

79.—Dire combien il y a de centiares dans chacun des deux nombres ci-dessus (Nos 77 et 78).

80.—Ecrivez en un seul nombre : cinq hecta., deux ares, six centia.

81.—Enoncez en hecta., ares, et centia. le nombre 70 908 m. car.

82.—Prenez successivement l'hectare, l'are et le centiare pour unité dans le nombre 114 547 m. car., en plaçant la virgule où elle doit être placée, et énoncez les trois nouveaux nombres.

83.—(*Sur la règle* 76.) Dites la différence qu'il y a entre le myriare et le kilom. car.

84.—(*Sur la règle* 77.) Quelle est la différence du myriamètre carré au myriare ?

85.—On a 12 147 hectom. car. : dites combien il y a de myriam. car. dans ce nombre, puis énoncez-le de deux manières.

MESURES DE SOLIDITÉ.

STÈRE.

86.—(*Sur la règle* 81.) Dites les stères contenus dans le nombre 178 m. cub.

87.—Enoncez en stères et décistères les nombres de m. cub. : 14,5... 526,7... 474... 67,9... 32,376.

88.—Enoncez en décas., stères et décis. les nombres de m. cub. : 1792,8... 49,6... 1258,4... 1375,9.

MÈTRE CUBE.

89.—(*Sur la règle* 87.) Représentez dans un seul nombre les nombres : quatre m. cub... trois cent vinq-cinq d. cub... quatre cent cinquante-un c. cub... trois cent vingt-quatre mil. cub., et énoncez le nombre résultant des trois manières dont il peut être énoncé.

90.—Enoncez en m. cub... d. cub... c. cub... et mil. cub. le nombre 13 m. cub., 127 943 756.

91.—Enoncez en deux nombres distingués par le nom de la plus petite unité de chacun, le nombre ci-dessus n° 90.

92.—Enoncez le nombre 12 m. cub., 055 050 604, en m. cub... d. cub... c. cub... mil. cub.

93.—Enoncez le nombre ci-dessus n° 92 , sous deux dénominations.—Enoncez-le sous une seule.

94.—Représentez dans un seul nombre 4 m. cub... 5 d. cub... 40 c. cub... et 102 mil. cub.

95.—Représentez séparément les nombres suivants : 5 d. cub... 44 d. cub... 544 d. cub... 11 c. cub... 4 c. cub.

96 —(*Sur la règle* 88.) Enoncez en subdivisions de m. cub. les nombres suivants :

1° 0 m. cub., 8 ; 2° 0 m. cub., 0077 ; 3° 0 m. cub., 0532.

97.—(*Sur la règle* 90.) Combien y a-t-il de décistères dans les nombres suivants : 1 m. cub. 4... 12 m. cub. 9... 0 m. cub. 9.

MESURES DE CAPACITÉ.

98.—(*Sur la règle* 94.) Prenez le litre pour unité principale dans le nombre 357 lit., 447 et énoncez ce nombre.

99.—Prenez le décalitre pour unité principale dans le nombre 464 lit., 72 et énoncez le nouveau nombre.

100.—Prenez l'hectolitre pour unité dans 325 lit., et énoncez le nouveau nombre.

101.—Ecrivez dans un seul nombre 13 hectol. 12 litres 18 décilitres, et énoncez le nouveau nombre en prenant le litre pour unité ?

102.—Mettez dans un seul nombre 14 kilol., cinq hectol., huit décal., sept lit., neuf décil., sept centil.

103.—(*Sur la règle* 95.) Combien y a-t-il de kilolitres dans un bassin qui contient 242 m. cub. d'eau?

104.—Combien y a-t-il d'hectolitres dans une tonne contenant 0,3 de m. cub., et combien y a-t-il de décalitres de blé dans un magasin où il y en a 75 m. cub. 54 centièmes ?

105.—Combien peut contenir de litres une barrique dont la capacité est 250 d. cub. ?

POIDS.

106.—(*Sur la règle* 99.) Enoncez chiffre à chiffre le nombre 9568 gr. 532 , en nommant les différentes unités de poids que chaque chiffre peut représenter par rapport à la virgule.

107.—Ecrivez en un seul nombre les nombres suivants : 54 kilog... 21 gr... 152 décig.

108.—Enoncez le nombre 342 gr. 32 d'abord chiffre à chiffre, puis en prenant successivement l'hectog... le décag... le gr... le décig... le centig... et finalement le millig. pour unité.

109.—Où placez-vous la virgule dans 522 527 millig. pour que le kilog. soit l'unité principale ? — Pour que l'hectog. soit cette unité ? —Pour que le gr. le soit ?

110.—Comment représentez-vous séparément 975 millig... 7 centig... 9 décig... le gramme étant l'unité?

111.—(*Sur le N°* 101.) Combien y a-t-il pesant d'eau dans un bassin qui contient 99 dixièmes de m. cub.? — Combien cela fait-il de kilog.? — Combien de litres?

112.—Combien y a-t-il de kilog. dans un bassin contenant 120 litres d'eau pure? — Combien cela fait-il de d. cubes?

113.—Un verre à boire contient 4 dixièmes de d. cub. : Quel poids cela ferait-il, si on le remplissait d'eau pure très-froide? — Et s'il était plein de bon vin, combien celui qui le boirait en avalerait-il de décilitres?

114.—Dites combien pèsent : 1° 20 litres d'eau pure et froide ; 2° 3 d. cub.; 3° 125 c. cub.; 4° 4 mil. cub. de la même eau.

MONNAIES.

115.—(*Sur le N°* 105.) Enoncez en francs et parties de franc le nombre 178 fr. 57.

116.—Placez la virgule où il faut qu'elle soit placée, pour que, dans le nombre 2854 fr., le franc soit l'unité principale.

117.—Ecrivez en chiffres le nombre vingt-cinq mille quatre cent quatre francs, soixante-neuf centimes.

RÉCAPITULATION SUR LE SYSTÈME MÉTRIQUE

ET EXERCICES SUR LES N°ˢ 111... 112... 113... 114... 115... 116... 117... 118.

118.—Ecrivez dans un seul nombre, 4 dizaines et 7 unités de mètres, 4 dizaines et 8 unités de centimètres.

119.—Mettez dans un seul nombre 125 centaines de m. car. et 1254 c. car., et énoncez le nombre obtenu.

120.—Mettez dans un seul nombre 7 m. cub. 4 d. cub. 20 c. cub. et 3 mil. cub.

121.—Mettez dans un seul nombre 254 hecta. 9 ar. 5 centia.

122.—Dites combien y a d'hectom., de kilom. dans 12 myriam. (*Voir N°* 111.)

123.—Quand un voyageur paye 1 fr. 50 par myriam. : Combien cela fait-il par kilom.? (*Voir N°* 112.)

124.—Combien y a-t-il de mèt. dans 1250 myriam.? (*Voir N°* 111.)

125.—Si l'on payait 3 fr. par décam. : Combien payerait-on par m.? (*Voir N°* 112.)

126.—Dites combien il y a de kilom. dans 2545 m. (*Voir N°* 113.)

127.—Dites les ares et parties d'are contenus dans 1254 m. car. — Dans 91 155 hectom. car. (*Voir N°* 113.)

128.—Combien y a-t-il de myriam. car. dans 17 581 kilom. car.—Dans 71 235 hectom. car. (*Voir N*o 113.)

129.—On a vendu un terrain 0 fr. 70 le m. car. : Combien cela fait-il l'are... l'hectare? (*Voir N*° 114.)

130.—Combien y a-t-il de grammes dans 147 myriag.?—Dans 9 hectog.?—Dans 95 kilog.? (*Voir N*o 111.)

131.—On vend le kilog. de tabac 10 fr. : A combien reviennent : 1° l'hectog... 2° le décag. .3o le gr.? (*Voir N*o 112.)

132.—Combien y a-t-il de litres dans 15 kilol.?—Dans 75 hectol.?—Dans 2 décal.? (111.)

133.—On a acheté du vin à 55 fr. l'hectol. : Combien cela fait-il le litre? (112.)

134.—Dire combien il y a d'hectolitres dans une tonne qui contient 1254 lit.? (113.)

135.—Un cabaretier vend son vin 0 fr. 25 le litre : Combien cela fait-il l'hect.? (114.)

136.—Un marchand de blé a 135 m. cub. de froment : Combien en a-t-il d'hectolitres?

137.—On vend l'hectolitre de blé 10 fr. : Combien cela fait-il le kilolitre? (114.)

138.—Combien y a-t-il d'ares,—d'hectares dans 946 275 centiares?

139.—Combien vaut l'hectare quand l'are se paye 11 fr. 50?

140.—Dites combien il y a de mètres dans 814 décam.

141.—Combien y a-t-il de décimes, de centimes, de millimes dans 9 fr.? (115.)

142.—Dites les mèt... les décam... les hectom... les kilom. contenus dans 143 830 décim.

143.—Quand on paye le mètre 2 fr. : A combien revient le décim .. le centim... le millim.? (116.)

144.—En admettant qu'on ait payé 1 décimètre de drap 0 fr. 40 : A combien revient le mètre? (118.)

145.—Combien y a-t-il de centig... de millig... de décig. dans 224 gr.?

146.—Le tabac se vend 1 centime le gr. : Combien cela fait-il le décag... l'hectog... le kilog...?

147.—Le gramme d'or pur vaut 3 fr. 444 444 millionièmes : Dites combien vaut le centigramme... le décigramme? (116.)

148.—Dites combien il y a de d. cub. dans 13 m. cub.?—de c. cub. dans 7 m. cub.? (115.)

149.—Si le m. cub. coûte 9 fr. : A combien reviennent 1° le d. cub... 2° le c. cub... 3° le millim. cub.? (116.)

150.—Un travail a coûté 258 fr. le m. car. : A combien revient le d. car.?

151.—Combien y a-t-il de d. car... de c. car... de mil. car. dans 1287 m. car.? (115.)

152.—Combien y a-t-il de centiares dans 642 ares? — Dans 52 hectares?

153.—A combien revient le centia. quand l'are vaut 56 fr.?—Quand l'hecta. vaut 275 fr.?

154.—On a 3535 hectol. de blé : Combien cela fait-il de litres?—de décal.?

155.—Une bouteille contient 3 litres : Combien contient-elle de centilitres? — de centimètres cubes?

156.—Celui qui boit un litre d'eau : Combien en boit-il de d. cub.? —Combien en boit-il pesant?

157.—On a payé un litre de vin 30 fr. : A combien revient le centi. cub.? — le millil.? — le décilitre?

158.—Combien y a-t-il de mètres dans 7240 mil... dans 75 d... dans 75 c.? (117.)

159.—Combien vaut le m. quand le d. vaut 0 fr. 04? Quand le c. vaut 0 fr. 5? Quand le mil. vaut 0 fr. 3? (118.)

160.—Combien y a-t-il de stères dans 1175 décistères? — Dans 29 décistères?

161.—Quand le décistère vaut 4 fr. : Combien vaut le stère?— Quand le décist. vaut 1 fr. 5 : Combien le stère? (118.)

162.—Combien y a-t-il de décistères dans 41 stères?

163.—Si l'on paye un stère 20 fr. : Combien un décistère?

164.—Combien y a-t-il de litres dans 1218 centilitres?

165.—Combien de grammes dans 9547 milligrammes?

166.—Si l'on paye un centilitre 0 fr. 02 : Combien le litre?

EXERCICES SUR L'ADDITION.

NOMBRES ENTIERS.

167.—Faites les additions qui suivent [1] :
1o 4 + 5 + 6 + 7 + 2.
2o 2 + 1 + 3 + 2.
3o 9 + 8 + 7 + 5.
4o 6 + 2 + 3 + 7.
5o 19 + 10 + 12 + 11 + 14.
6o 75 + 87 + 26.
7o 35 + 42.
8o 99 + 87 + 89 + 77.
9o 112 + 144.
10o 226 + 327.
11o 542 + 671 + 749.

---

[1] Remarquez bien qu'il y a dans ce N° autant d'additions que de lignes, c'est-à-dire que le N° 167 contient 24 additions.

E.   7

12º 444 + 222 + 333.
13º 1272 + 2647 + 3934.
14º 9637 + 5689 + 7841 + 3125.
15º 60 020 + 77 012 + 50 602 + 30 450.
16º 12 136 + 22 544 + 11 200.
17º 99 758 + 77 576 + 87 881.
18º 50 050 + 22 305 + 150 107.
19º 600 000 + 400 000 + 900 002 + 601 057.
20º 1 235 927 + 2 997 231.
21º 4 620 209 + 27 + 15 + 6.
22º 2 + 21 + 12 + 4 + 35 + 42 + 2 + 1 + 7 + 63.
23º 102 020 + 30 + 1 + 12 + 7 + 175 + 1379.
24º 61 + 2 + 9 + 7346 + 15 + 97 + 73 + 92 + 46.

168.—Quelle est la somme des 4 nombres 1461 + 72 946 + 139 174 + 9 998 887?

169.—Quatre écoliers ont mis leurs billes en commun : le 1er en a mis 75 ; le 2e 101 ; le 3e 126, et le 4e 142 : Combien cela fait-il en tout?

170.—Il y a 29 élèves dans une classe, et cinq seulement ont des bons points ; celui qui en a le moins en a 260, et les autres vont en augmentant d'un jusqu'au cinquième, qui en a 264 : Combien en ont-ils en tout?

171.—Un tailleur a fait pour la même maison les journées suivantes dans le cours de l'année : Combien en a-t-il fait en tout? 1º... 17 ; 2º... 9 ; 3º... 11 ; 4º... 2; 5º... 10.

NOMBRES DÉCIMAUX.

172.—Faites les additions indiquées ci-dessous :
1º 4,5 + 6,4 + 8,9.
2º 3,9 + 7 + 7,11 + 8,54.
3º 21,75 + 35,47 + 19,25.
4º 99,89 + 76,87 + 74,75.
5º 112,152 + 115,223 + 236,554.
6º 975,887 + 777,651 + 584,981 + 834,550.
7º 705,006 + 800,070 + 005,704 + 087,806 + 709,310
8º 6527,32 + 7924,5 + 3847,557 + 6110,5289.
9º 12 158,4 + 25 234,52 + 95 208,006 + 11 317,0005 +
86 419,000 007.
10º 3000,5000 + 6009,7 + 40 012,74 + 25 117,00 009.

173.—Un propriétaire doit les 4 sommes suivantes : 147 fr. 75 à son boucher ; 285 fr. à son boulanger ; 358 fr. 25 à son charpentier, et 26 fr. 35 à son tailleur : Combien doit-il en tout?

174.—On me doit les 6 sommes suivantes : 12 fr. 27... 4 fr. 72... 19 fr. 12... 154 fr. 8... 245 fr. 77... 1311 fr. 4 : A combien se monte l'ensemble de mes créances?

175.—Un écolier perd tout son argent au jeu : la 1re fois 0 fr. 10;

la 2e 0 fr. 13 ; la 3e 5 d. ; la 4e 0 fr. 75 ; la 5e 0 fr. 25 : Combien cet écolier avait-il dans sa bourse [1] ?

RÉCAPITULATION SUR L'ADDITION.

176.—Douze planches ont les longueurs suivantes : trouvez la longueur qu'elles feraient si on les mettait bout à bout.

1re	0m,90	5e	2m,40	9e	0m,80
2e	0m,90	6e	12m,50	10e	0m,70
3e	0m,75	7e	6m,90	11e	0m,11
4e	1m,25	8e	0m,92	12e	1m,10.

177.—On veut savoir à combien se monte le mémoire suivant : trouvez-le.

3f	15f,00	21f,47	2f,00	
6	12f,00	16f,26	1f,10	0f,90
7	26f,50	19f,00	5f,12	0f,15
9	13f,30	50f,00	9f,40	0f,55
17	11f,79	6f,00	9f,75	0f,28

178.—Un agriculteur a fait porter, à 5 reprises, sa récolte dans ses greniers : la première fois 92 doubles décalitres ; la 2e 120 doubles ; la troisième 146 doubles ; la 4e 119 doubles, et la 5e 175 doubles : Combien en a-t-il serré en tout ?

179.—Trouvez la somme des nombres abstraits suivants : 145 dizaines et 7 unités + 121 centaines et 27 dizaines + 13 mille et 9 centaines + 15 unités et 7 millièmes.

180.—Un homme a fait 40 kilom. le premier jour ; 40 kilom. 2 hectom. le 2e ; 37 kilom. 4 décam. le 3e ; 35 kilom. 4 hectom. 6 décam. le 4e : Combien a-t-il fait de chemin en tout ?

181.—Un marchand a fourni à la même personne les quantités ci-après de la même marchandise : 1220 kilog.; 186 kilog., 849 ; 939 kilog., 9 ; 547 kilog., 27 ; 199 kilog., 7 hectog. : Combien lui en a-t-il fourni en tout ?

182.—On demande combien un liquoriste a fourni de litres d'une même liqueur à une maison. Voici le détail des quantités livrées : 2 lit., 5 ; 1 lit., 4 ; 1 lit., 6 ; 2 lit., 66 ; 3 lit., 27 ; 0 lit., 13 ; 0 lit., 90 ; 0 lit., 97.

183.—Un bijoutier a employé à la fabrication de 6 joyaux les quantités suivantes d'or : 1 g., 174 ; 3 g., 12 ; 9 g., 7 ; 0 g., 997 ; 0 g., 7479 ; 0 g., 389 : Combien en a-t-il employé en tout ?

Autres exercices No 421.

[1] Faire la preuve de ces additions par la méthode No 125.

EXERCICES SUR LA SOUSTRACTION.

NOMBRES ENTIERS.

184.—Faites les soustractions suivantes [1] :

1º	13—11	9º	99—78	17º	402—400
2º	17—12	10º	74—27	18º	800—152
3º	19—4	11º	32—19	19º	189—158
4º	16—8	12º	15—7	20º	311—288
5º	25—4	13º	46—39	21º	10 102—1009
6º	37—20	14º	694—242	22º	2147—1958
7º	45—32	15º	376—146	23º	1242—1200
8º	95—64	16º	150—90	24º	27 545—20 434

185.—Un voyageur avait 545 kilom. à parcourir, il en a parcouru 325 : Combien lui en reste-t-il à parcourir ?

186.—Un écolier avait 17 fr. dans sa bourse, il a dépensé 12 fr. : Combien a-t-il encore ?

187.—Combien reste-t-il de blé à un laboureur qui en avait 1000 hectolitres, mais qui en a vendu 275 ?

188.—Un avare s'est pendu parce que des voleurs ne lui ont laissé que 35 224 fr. : Combien lui ont-ils donc pris, sachant que le pauvre diable n'avait que la modeste somme de 1 852 389 ?

189.—Paul avait 277 billes et il ne lui en reste plus que 27 : Combien en a-t-il perdu ?

190.—Quel est le nombre qui, étant ajouté à 987, reproduit 1574 ? (Voir Nº 125, *définition*.)

NOMBRES DÉCIMAUX.

191.—Donnez les différences des nombres ci-après :

1º	4,4—4,4.	8º	1546,175—999,888.
2º	9,50—8,5.	9º	10 000,1—9999,9.
3º	12,47—11,37.	10º	0,1997—0,05 634.
4º	30,29—20,17.	11º	0,29 756—0,199 877.
5º	43,7549—40,21.	12º	2,75—0,0099.
6º	48,75—39 7279.	13º	0,6 050 402—0,3 965 462.
7º	534,27—441,99.	14º	0,55—0,49.

192.—Un marchand de drap dit qu'il a vendu 20 m. 75 c. d'une pièce de drap qui en avait 45 : Combien en reste-t-il ?

193.—Combien reste-t-il de blé dans un grenier où il y en avait 1345 doubles, sachant qu'on en a vendu 99 doubles 9 dixièmes ?

194.—Une bonne femme avait 154 douzaines d'œufs, elle en a vendu 136 et a perdu le reste, parce qu'elle était trop tenace : Combien de douzaines a-t-elle perdues ?

195.—Un instituteur avait gratifié un mauvais sujet de son école

---

[1] Faire l'application du principe énoncé Nº 126 dans les soustractions qui y donnent lieu. Faire les preuves (129).

de 3654 lignes de dictionnaire ; au bout de 4 semaines , l'élève n'en avait encore copié que 2834 lignes 55 centièmes de ligne : Combien en restait-il encore à copier ?

RÉCAPITULATION SUR LA SOUSTRACTION.

196.—Quel est le nombre qui , étant ajouté à 4 953 842, reproduit 13 842 699 ?

197.—Il m'était dû 1249 fr. 95 c., et je n'ai reçu que 635 fr. 20 c. : Combien ai-je perdu ?

198.—La somme de 12 nombres s'élevait à 238 fr. 196, mais une somme de 95 fr. 55 c. avait été écrite deux fois : Quel était donc le vrai total ?

199.—Des terrassiers avaient pris 9547 m. cub. de remblai à faire ; ils se sont partagés en deux sections , et la première en a fait 425 m. cub. : Combien en reste-t-il pour la deuxième ?

200.—Deux hommes s'étaient partagé une somme de 619 fr. : la part du premier, ôtée de la somme à partager, a laissé 191 fr. 50 c. au deuxième : Quelle était donc la part du premier ?

201.—Si l'on ôtait 80 litres d'une barrique qui en contiendrait 230 : Combien en resterait-il ?

202.—Si Alfred donnait 194 des 1200 bons points qu'il a : Combien lui en resterait-il ?

203.—Un fermier devait 679 fr. 80 à son maître, il en a payé 515 : Combien doit-il encore ?

204.—Un marchand avait 7000 décistères de bois de charpente ; il en a vendu 276 décist. : Combien lui en restait-il après cette vente ?

205.—Otez 305 stères de 30 décastères 5 stères , et dites ce qui reste.

206.—Otez 3545 litres de 45 hectol., et dites ce qui reste.

207.—Otez 740 centaines de 12 530 dizaines, et dites ce qui reste.

208.—Otez 0 fr. 75 de 1 fr. 25 , et dites ce qui reste.

EXERCICES SUR LA PREUVE DE L'ADDITION PAR LA SOUSTRACTION (130 ET 131).

209.—Additionnez les nombres abstraits (167 et 172), et faites la preuve de chaque addition au moyen de la soustraction.

Autres exercices, N° 489.

EXERCICES SUR LA MULTIPLICATION.

NOMBRES ENTIERS.

210.—(*Sur la règle* 133.) Faites les multiplications indiquées ci-après :

1o 11 × 2.	12o 35 × 5.	23o 254 × 8.
2o 12 × 3.	13o 46 × 6.	24o 387 × 9.
3o 13 × 4.	14o 54 × 7.	25o 453 × 2.
4o 14 × 5.	15o 63 × 8.	26o 539 × 3.
5o 15 × 6.	16o 72 × 9.	27o 666 × 4.
6o 16 × 7.	17o 81 × 2.	28o 744 × 5.
7o 17 × 8.	18o 82 × 3.	29o 897 × 6.
8o 18 × 9.	19o 96 × 4.	30o 999 × 7.
9o 19 × 2.	20o 118 × 5.	31o 12 142 × 8.
10o 29 × 3.	21o 142 × 6.	32o 54 327 × 9.
11o 21 × 4.	22o 112 × 7.	33o 9999 × 2.

211.—On paye une barrique de vin 35 fr. : Combien payera-t-on pour 4 ?

212. — Une certaine qualité de drap vaut 45 fr. le mètre : Combien valent 6 m.?

213.—Un maître cordonnier a 4 ouvriers à chacun desquels il donne 22 fr. par mois : quelle somme faut-il que ce maître trouve au bout du mois pour payer ses ouvriers ?

214.—Si un hectolitre se paye 29 fr. : Combien 9 hectolitres ?

215.— On paye un ouvrier 43 fr. par mois : Combien lui doit-on au bout de 5 mois ?

216.—Combien valent 2834 décalitres de blé, à 3 francs le décalitre ?

217.— J'ai acheté une pièce de toile de 55 mètres à 5 fr. le mètre : Combien l'ai-je payée ?

218.—J'ai fait charroyer 122 charretées de pierre : Combien ai-je à payer, sachant que le voiturier me prend 9 fr. par charretée ?

219.— (*Sur la règle* 138.) Multiplier :

1o 4 par 100.	12o 2955 par 10 000.	
2o 3 par 10.	13o 6891 par 100 000.	
3o 4 par 1000.	14o 1 par 100 000.	
4o 7 par 1000.	15o 4 par 10 000 000.	
5o 9 par 100 000.	16o 6 par 100 000.	
6o 12 par 10 000.	17o 7842 par 10.	
7o 26 par 10 000.	18o 117 par 1000.	
8o 35 par 10 000.	19o 125 240 par 100.	
9o 49 par 10	20o 979 997 par 10 000.	
10o 175 par 1000.	21o 2 676 487 par 100 000 [1].	
11o 443 par 100.		

220.—Combien valent 10 m. de drap à 40 fr. le m.?

221.—Combien valent 100 kilog. de laine à 5 fr. le kilog.?

222.—Que payera-t-on pour 100 kilog., si le kilog. vaut 125 fr. ?

---

[1] Pour faire ces multiplications, on écrit les nombres à multiplier et les produits ainsi qu'il suit : soit 26 ; 26 × 10 == R. 1° 260... 26 × 100 == R. 2° 2600... 26 × 1000 == R. 3° 26 000, etc.

223.—Combien y a-t-il d'heures dans 10 000 jours?

224.—Combien devrait-on débourser pour payer une armée de 100 000 hommes, si on leur devait à chacun 15 fr. [1]?

225.—(*Sur la règle* 139.) Faire les multiplications ci-dessous :

1o	21 × 12	10o	22 × 12	19o	334 × 474
2o	12 × 12	11o	37 × 24	20o	642 × 543
3o	15 × 15	12o	39 × 32	21o	888 × 990
4o	11 × 11	13o	64 × 46	22o	999 × 996
5o	17 × 17	14o	75 × 42	23o	2654 × 987
6o	13 × 13	15o	79 × 14	24o	6311 × 9297
7o	14 × 14	16o	97 × 14	25o	145 837 × 752
8o	18 × 18	17o	99 × 18	26o	67 839 × 2851
9o	19 × 19	18o	247 × 113		

226.—La barrique de vin coûtant 35 fr. : Combien coûteront 45 barriques ?

227.—Si le kilogramme coûte 15 fr. : Combien coûteront 34 kilogrammes ?

228.—Un homme a travaillé 25 jours et 13 heures par jour : Combien a-t-il travaillé d'heures ?

229.—Combien un homme qui a vécu 95 ans a-t-il vécu de jours, si l'année se compose de 365 jours ?

230.—Un propriétaire a 3474 hectolitres de froment : Quelle somme cela vaut-il à 36 fr. l'hectolitre ?

231.—(*Sur la règle* 140.) Multiplier :

1o	20 par 4.	12o	142 927 par 20 202.
2o	30 par 7.	13o	272 326 par 20 009.
3o	40 par 9.	14o	9 000 004 par 8005.
4o	104 par 15.	15o	244 par 30.
5o	200 par 6.	16o	179 par 102.
6o	309 par 11.	17o	199 par 908.
7o	29 806 par 144.	18o	3 par 903.
8o	2009 par 374.	19o	627 par 579.
9o	5044 par 408.	20o	2715 par 1020.
10o	7008 par 2002.	21o	123 456 789 par 90 909.
11o	70 504 par 7054.		

232.—Combien payera-t-on 606 stères de bois à 18 fr. le stère?

233.—Si l'hectare se vendait 2025 fr. : Combien payerait-on pour 1009 hectares ?

234.—Si un hectomètre de terrassement coûtait 907 fr. : Combien coûteraient 6 kilomètres?

235.—Si un bœuf vaut 505 fr. : Combien valent 1047 bœufs de la même qualité ?

---

[1] On verra, principe N° 144, que le multiplicande peut être mis à la place du multiplicateur; si donc on avait 1000 × 9778, on écrirait en vertu de ce principe, 9778 × 1000, et l'on aurait 9 778 000.

236.—(*Sur la règle* 146.) Dites les produits des facteurs abstraits ci-après :

1° 20 × 50.		7° 199 × 220.
2° 50 × 20.		8° 507 × 400
3° 22 × 60.		9° 2675 × 2200.
4° 37 × 40.		10° 5709 × 570 000.
5° 46 × 80.		11° 50 000 × 400.
6° 11 × 90.		12° 19 000 × 74 700.

237.—Si un voyageur faisait 40 kilom. par jour : Combien en ferait-il dans 20 jours ?

238.—Une pièce de drap vaut 300 fr. : Combien valent 90 pièces du même drap ?

239.—Un vigneron a 30 pièces de vin à 50 fr. la pièce : Quelle somme cela fait-il ?

240.—Supposé qu'un général doive 200 fr. à chacun de ses soldats : Combien devrait-il en tout, s'il commandait 200 000 hommes ?

241.—Faites l'application du principe n° 141, sur le problème suivant :

Un marchand vend 12 mesures d'une certaine marchandise, à 9 fr. la mesure ; 6 mesures d'une seconde, à 3 fr. ; 15 mesures d'une troisième, à 18 fr. ; 154 mesures d'une quatrième, à 15 fr. ; enfin, 1272 mesures d'une cinquième, à 2 fr. : Quelle somme a-t-il reçue ?

242.—Effectuez les produits suivants, d'après le même principe n° 141 :

2 × 26... 7 × 69... 17 × 181.. 13 × 997... 254 × 9887... 2699 × 276 897... 28 × 5342... 75 × 1 659 739.

243.—On a acheté 7 m. cub. de pierre à 25 fr. le mètre cube : Combien doit-on payer ?

244.—On a fait creuser un puits qui revient à 9 fr. le m. : Combien a-t-il coûté, sachant qu'il a 25 m. de profondeur ?

245.—Pour nourrir 155 chevaux, il a fallu à chacun 36 bottes de foin : Combien en a-t-il fallu pour tous ?

246.—A combien reviennent 987 kilog. à 15 fr. le kilog. ?

NOMBRES DÉCIMAUX.

247.—(*Sur la règle* 146.) Multipliez les nombres suivants, et séparez, dans chaque mltiplication, autant de chiffres décimaux qu'il y en a dans les deux facteurs ?

1° 5,6 × 4.		9° 46,55 × 34,55.
2° 7,9 × 6,5.		10° 5274 × 1119,1129.
3° 8,15 × 7,4.		11° 17 852,50 × 1254,5.
4° 5,215 × 2.		12° 0,7 × 0,5.
5° 9 × 4,682.		13° 0,45 × 7.
6° 12,150 × 12.		14° 0,75 × 0,75.
7° 25 × 2,6324.		15° 0,575 × 0,461.
8° 42,527 × 31,25.		

248.—Combien valent 675 m. 54 à 35 fr. 40 le mètre ?

249.—Quelle somme payera-t-on pour 999 hectol. 27 lit. à 22 fr. 75 l'hectol ?

250.—Combien valent 7 hect., 9 ar. 4 cent. à 1220 fr. 95 l'hect. ?

251.—On donne 0 fr. 55 par mètre cube de fossé : Combien pour 665 m. cub. 491 d. cub. ?

252.—Le mètre de drap valant 25 fr. : Combien a-t-on à débourser pour 965 millimètres ?

253.—Le litre de vin se payant 0 fr. 35 : Combien payera-t-on pour 95 litres ?

254.—Si l'on donne 20 centimes pour relier un volume : Combien donnera-t-on pour 12 554 volumes ?

255.—Combien payera-t-on pour 0,98 d. car., à 286 millimes le d. car. ?

256.—(*Sur la règle* 147.) Multiplier :

1o 0,003 par 0,002.	4o 0,005 par 0,4.
2o 0,6 par 0,0009.	5o 0,15 par 0,00 019.
3o 0,0009 par 0,9.	6o 0,14 par 0,0 000 079.

257.—Supposé qu'une marchandise vaille 0, 30 *centimes* le mètre : Combien vaudraient 0 m. 99 ?

258.—Combien valent 9 *décilitres*, lorsque le litre se vend 10 *centimes* ?

259.—Que payera-t-on pour 4 *grammes*, lorsque le kilogramme vaut 3 fr. 75 *centimes* ?

260.—(*Sur la règle* 149.) Multipliez :

1o 2,7 par 10.	9o 0,46 par 10.
2o 6,9 par 100.	10o 0,475 par 10 000.
3o 8.177 par 100.	11o 0,69 757 par 100 000.
4o 15,435 par 10 000.	12o 0,5 par 1 000 000.
5o 88,61 017 par 100 000.	13o 0,04 par 10.
6o 964,75 492 367 par 1 000 000.	14o 0,008 par 100.
7o 18 946,7474 454 par 10 000 000.	15o 0,0007 par 10 000.
8o 0,35 par 1000.	16o 0,00 0009 par 10 000 000.

261.—A combien reviendrait le cent de fagots, si un fagot valait 0 fr. 65 ?

262.—Le quintal de paille vaut 2 fr. 20 : Combien valent 1000 quintaux ?

263.—Le kilogram. de foin valant 0 fr. 05 : Combien valent 1000 kilogrammes ?

264.—Combien le millier de plumes, si une plume vaut 0,008 millimes ?

265.—Combien 1 000 000 de pommes à 0,0009 dix-millièmes la pomme ?

266.—Combien le millier d'œufs à 0,025 millimes l'œuf ?

267.—Combien le cent de billes à 0,005 millimes la bille ?

268.—Combien le quintal de miel, à 0 fr. 85 le kilog. ?

269.—Combien 10 000 litres de vin de Bordeaux, à 0 fr. 96 le litre?

270.—Combien 1000 feuilles de papier, à 0 fr. 0125 la feuille?

271.—A 10 fr. le kilog. : Combien 0,745 gr.?

272.—A 100 fr. le kilolitre : Combien 0,78 décalit.?

273.—A 10 fr. le gramme : Combien 0,347 millig.?

274.—A 1000 fr. le m. cube : Combien 0,800 d. cub.?

275.—A 100 fr. l'are : Combien 0,95 centiares?

276.—A 100 fr. le m. car. : Combien 0,987 674 mil. car.?

RÉCAPITULATION SUR LA MULTIPLICATION.

277.—Un édifice a 365 croisées, chaque croisée est de 26 carreaux : Combien de carreaux en tout?

278.—Les fenêtres d'une maison neuve exigent 1800 vitres : Combien aura-t-on à payer à 0 fr. 60 la vitre?

279.—Une maison a 60 salles de même grandeur : Combien faut-il de carreaux pour la carreler, à 1255 carreaux par salle?

280.—Une couverture de maison a 196 m. car. : Combien faut-il de tuiles pour la couvrir, à 36 tuiles par m. car.?

281.—Si une lieue métrique vaut 4 kilom. : Combien y a-t-il de kilom. dans 175 lieues métriques?

282.—En admettant qu'un navire ait 240 m. car. de surface : Combien faudra-t-il de feuilles de cuivre pour le doubler, si l'on met 3 feuilles par m. car.?

283.—Si la meule d'un moulin fait 15 tours pendant que la roue hydraulique en fait 1 : Combien cette meule fait-elle de tours à la minute, sachant que la roue hydraulique en fait 17?

284.—Les roues d'une voiture font 181 tours par kilom. : Combien en font-elles dans 100 kilom.?

285.—Une rue a 2525 m. car. : Combien faut-il de pierres taillées pour la paver, à 25 pierres par m. car.?

286.—Une pièce de toile a 35 m. de long : Quelle longueur font 45 pièces semblables?

287.—S'il entre 0 kil. 035 de laine dans un mètre d'étoffe : Combien dans 100 m.?

288.—S'il entre 5 kil. 230 g. de chiffon dans une rame de papier : Combien dans 1000 rames?

289.—La rame de papier contient 20 mains et la main 25 feuilles : Combien de feuilles dans 1000 rames?

290.—A 1 fr. 75 le kilog. de beurre : Combien 285 kil. 5 hect.?

291.—A 0 fr. 50 par lieue métrique : Combien pour 275 lieues métriques?

292.—A 1 fr. 25 par myriamètre : Combien pour 110 myriamètres?

293.—A 6 fr. les 100 kilog. de marchandise : Combien 1200?

294.—Si l'on donne 0 fr. 65 par jour à chaque soldat : Quelle somme faut-il par an à un Etat dont l'armée active est de 300 000 hommes ?

295.—Si dans un sillon il y a 12 millions d'épis : Combien dans un champ de 1000 sillons ?

296.—A 30 grains par épi : Combien dans un champ de 3 000 000 000 d'épis ?

297.—A 5 millions de grains de millet par double décalitre : Combien dans 700 doubles ?

Autres exercices N° 566.

EXERCICES SUR LA DIVISION.

NOMBRES ENTIERS.

298.—(*Sur la règle* 153.) Calculez les quotients dans les divisions ci-dessous :

1°	22 par 2.		17°	136 par 17.
2°	39 par 2.		18°	162 par 18.
3°	52 par 4.		19°	87 par 29.
4°	75 par 5.		20°	276 par 46.
5°	112 par 7.		21°	816 par 24.
6°	136 par 8.		22°	816 par 34.
7°	87 par 3.		23°	27 911 par 113.
8°	279 par 9.		24°	27 911 par 247.
9°	276 par 6.		25°	153 576 par 324.
10°	128 par 8.		26°	153 576 par 474.
11°	72 par 12.		27°	99 504 par 999.
12°	56 par 14.		28°	99 504 par 996.
13°	22 par 11.		29°	19 116 par 354.
14°	39 par 13.		30°	77 841 par 961.
15°	75 par 25.		31°	289 par 17.
16°	112 par 16.		32°	20 164 par 142.

299.—On a acheté 4 barriques de vin 140 fr. : Combien coûte la barrique ?

300.—Un maître tailleur achète 6 mètres de drap pour 270 fr. : A combien lui revient le mètre ?

301.—Combien aura-t-on de mètres d'un certain drap pour 270 fr., si le mètre coûte 45 fr. ?

302.—Un cordonnier donne 88 fr. par mois à ses ouvriers : Combien en a-t-il, sachant d'ailleurs que chaque ouvrier gagne 22 fr. par mois ?

303.—Un maître d'atelier donne 88 fr. par mois à 4 ouvriers : Combien à chacun ?

304.—Combien aura-t-on d'hectolitres de charbon pour 261 fr., si un hectolitre se vend 9 fr. ?

305.—Si 29 hectolitres coûtent 261 fr. : Combien l'hectolitre ?

306.—Au bout de 5 mois, un maître a compté 225 fr. à son ouvrier : Combien cela fait-il par mois ?

307.—Un ouvrier à qui on donne 45 fr. par mois a reçu 225 fr. pour le temps qu'il a passé chez un maître : Combien y a-t-il travaillé de temps ?

308.—Vingt-quatre personnes ont hérité des trois sommes 72 fr., 144 fr., 240 fr. : Veuillez leur en partager le total ?

309.—Dix-neuf personnes ont fait ensemble un bénéfice de 4180 fr., elles ont 760 fr. de frais communs à payer : Quelle sera la part de chacune, après le payement des frais ?

310.—Deux associés ont vendu à une foire : 1° 120 hectolitres de blé, à 22 fr. l'hectolitre ; 2° 74 hectolitres d'avoine, à 8 fr. l'hectol. ; 3° 52 hectolitres de seigle, à 18 fr. l'hectol. : On vous prie de leur partager le montant de ces ventes ?

311.—(*Sur les règles* 157... 158... 159... 160... 161... 162... 163... 164... 165...) Calculez les quotients des divisions indiquées ci-après ; calculez deux décimales dans celles qui ne se feront pas sans reste :

1° $\dfrac{780}{12}$. 6° $\dfrac{2\,045\,423}{527}$. 11° $\dfrac{372\,295}{51}$. 16° $\dfrac{276}{48}$.

2° $\dfrac{13\,650}{975}$. 7° $\dfrac{2\,045\,423}{6249}$. 12° $\dfrac{6\,513\,514}{7}$. 17° $\dfrac{6\,584\,544}{675}$.

3° $\dfrac{13\,650}{14}$. 8° $\dfrac{154\,224}{504}$. 13° $\dfrac{450\,090}{15}$. 18° $\dfrac{52\,063\,806}{75}$.

4° $\dfrac{69\,136}{16}$. 9° $\dfrac{154\,224}{306}$. 14° $\dfrac{78}{12}$. 19° $\dfrac{252\,095}{509}$.

5° $\dfrac{69\,136}{4321}$. 10° $\dfrac{13\,461}{629}$. 15° $\dfrac{151}{25}$. 20° $\dfrac{764\,453}{844}$.

312.—A combien revient la journée, si on a payé 104 journées 312 fr. ?

313.—Une meule fait 195 840 tours par jour : Combien par heure?

314.—On a payé 3 fr. la journée : Combien a-t-on eu de journées pour 351 fr. ?

315.—Une meule a fait 195 840 tours : Combien a-t-elle tourné d'heures, sachant qu'elle fait 8160 tours à l'heure?

316.—On a payé 22 042 fr. pour 107 mètres cubes d'une digue : A combien revient le mètre cube?

317.—Il faut 84 018 fr. pour construire une digue : De combien de mètres cubes est cette digue, sachant qu'on paye 209 fr. par mètre cube?

318.—Pour la chaux employée à bâtir un édifice, on a payé 2012 fr. : Combien en a-t-on employé d'hectolitres, l'hectolitre revenant à 2 fr. ?

319.—A combien revient l'hectolitre de chaux, si l'on débourse 528 fr. pour 176 hectolitres ?

320.—Deux mille cinq associés ont à se partager 404 609 fr. : Combien chacun aura-t-il, à moins d'un centime près ?

321.—Un certain nombre d'associés se sont partagé 409 020 fr. et ont eu chacun 204 fr. : Combien étaient-ils ?

322.—(*Sur les règles* 166 *et* 167.) On vous prie d'effectuer les divisions indiquées ci-après ; calculez jusqu'à 4 décimales dans celles qui ne se font pas exactement avant ce nombre :

1° $\frac{5}{7}$.	7° $\frac{8}{14}$.	13° $\frac{67}{73}$.	19° $\frac{846}{2504}$.
2° $\frac{8}{9}$.	8° $\frac{12}{15}$.	14° $\frac{76}{84}$.	20° $\frac{24}{2288}$.
2° $\frac{3}{4}$.	9° $\frac{12}{24}$.	15° $\frac{48}{96}$.	21° $\frac{13}{5375}$.
4° $\frac{4}{5}$.	10° $\frac{25}{75}$.	16° $\frac{12}{72}$.	22° $\frac{14\,229}{246\,527}$.
5° $\frac{5}{8}$.	11° $\frac{35}{42}$.	17° $\frac{186}{192}$.	23° $\frac{162\,899}{9\,975\,426}$.
6° $\frac{9}{12}$.	12° $\frac{56}{63}$.	18° $\frac{247}{925}$.	

323.—On a 545 fr. à partager entre 745 personnes : Combien chacune aura-t-elle de centimes et combien leur restera-t-il à dépenser en commun ?

324.—On achète un panier de pommes qui en contient 195, pour la somme de 2 fr., 825 : A combien de millimes revient la pomme ?

325.—Si 6235 m. coûtaient 623 fr. : A combien de millimes reviendrait le mètre ?

326.—Quand on paye 150 fr. pour 422 kilomètres : Combien cela fait-il par kilom. ?

327.—On a payé 15 fr. pour 75 brouettées de terre : A combien de centimes la brouettée ?

328.—On a payé 11 fr. 52 pour 144 images : A combien de centimes revient l'image ?

329.—(*Sur la règle* 168.) On vous demande les quotients des divisions ci-après indiquées :

1° 154 000 : 77.		6° 87 000 : 435.
2° 987 300 : 3291.		7° 72 000 : 18.
3° 72 950 000 : 1459.		8° 600 000 : 15.
4° 9 891 002 198 : 1099.		9° 522 348 : 58.
5° 72 242 408 : 2408.		10° 92 291 678 : 839.

330.—A combien revient le mètre d'un drap dont 737 mèt. coûtent 22 110 fr. ?

331.—Combien aura-t-on de mètres de drap pour 75 000 fr., si le mètre vaut 25 fr. ?

332.—A combien revient la charretée de fumier, quand on en achète 24 pour 240 fr. ?

333.—A combien revient l'hectare, quand 13 hectares coûtent 39 000 fr.?

334.—Combien aura-t-on d'ares pour 4000 fr., si un are vaut 8 fr.?

335.—Une machine à papier fait 288 000 tours par jour : Combien par heure? — Combien par minute ?

336.—(*Sur la règle* 169.) Divisez :

1° 90 par 10.		9° 2975 par 10 000.
2° 700 par 100.		10° 296 345 par 100 000.
3° 9000 par 1000.		11° 4 727 899 par 1 000 000.
4° 70 000 par 10 000.		12° 2 par 10.
5° 200 090 par 100 000.		13° 3 par 1000.
6° 7 000 000 par 1 000 000.		14° 66 par 10 000.
7° 175 par 10.		15° 15 454 par 1 000 000.
8° 1740 par 100.		16° 72 375 par 10 000 000.

337.—On achète 1000 kilog. de foin 55 fr. : **A combien revient le** kilog. ?

338.—On destine 1225 fr. à acheter de la paille : Combien en aura-t-on de milliers, si le millier coûte 10 fr. ? (Ce mot millier s'entend ordinairement de mille demi-kilog.)

339.—Combien vaut le kilog. de beurre, quand 100 kilog. valent 180 fr. ?

340.—Combien aurait-on de kilog. d'une marchandise qui coûterait 10 fr. le kilog. pour une somme de 200 fr. ?

341.—On a payé 635 fr. pour 100 m. carrés de plafonnage : A combien revient le m. carré ?

342.—Si l'on donnait 1000 fr. par m. cube : Combien ferait-on de m. cub pour 300 000 fr.?

343.—Une succession s'élève à 320 fr. : Combien étaient-ils à partager, sachant que chacun des copartageants a eu 10 fr. ?

344.—(*Sur la règle* 170.) Dites quel est le 7e de 777... Le 6e de 28 962... Le quart de 79848... Le tiers de 391 827... La moitié de 7879... Le 8 de 9796... Le 9e de 182 736.

345.—Une horloge sonne 28 fois dans 7 heures : Combien cela fait-il par heure?

346.—On a 12 476 fr. à partager entre 4 : Quelle est la part de chaque copartageant?

347.—On a partagé 6918 fr. entre trois personnes : Quelle a été la part de chacune?

348.—Plusieurs personnes , qui se sont partagé une somme de 88 128 fr., ont eu chacune 9 fr. : Combien étaient-elles?

349.—Partagez 845 fr. entre 6 personnes; calculez les centimes des parts et relevez le reste pour les pauvres.

350.—Cinq élèves ont 5775 bons points : Combien chacun en a-t-il?

351.—Si l'on donnait 325 billes à deux élèves : Combien chacun en aurait-il, et combien en resterait-il à tirer au sort?

352.—(*Sur la règle* 177.) Faites les divisions suivantes, et calculez 3 décimales dans toutes celles qui y donnent lieu :

$$1°\ \frac{250}{50}. \qquad 5°\ \frac{70}{40}. \qquad 9°\ \frac{13\,500\,000}{975\,000}. \qquad 13°\ \frac{670}{12\,140}.$$

$$2°\ \frac{40}{20}. \qquad 6°\ \frac{250}{70}. \qquad 10°\ \frac{900\,000}{9000}. \qquad 14°\ \frac{5\,057\,000}{9\,171\,000}.$$

$$3°\ \frac{60}{30}. \qquad 7°\ \frac{22\,000}{400}. \qquad 11°\ \frac{88\,700}{29\,500}. \qquad 15°\ \frac{560}{2300}.$$

$$4°\ \frac{90}{50}. \qquad 8°\ \frac{35\,210}{200}. \qquad 12°\ \frac{200}{2000}. \qquad 16°\ \frac{8050}{30\,910}.$$

353.—Combien aura-t-on de pièces d'un même drap pour 6000 fr., si la pièce coûte 300 fr.?

354.—Si 2000 mètres de drap fin ont coûté 30 000 fr. : A combien revient le mètre ?

355.—Si 3000 habits ont coûté 36 000 fr. : A combien revient un habit?

356.—A 20 fr. l'habit : Combien en aurait-on pour 1200 fr.?

357.—Un maître de pension touche 20 000 fr. par an : Combien a-t-il d'élèves, la pension étant de 400 fr. ?

358.—Un collége se compose de 500 élèves; l'économe perçoit 250 000 fr. par an : De combien est la pension?

359.—Un fabricant de couteaux en a livré 20 000 dans 200 jours : Combien en a-t-il livré par jour ?

NOMBRES DÉCIMAUX.

360.—(*Sur la règle* 178.) On demande les quotients des divisions ci-après (*Vous calculerez deux décimales quand il y aura lieu*) :

1° 2,25 : 1,125.	9° 27,90 : 55,80
2° 6,81 : 2,27.	10° 39 : 0,78.
3° 8,76 : 2,19.	11° 75 : 0,225.
4° 9,152 : 1,144.	12° 96 : 0,192.
5° 12,3993 : 1,3777.	13° 77 : 0,385.
6° 5,62 284 : 0,93 714.	14° 126 : 12,655.
7° 4,50 : 9.	15° 275,99 : 28,67 279.
8° 9,75 : 29,25.	16° 6796,25 : 526,213 679.

361.—24 litres 5 décil. de vin de Bordeaux ont coûté 36 fr. 75 : A combien revient le litre?

362.—Combien aura-t-on de litres de vin de Bordeaux pour 64 fr. 35 c., à 1 fr. 17 le litre?

363.—47 fr. 292 milli. sont le prix de 168 kilog. 9 hectog. de farine : A combien revient le kilog. ?

364.—Combien aura-t-on de kilog. de farine pour 125 fr. 70 si le kilog. se vend 0,35 c. (*Calculez les grammes*)?

365.—Quand on paye le pain de 6 kilog. 1 fr. 68 : A combien revient le kilog. ?

366.—Un père de famille a 12 fr. 50 pour acheter du pain : Combien en aura-t-il de kilog. et de gram., si le kilog. vaut 0 fr. 1625?

367.—Combien y a-t-il de pains de 6 kilog. dans une fournée de 178 kilog. 866 gram., et quel est le poids du dernier?

368.—Si 16 doubles décal. de blé ont donné 226 kilog. 8 hectogr. de pain : Combien cela fait-il par double décalitre?

369.—(*Sur la règle N°* 180.) Donnez les quotients des divisions ci-dessous, et calculez quatre chiffres décimaux quand il y aura lieu :

1° $\dfrac{12,48}{6}$.	5° $\dfrac{319,8754}{106}$.	9° $\dfrac{0,75}{5}$.	13° $\dfrac{0,60}{12}$.
2° $\dfrac{15,87}{3}$.	6° $\dfrac{889,325}{422}$.	10° $\dfrac{0,50}{4}$.	14° $\dfrac{0,96}{24}$.
3° $\dfrac{25,75}{5}$.	7° $\dfrac{1189,465}{55}$.	11° $\dfrac{0,45}{9}$.	
4° $\dfrac{107,707}{7}$.	8° $\dfrac{1999,66\,079}{779}$.	12° $\dfrac{0,35}{7}$.	

370.—Quand 12 kilog. valent 1 fr. 248 : Combien de millimes vaut un kilog. ?

371.—On a payé 67 fr. 50 pour 150 fagots : A combien revient le fagot?

372.—On a acheté 66 douzaines de paires de sabots pour 664 fr. 70 : A combien revient la paire ?

373.—7 kilog. coûtent 0 fr. 77 : Combien le kilog. ?

374.—Quel est le nombre qui, multipliant 9, reproduirait 0,27 centièmes ?

375.—(*Sur la remarque N° 181.*) Faites les divisions ci-après, et calculez 5 chiffres décimaux dans celles qui y donnent lieu :

1° 0,55 : 0,275.	9° 0,43 : 0,86.
2° 0,86 : 0,43.	10° 0,117 : 0,585.
3° 0,585 : 0,117.	11° 0,212 : 0,848.
4° 0,848 : 0,212.	12° 0,109 : 0,981.
5° 0,981 : 0,109.	13° 0,709 : 0,7799.
6° 0,7799 : 0,709.	14° 0,108 : 709.
7° 0,108 : 0,12.	15° 0,12 : 0,36.
8° 0,275 : 0,55.	

376.—Combien de fois la fraction décimale 0,2615 contient-elle 0,0523 ? (Voir la remarque N° 181.)

377.—Combien la fraction décimale 0,25 contient-elle de dixièmes de 0,50 ? (Même remarque N° 181.)

378.—Combien la fraction décimale 0,75 contient-elle de fois 0,25 ?

379.—Combien la fraction décimale 0,30 contient-elle de centièmes de 0,240 ?

380.—(*Sur la règle N° 183.*) Divisez par le déplacement de la virgule, chacun selon son indication, les nombres décimaux suivants :

1° 6,25 : 10.	8° 12,687 : 100 000.
2° 7,79 : 100.	9° 1,75 : 10 000.
3° 9,87 : 1000.	10° 0,75 : 10.
4° 5875,484 : 10,000.	11° 0,6 : 100.
5° 18 777,9792 : 100 000.	12° 0,0 009 : 1000.
6° 9,21 : 1 000 000.	13° 0,0 000 557 : 10 000.
7° 27 777 986,547 : 10 000 000.	14° 0,333 444 : 100 000.

381.—Combien de fois le nombre 669,35 contient-il le nombre 10 et combien en contient-il de millièmes de plus que le nombre exact de fois ?

382.—Combien le nombre 3874,500 contient-il de fois le nombre 100 et combien, en outre, en contient-il de dix-millièmes ?

383.—Combien de fois le nombre 5354,5 contient-il le nombre 1000 et combien, en outre, en contient-il de dix-millièmes ?

384.—Combien le nombre 0,35 contient-il de millièmes de 10 ?

385.—Combien le nombre 0,959 contient-il de cent-millièmes de 100 ? (Remarque N° 181.)

386.—On a acheté 100 litres pour 20 fr. : A combien revient le litre ?

387.—Lorsque 10 kilog. valent 0 fr. 15 : A combien revient le kilog. ?

388.—Si l'are vaut 12 fr. : Combien vaut le centiare ?

389.—Un mètre cube se paye 7 fr. : Combien le décimètre cube ?

390.—On paye 1 fr. 30 par myriam. : Combien par kilom. ?

391.—On paye 100 m. de drap 2500 fr. : Combien le m.?

392.—On achète un cent d'œufs pour 5 fr. : Combien l'œuf?

393.—On a fait 334 millimètres d'ouvrage dans 1000 heures : Combien par heure?

RÉCAPITULATION SUR LA DIVISION.

394.—Combien de fois le nombre 675 contient-il le nombre 75? (Remarque N° 155.)

395.—Combien le nombre 75 contient-il de centièmes du nombre 300? (Remarque N° 181.)

396.—On a acheté 1875 doubles décalitres de froment pour 9375 fr : Dites à combien revient le double décal.; et dites si les unités du quotient seront de même espèce que celles du dividende et pourquoi. (Remarque N° 156.)

397.—Combien aura-t-on de doubles décalitres de blé pour 12 048 fr , à 4 fr. le double? Dites en outre si le quotient sera de même espèce que le dividende, et de quelle espèce il sera? (Remarque N° 156.)

398.—Partagez 1 242 375 en 25 parties égales.

399.—L'un des facteurs de 2918 est 4 : Dire quel est l'autre facteur.

400.—Quel est le nombre qui multipliant 7229, donnerait 29 422,03 pour produit?

401.—Quel est le nombre qui étant multiplié par 26, donnerait 3757 pour produit?

402.—Un ménage dépense 12 000 fr. par an : Combien dépense-t-il par mois?

403.—S'il fallait 300 fr. pour faire vivre un homme pendant un an : Combien cela ferait-il par jour, et combien y aurait-il de jours où il aurait un centime de plus à dépenser?

404.—Le triple de la fortune d'un richard est 342 549 234 fr. : Quelle est cette fortune?

405.—Le quadruple de l'âge de Paul ferait 180 ans : Dire quel est son âge?

406.—Le double de l'âge de mon frère aîné est 94 ans : Quel est son âge?

407.—Combien y a-t-il de lignes dans un volume lorsque 6 volumes contiennent ensemble 17 575 183 lettres, une ligne contenant 41 lettres?

408.—Quelles sont les pages de 6 volumes renfermant 428 663 lig., la page contenant 40 lignes?

409.—Quelles sont les pages de chaque volume , sachant que 6 volumes en renferment 10 716, plus les 575 millièmes d'une?

410.—Les roues d'une voiture ont 3 m. 110 mil. de circonférence : Combien faut-il qu'elles fassent de tours pour parcourir 87 kilom.?

411.—Combien y a-t-il d'épingles de 23 mil. dans un fil de laiton de 230 mètres ?

412.—On a tiré 1200 épingles d'un fil de laiton de 36 m. de long : Quelle est la longueur de chaque épingle ?

413.—Quand 5 décag. se vendent 0 fr. 40 : Combien le kilog. ?

414.—Lorsqu'on paye 5 hectog. 0 fr. 60 : A combien revient le kilog. ?

415.—Lorsque 4 ares coûtent 40 fr. : A combien revient l'hectare ?

416.—On a payé 0 fr. 07 pour 75 déc. cub. d'une certaine terre : Combien cela fait-il le m. cub. ?

417.—Une pièce d'un fr. pesant 5 gr. , Combien y a-t-il de francs dans une somme pesant 17 kilog. ?

418.—Dans le petit détail, une chandelle pesant 83 gr. se vend 0 fr. 15 : Combien paye-t-on le kilog. à ce prix ?

419.—Combien aurait-on de chandelles pour 0 fr. 75, à 0 fr. 075 la chandelle ?

420.—A 0 fr. 25 le litre de vin : Combien l'hectolitre ? — Combien la barrique qui contient 2 hectol., 5 décal. ?

Autres exercices N° 652.

PROBLÈMES SUR LES QUATRE OPÉRATIONS.

PREMIÈRE SECTION.

421.—Un fabricant de mouchoirs a donné les sommes suivantes à quatre ouvriers : 24 fr., 26 fr., 30 fr. et 22 fr. : Combien a-t-il déboursé ?

422.—Deux bœufs ont été vendus 846 fr., un cheval 536 fr., et une vache 180 fr. : Combien le marchand a-t-il reçu ?

423.—On a vendu du froment pour 485 fr., du seigle pour 94 fr. et de l'avoine pour 67 fr. : Combien a-t-on reçu ?

424.—Combien coûteront trois douzaines de mouchoirs, si l'une est de 18 fr. 40, la deuxième de 20 fr. 25, et la troisième de 24 fr. 50 ?

425.—Trois pièces de coton ont coûté 45 fr. 30, 54 fr. 50 et 62 fr. 80 : Trouvez la valeur totale ?

426.—Combien coûteront trois pièces de toile, si l'une est de 143 fr. 25, l'autre de 180 fr. 40 et la troisième de 90 fr. 30 ?

427.—On a vendu pour 640 fr. de cadis, pour 185 fr. 75 de flanelle, pour 95 fr. 50 de casimir, et pour 45 fr. de velours : Combien a-t-on reçu ?

428.—Quatre pesées de laine ont été vendues les prix suivants : 36 fr. 50 ; 34 fr. 85 ; 40 fr. et 51 fr. 95 : Dites-en la valeur totale.

429.—On a acheté quatre grosses de canifs qui ont coûté les prix suivants : 432 fr. ; 286 fr. ; 144 fr. 54 ; 144 fr. 54 : Quel en est le prix total ?

430.—Un coutelier a livré trois douzaines de rasoirs, la première pour 36 fr. 50, la seconde pour 46 fr. 85, la troisième pour 58 fr. : Quelle est la somme totale?

431.—Un économe donne 289 fr. 75 au boucher, 134 fr. 80 au pharmacien, 156 fr. 20 à l'épicier, 480 fr. 45 au marchand de bois : Combien a-t-il compté pour acquitter ces quatre mémoires?

432.—Un maître tailleur a quatre ouvriers auxquels il donne les quatre sommes suivantes chaque mois : au premier 50 fr. 40 ; au second et au troisième, 38 fr. 50 chacun ; et au quatrième, 28 fr. 60 : Combien donne-t-il à tous?

433.—Une famille fait annuellement les dépenses suivantes : 348 fr. 50 pour le pain, 289 fr. 70 pour la viande, 160 fr. pour le vin, 240 fr. 95 pour les vêtements, 534 fr. 35 pour les menues dépenses et 600 fr. pour les pauvres : Quelle est sa dépense annuelle?

434.—On demande le prix de six caisses de savon, l'une coûtant 170 fr. 50, l'autre 185 fr., la troisième 86 fr. 45, et les trois autres ensemble 456 fr. 85?

435.—Combien cinq garçons cordonniers ont-ils fait de paires de souliers dans une année, le premier en ayant fait 368, le deuxième 384, le troisième 198, et les deux autres chacun 294 paires?

436.—Dans une usine, on a livré à une seule personne, pour 542 fr. 45 de fer; pour 385 fr. 60 d'acier, une enclume qui a été vendue 360 fr., et un essieu de 98 fr. : Combien a-t-on reçu?

437.—Un horloger vend des montres à un équipage de navire; le capitaine paye la sienne 270 fr.; les deux premiers marins payent les leurs 185 fr. 70 chacune; deux autres ont les leurs pour 98 fr. 50 l'une; enfin, celle du mousse coûte 45 fr. : Quel est le résultat de cette vente?

438.—Un jeune boulanger paye 350 fr. de ferme; un blutoir lui coûte 285 fr. 50; un pétrin, 86 fr. 45; un étouffoir, 90 fr. 75; il achète pour 120 fr. de sacs, tabliers, etc., et pour 46 fr. de blé : A combien lui reviennent toutes ces dépenses?

439.—Trois animaux ont coûté : le premier 185 fr , le second 128 fr. 50, le troisième 84 fr. 95 : Quelle en est la valeur totale?

440.—Un marchand vend 42 m. 50 de drap bleu, 384 m. 45 d'étoffe blanche, 198 m. 70 de drap vert, et 89 m. de peluche : Combien cela fait-il de mètres?

441.—Dans une boutique il y a 489 m. 65 de cotonnade, 64 m. 75 de circassienne, et 54 m. 35 de flanelle mérinos : Combien de mètres en tout?

442.—Un particulier fait faire quatre pièces de toile; la première est de 54 m. 70; la deuxième, de 60 m. 45; la troisième, de 58 m. 97; et la quatrième, de 39 m. : Combien cet homme a-t-il de mètres de toile?

443.—Quelle est la longueur de quatre câbles, si l'un est de 148 m. 20; l'autre, de 218 m. 50; le troisième, de 195 m. 75; et le quatrième, de 176 m. 84?

444.—Un terrain est entouré de quatre murs, dont le premier a 390 m. 70; le deuxième, 378 m. 54; le troisième, 289 m. 40; et le quatrième, 285 m. : Dites quel est le contour de ce terrain.

445.—A combien reviennent quatre hectolitres de froment, s'ils coûtent, l'un 17 fr. 50, l'autre 18 fr., le troisième 16 fr. 45, et le quatrième 15 fr. ?

446.—Un propriétaire a récolté 6897 litres de vin dans l'une de ses vignes ; 8770 dans la deuxième, et 9545 litres dans la troisième : Combien cet homme a-t-il récolté d'hectolitres de vin ?

447.—Un fermier récolte 1508 hectolitres de blé , 786 hectol. de seigle, 94 hectol. d'avoine et 54 hectol. de mil : Combien cela fait-il d'hectolitres ?

448.—Un cordier prend de la filasse, d'abord pour 158 fr. 35, puis pour 165 fr. 70, enfin pour 240 fr. 95 : On désire savoir ce qu'il doit.

449.—Une poissonnière a quatre pratiques qui lui donnent chaque année les sommes suivantes : 248 fr. 50 ; 318 fr. 65 ; 280 fr. 45 ; 402 fr. 05 : Pour combien leur vend-elle de poisson ?

450.—Cinq couvertures de lit ont coûté 24 fr. 35 ; 21 fr. 75 ; 18 fr. 58 ; 18 fr. 90 et 26 fr. : Dites-en le prix total.

451.—Un tisserand a fait 6 pièces de flanelle des longueurs suivantes : 34 m. 40 ; 42 m. 35 ; 39 m. 78 ; 45 m. 15 ; 40 m. 58 et 41 m. 70 : Combien a-t-il fait de mètres ?

452.—Un jardinier vend quatre liasses d'oignons, comme il suit : 1 fr. 75 ; 1 fr. 80 ; 2 fr. 10 ; 2 fr. 45 : Combien doit-il recevoir ?

453.—On a acheté des moutons pour les sommes suivantes : 162 fr. 55 ; 180 fr. 70 ; 248 fr. 75 ; 275 fr. 40 : Quel est le montant de cet achat ?

454.—On a acheté cinq tonneaux de vin de Malaga , aux prix suivants : 320 fr. 75 ; 340 fr. 50 ; 402 fr. 85 , 500 fr. et 546 fr. 85 : Quel en est le prix total ?

455.—Un maréchal a ferré trois paires de roues avec les quantités de fer ci-après : 260 kilog., 180 kilog. 250 g., 275 kilog. 800 g. : Dites-en le poids total.

456.—Trois négociants ont fait une association de commerce : le premier y a mis 5487 fr. 85 ; le deuxième 4896 fr. 45 , et le troisième, 6923 fr. 75 : Quelle est la mise totale ?

457.—Un père de famille dépense chaque année 546 fr. 50 pour ses besoins personnels , 2480 fr. 60 pour l'éducation de ses enfants , 865 fr. 95 pour l'entretien de son ménage, il paye 596 fr. d'impôts et donne 348 fr. aux pauvres : Dites quelle est sa dépense annuelle.

458.—Un seigneur fait construire quatre pavillons, aux prix suivants : 2589 fr. 75 , 3001 fr. 85 , 4028 fr. et 3870 fr. 40 : Quelle est la dépense totale ?

459.—Quel est le prix de trois tableaux dont l'un coûte 896 fr. 70 ; l'autre, 1040 fr. 50 , et le troisième, 1284 fr. 95 ?

460.—Le lundi, on reçoit 289 stères 75 de bois ; le mardi, 3764 st. 85 ; le mercredi, 648 st. 55 et le jeudi, 867 st. : Trouvez le total des stères reçus.

461.—Une pièce de drap a coûté 462 fr. 80, on la vend à 180 fr. 50 de profit : Combien l'a-t-on vendue ?

462.—On reçoit cinq caisses de chapeaux, chacune en contenant les quantités suivantes : 46, 54, 56, 60 et 68 : Combien de chapeaux en tout ?

463.—Combien a-t-on revendu une pièce de coton qui coûtait 346 fr. 50, sachant qu'on a gagné 124 fr. 65 en la revendant ?

464.—Un pensionnat reçoit, à différentes époques, les nombres suivants d'élèves : 58, 62, 68 et 75 + 82 : Combien cela fait-il d'élèves ?

465.—Urbain assure qu'en revendant ses bœufs 865 fr. 75, il perdra 184 fr : Combien lui ont-ils coûté ?

466.—Dans un procès, on donne 465 fr. à l'avocat, les frais de justice sont de 1658 fr. 85 ; la dépense pour voyages et autres frais est de 75 fr. 50 : A combien s'élèvent les frais de ce procès ?

467.—Combien coûteront quatre barils d'huile, s'ils sont des prix suivants : 240 fr. 65 ; 264 fr. 80 ; 356 fr. et 400 fr. 75 ?

468.—Combien pèsent trois pains de sucre, dont l'un est de 12 kilog. 525 ; le deuxième, de 10 kilog. 6 ; et le troisième, de 13 kilog. 845 ?

469.—La sonnerie d'une cathédrale se compose de cinq cloches : la plus petite pèse 647 kilog. 580 ; la deuxième, 897 kilog. 645 ; la troisième et la quatrième pèsent, chacune, 986 kilog. ; et la plus grosse, 1486 kilog. : Donnez le poids total de ces cinq cloches.

470.—Une servante a acheté pour 5 fr. 45 d'œufs, pour 6 fr. 70 de beurre, pour 3 fr. 80 de poisson, et des légumes pour 1 fr. 95 : Quelle dépense a-t-elle faite ?

471.—On a huit pièces de vin, dont trois de Bordeaux, contenant chacune, 248 litres 40 ; une de Champagne, contenant 2 hectolitres 5545 ; deux de Bretagne, contenant, chacune, 25 décalitres ; une d'Anjou, qui est de 247 litres ; et une de Saintonge, de 26 décalitres 050 : Combien cela fait-il d'hectol. ?

472.—Dans un magasin il y a quatre pains de résine qui pèsent les poids ci-dessous : 54 kilog. 240 ; 486 hectog. 50 ; 5287 décag. et 47 560 grammes : Quel en est le poids total ?

473.—Un voyageur, en marchant pendant 6 jours, a fait : le premier jour 32 kilom. 540 m., le deuxième 28 kilom. 008 m., le troisième 2945 décam., le quatrième 34 528 mètres, le cinquième 348 hectom. 25 et autant le sixième : Combien cela fait-il de kilomètres ?

474.—La garnison d'une place se compose de 4 régiments dont l'un est de 1280 hommes ; l'autre de 1500 hommes ; le troisième de 1750 hommes et le quatrième de 1840 : Combien cela fait-il de soldats ?

475.—On a transporté de la Rochelle à Paris six ballots qui pesaient l'un 284 kilog., l'autre 3206 hectog. 50, le troisième 40 202 décag., le quatrième et le cinquième chacun 100 kilog. 456, le sixième 928 hectog. : Donnez en kilogrammes le poids total.

476.—Un propriétaire a cinq métairies desquelles il reçoit en grains, chaque année, les quantités suivantes : de la première 36 hectol. 8, de la deuxième 289 décal., de la troisième 3890 litres, de la quatrième et de la cinquième chacune 408 décal. : Combien reçoit-il de décalitres en tout ?

477.—Quel est le poids de la cargaison d'un navire qui est chargé de 8697 kilog. de fer, 9745 kilog. 85 d'acier, 1592 kilog. 856 de charbon et de 3784 kilog. 6 de plomb?

478.—Combien un écolier avait-il de bons points, sachant qu'il en a donné 3280 à l'un de ses camarades et 658 doubles à un autre et qu'il lui en reste encore 865?

479.—Un menuisier doit 504 fr. 95 pour bois de chêne, 648 fr. 50 pour du sapin et 95 fr. 85 pour du cerisier : Combien doit-il en tout?

480.—Quelle est la fortune d'un père de famille qui donne à son fils aîné 4685 fr. 85, au cadet 5340 fr. 70, au troisième 6080 fr. 55, au plus jeune 6874 fr. 95 et qui se réserve 1846 fr. 85?

481.—Une ferme contient 876 hect. 75 de terre labourable, 654 hect. 8598 de pré, 82 hect. 4680 de bois et 24 hect. 3750 de pacage : Combien cela fait-il d'hectares et parties d'hectares?

482.—Un magasin contient les quantités de bois qui suivent : 346 stères 45 ; 408 stères 50 ; 87 stères 8 ; 548 stères 75 ; 75 stères ; 219 stères 4 : Combien contient-il de stères?

483.—Le principal corps d'un édifice est de 3692 m. car. de maçonnerie, et les deux ailes sont de chacune 923 m. car. : Combien cela fait-il de mètres carrés?

484.—On a fait comme il suit le devis d'un édifice : pour fouille des fondations et transport des terres 285 fr.; pour moellon y compris le charroi 7400 fr. 75; pour maçonnerie 5860 fr.; pour menuiserie 1830 fr. 95; pour serrurerie 1624 fr.; pour charpente y compris les planchers 18 645 fr. 80; pour pierre de taille rendue sur les lieux 5875 fr. 40; pour un escalier en escargot avec sa rampe en fer 2487 fr. 45; pour enduit et carrelage du rez-de-chaussée 1795 fr. 95 : Quel est le montant de ce devis?

485.—Un particulier lègue 2845 fr. 75 à l'Eglise, 1834 fr. 80 aux pauvres et 3567 fr. 50 pour d'autres bonnes œuvres : Quelle est la fortune de cet homme, sachant qu'il lui en reste trois fois autant?

486.—Combien cinq ouvriers font-ils de mètres dans un jour, sachant que le plus actif en fait 4 m. 50, le deuxième 4 m. 45, le troisième 3 m. 87, le quatrième 3 m. 73 et le cinquième 2 m. 98?

487.—On a cinq pièces de vin, la première contient 185 litres et coûte 130 fr. 55 ; la deuxième contient 245 lit 08 et coûte 208 fr. 65; la troisième contient 198 lit. 5 et coûte 318 fr. 70; la quatrième contient 219 lit. 78 et coûte 112 fr. 30; la cinquième contient 250 litres et coûte 280 fr. 95 : Dites ce qu'elles contiennent de litres entre toutes, dites aussi leur valeur totale.

488.—Trouvez le poids total de trois caisses de savon dont voici les poids particuliers : la première 90 kilogrammes, la deuxième 87 kilog. 6, la troisième 79 kilog. 87 654 : Trouvez en outre leur valeur totale, sachant que la première vaut 135 fr., la deuxième 122 fr. 64, la troisième 127 fr. 80.

DEUXIÈME SECTION.

489.—On devait 95 fr. et l'on a payé 64 fr. : Que reste-t-il à payer?

490.—Quelqu'un a 103 fr., et il en doit 92 : Que lui restera-t-il quand il se sera acquitté?

491.—On doit 132 fr. et l'on n'a que 80 fr. à donner : Que restera-t-on à devoir?

492.—François a 146 fr. et il doit 64 fr. : De combien est-il riche?

493.—On donne 164 fr. pour une vache qui coûte 146 fr. : De combien se trompe-t-on?

494.—On donne 354 points à un écolier et 425 à un autre : Quelle est la différence?

495.—Quelqu'un devait 341 fr. et il a payé 218 fr. : Que doit-il encore?

496.—Un ouvrier fait pour 175 fr. d'ouvrage, on ne lui en paye que pour 98 fr. : Combien lui doit-on encore?

497.—Un bon jeune homme travaille dans un même atelier qu'un libertin ; le premier fait 225 journées tandis que l'autre n'en fait que 147 : Quelle est la différence?

498.—Un père a 75 ans et son fils aîné 45 : Quel âge avait ce père à la naissance de son fils?

499.—Un menuisier avait 58 croisées à faire, il en a fait 39 : Combien lui en reste-t-il à faire?

500.—Un tisserand fait deux pièces, l'une de 64 mètres et l'autre de 46 : Quelle est la différence entre ces deux pièces?

501.—Un père fait 80 m. de calicot dans un mois, son fils en fait 92 : De combien le fils surpasse-t-il son père?

502.—Paul avait acheté 54 kilogrammes de marchandise, il en a vendu 49 : Quel est son reste?

503.—Un pêcheur porte 186 poissons au marché, il n'en vend que 98 : Combien lui en reste-t-il?

504.—Quelqu'un a revendu une marchandise pour 268 fr. : Combien l'avait-il achetée, sachant qu'il a gagné 48 fr.?

505.—On porte 45 m. d'étoffe au marché et l'on en remporte 15 m.: Combien en a-t-on vendu?

506.—J'avais 864 fr. à ma disposition, j'ai prêté 350 fr. à un ami : Trouvez ce qui me reste.

507.—On a 986 ares de terrain, on en met 10 en cour et 8 en bâtisse : Combien en reste-t-il en clos?

508.—Le parc d'un château est de 896 hectares, et une prairie dépendante du même château, de 784 hectares : Trouvez la différence de ces deux terrains.

509.—De combien 90 hectares surpassent-ils 175 ares?

510.—Quelle somme faut-il ajouter à 457 fr. 40 pour avoir 789 fr. 50?

511.—A quel nombre faut-il ajouter 138 pour avoir 357 ?

512.—Un métayer a acheté deux paires de bœufs 1486 fr. 85 et il les a revendus 1500 fr. : Quel est son profit ?

513.—Deux pièces de drap coûtent, l'une 428 fr. 87 et l'autre 354 fr. 75 : Cherchez la différence ?

514.—Un particulier reçoit une succession de 4789 fr. 45 et s'acquitte d'une dette de 987 fr. 50 : Que lui reste-t-il ?

515.—On confie 65 m. 85 de drap à un tailleur, il n'en rend que 15 m. : Combien en a-t-il employé ?

516.—On devait 4879 fr. 95, on a payé 3210 fr. 70 : Que reste-t-il à payer ?

517.—Il se trouve 12 896 hommes dans une place forte : Combien en restera-t-il, s'il en sort 4250 ?

518.—Un homme prend 1268 fr. 45 et va à la foire, il achète trois chevaux qui lui coûtent chacun 348 fr., il dépense 3 fr. 50 d'autre part : Combien lui reste-t-il d'argent ?

519.—Un boulanger fait un grenier de 4924 hectol. 86 de blé ; au bout de l'an il lui en reste encore 1845 hectol. 45 : Combien en a-t-il employé ?

520.—Quand on doit 8976 fr. 85 et qu'on paye 7854 fr : Combien doit-on encore ?

521.—Un marchand de bois en avait 1587 stères 45 et il en a vendu 840 stères 50 : Combien lui en reste-t-il après cette vente ?

522.—Un menuisier avait 435 m. car. de lambris à faire et il en a fait 198 m. : Quel est le reste ?

523.—Il y a 568 hommes à bord d'une frégate et 380 sur une corvette : Cherchez la différence.

524.—Yves possède 37 846 fr., son frère n'a que 18 956 fr. 65 : Donnez la différence de ces deux fortunes.

525.—Deux amis ont mis en commun la somme de 37 458 fr. 75 : l'un d'eux n'a mis que 18 208 fr. 80 : Combien l'autre a-t-il mis ?

526.—Un riche propriétaire avait amassé 328 495 fr. 75, il vient d'acheter une terre qui lui coûte 191 847 fr. 90 : Combien lui reste-t-il ?

527.—Un voyageur avait 28 myriamètres de chemin à faire, il en a fait 95 kilomètres : Combien lui en reste-il à faire ?

528.—Deux cloches pèsent, l'une 3876 kilog. 854 grammes et l'autre 5432 kilog. 970 grammes : On demande la différence.

529.—Un navire est chargé de 81 kilol. 872 litres de vin et de 378 hectol. 50 litres d'eau-de-vie : De combien la quantité de vin surpasse-t-elle celle d'eau-de-vie ?

530.—Un particulier, interrogé sur ce que lui avait coûté son cheval, répondit : Je viens de le vendre 864 fr. 75 et j'ai gagné 297 fr. 85 : D'après cela trouvez ce qu'il me coûte.

531.—La population d'une ville était de 86 549 habitants, la guerre civile en a fait périr 9876 : Combien en reste-t-il ?

532.—Deux navires sont chargés l'un de 871 tonneaux et l'autre le 921 : Combien le dernier porte-t-il de plus que le premier ?

533.—On achète une maison 7684 fr. 85 et on la revend 7859 fr. 70 : Trouvez le profit.

534.—Je devais 180 fr. 50 à mon boulanger et 198 fr. 65 à mon boucher ; j'ai donné un à-compte de 86 fr. 30 au premier et un de 115 fr. 75 au second : Combien dois-je encore à l'un et à l'autre ?

535.—La différence de deux nombres est 845, le plus grand est 3785 : Quel est le plus petit ?

536.—En revendant une marchandise 4685 fr. 75, on a gagné 254 fr. 80 : Combien l'avait-on achetée ?

537.—Un général donna une bataille avec 28 975 hommes, il y en eut 350 de tués, 1090 de blessés et 470 furent faits prisonniers : Combien y avait-il d'hommes en état de combattre après cette journée ?

538.—Un père de famille avait 3 enfants, et la somme suivante à leur distribuer : 24 875 fr. 75 ; il donna 7845 fr. 60 à l'aîné et 8659 fr. 85 au cadet : Quelle fut la part du plus jeune ?

539.—Jacques devait 3546 fr. 75, mais il n'avait que 642 fr. 50 ; il emprunta 987 fr. 95 de Lucas, et Martin fournit le reste : Combien ce dernier prêta-t-il ?

540.—Joseph dit qu'il est né en 1797 : Quel âge avait-il en 1850 ?

541.—Un menuisier a fait 45 m. 30 d'un ouvrage qui doit être de 75 m. 80 : Combien lui en reste-t-il à faire ?

542.—Il y avait 1286 moutons dans une bergerie : on en a vendu 79, et 34 ont été volés : Combien en est-il resté ?

543.—Un ouvrier a 894 mètres d'ouvrage à faire en trois mois ; il en fait 320 m. dans le premier mois, 305 dans le second : Que lui en reste-t-il à faire dans la troisième ?

544.—Georges a 17 810 fr. 40 en bourse, il doit 2460 fr. 85 à Bonaventure et 685 fr. 30 à Robert : Que lui restera-t-il quand il aura payé ses dettes ?

545.—Une armée navale, composée de 40 980 hommes, en a perdu 675 dans un combat, 840 ont été blessés, 458 ont été faits prisonniers et 97 sont morts de fatigue : Combien est-il resté d'hommes en état de combattre ?

546.—Un épicier avait 84 kilog. 48 grammes de sucre ; il en a vendu 490 hectogrammes : Combien lui en reste-t-il encore ?

547.—Un drapier a 6 pièces de drap qui contiennent ensemble 324 m. 75 : Combien lui en restera-t-il s'il en vend 186 m. 875 millimètres ?

548.—Il y avait 3645 oranges à bord d'un bâtiment ; 87 ont pourri et les mousses en ont mangé 35 : Combien en est-il resté ?

549.—Les 150 hectolitres de froment se vendent 3210 fr. 75 ; la même quantité de seigle ne se vend que 2280 fr. 80 : Quelle est la différence des deux ventes ?

550.—Ferdinand hérite de 34 680 fr., il achète une terre 21 856 fr.

E.   8

70 et un cheval 840 fr. 55 : Que lui reste-t-il de son héritage ?

551.—On a deux pièces de drap, l'une de 346 fr. 75 et l'autre de 287 fr. 80 : Trouvez la différence de prix des deux pièces.

552.—Dans une vigne on ne récolta que 84 hectolitres en 1839 ; la même en donna 17 kilol. 280 litres en 1840 : Trouvez la différence des deux récoltes.

553.—Un marchand avait trois pièces d'indienne, l'une de 46 m. 80 centim., l'autre de 39 m. 53 centim. et la troisième de 52 m. 085 millim. ; il en a vendu 93 m. 136 millimètres : Combien lui en reste-t-il de mètres ?

554.—La construction d'un bateau a coûté 978 fr. 50, celle d'une chaloupe 1230 fr. 75 : Combien la dernière coûte-t-elle de plus que l'autre ?

555.—Une métairie est de 46 hect. 80 ares ; le propriétaire prend 184 ares pour un parc : Combien en restera-t-il au métayer ?

556.—Un boulanger avait 879 hectol. 50 litres de blé à Noël, le premier mars il n'en a plus que 78 décalitres et 13 litres : Trouvez ce qu'il a vendu pendant ce temps.

557.—Un marchand a reçu 4 caisses de marchandises, pesant, savoir : la première 198 kilog., 463 ; la deuxième 2146 hectog. 40 ; la troisième 163 087 grammes et la quatrième 163 087 grammes : Quel est le poids net de la marchandise, si celui de toutes les caisses est de 15 kilog. 450 grammes ?

558.—Trois vignes ont produit 5648 hectolitres de vin : une en a donné 20 340 décalitres, et l'autre 178 052 litres : Quel est le produit de la troisième ?

559.—Un particulier a acheté 48 650 fr., une métairie qu'il a divisée en trois parties et les a vendues comme il suit : la première 18 400 fr. 85, la deuxième 20 000 fr., et la troisième 21 200 fr. : Combien a-t-il gagné à ce marché ?

560.—Un voyageur qui avait 187 myriamètres de chemin à faire, en a déjà fait 138 kilom. 56 décamètres ; il désire savoir ce qu'il lui en reste à faire : Dites-le-lui ?

561.—Quelle est la somme qui serait 18 754 fr. 75 si on l'augmentait de 1975 fr. 80 ?

562.—Un fondeur avait reçu 6854 fr. 70 pour la fonte de deux cloches : mais, ayant manqué la première fonte, on lui diminue 563 fr. 90 : Que recevra-t-il ?

563.—Une filature a coûté 290 875 fr, l'entrepreneur s'aperçoit au bout de 3 ans qu'il perd 560 fr. 85 chaque année ; il la vend pour la somme de 251 460 fr. : Dites ce qu'il perd.

564.—Les armateurs d'un bateau à vapeur ont reçu 354 869 fr 15 en six mois ; la paye des marins, les droits et l'entretien du bateau leur coûtent 187 654 fr. 50 : Quel est le gain de ces messieurs ?

565.—Monsieur le marquis de *** a un revenu annuel de 175 000 fr. : la dépense de sa table est de 11 875 fr. ; pour le vestiaire, il dépense 4478 fr. ; l'entretien de la maison et les impôts s'élèvent à la somme de 9800 fr. ; les domestiques et ouvriers gagnent 4368 fr. 90 ; les voyages et parties de plaisirs se montent à 1500 fr. ; les pauvres reçoivent 1800 fr. de M. le marquis : Que lui reste-t-il pour son épargne?

TROISIÈME SECTION.

566.—On demande le produit de 9 par 8 ?

567.—Quel est le produit de 14 par 16 ?

568.—Combien font 8 fois 15 ?

569.—Multipliez 20 par 9.

570.—Donnez le produit de 15×12.

571.—Si un mètre d'étoffe coûte 4 fr. : Quel sera le prix de 15 mètres ?

572.—Combien coûteront 16 douzaines de mouchoirs, si 11 fr. sont le prix d'une douzaine ?

573.—Quel est le prix de 25 moutons, à raison de 13 fr. pièce ?

574.—Si un chapeau coûte 5 fr. : Quel est le prix de 36 ?

575.—Combien doit-on donner à un maçon auquel on doit 54 journées de 2 fr. ?

576.—A combien reviennent 168 mètres de ruban, si le mètre est de 75 centimes ?

577.—Si une orange vaut 0 fr. 15 : Quel sera le prix de 8 douzaines?

578.—La grosse de plumes étant de 2 fr. 55 , Trouver le prix de 144 grosses [1].

579.—Dites le prix de 130 canifs, à raison de 3 fr. 25 l'un ?

580.—La douzaine d'œufs se vendant 40 centimes , Trouvez le prix de 240 douzaines.

581.—On prend 346 kilogrammes de viande, à raison de 0 fr. 80 centimes le kilogramme : Combien doit-on au boucher ?

582.—Combien doit recevoir un cordonnier qui livre 254 paires de souliers, s'il les vend 6 fr. 40 la paire ?

583.—On achète 197 paires de sabots à raison de 0 fr. 70 la paire : Combien doit-on au sabotier?

584.—Quel est le prix de 386 doubles décalitres de froment , lorsque le prix d'un décalitre est 3 fr. 20 ?

585.—Quel est le prix de 46 milliers de foin , si un millier se vend 23 fr. 75 ?

586.—Un maître et ses deux compagnons font chacun 43 paires de souliers en cinq semaines : Combien cela fait-il de paires ?

587.—On a 14 pièces de toile dans une boutique, chaque pièce est de 56 mètres : Trouvez le nombre de mètres.

588.—Combien 18 pièces de vin contiennent-elles de litres , si chacune est de 248 ?

---

[1] Une grosse contient douze douzaines

589.—Quel est le prix de 154 rames de papier à raison de 5 fr. 70 la rame?

590.—A combien reviendront 48 pieds d'arbres, s'ils valent chacun 86 fr.?

591.—Combien un maçon doit-il recevoir pour 264 mètres d'ouvrage, s'il a 1 fr. 25 par mètre?

592.—Quel est le prix de 8 douzaines de chaises, si la douzaine vaut 38 fr. 65?

593.—Une pièce de vin coûte 164 fr. 70 : Dites le prix de 86 pièces de la même valeur.

594.—On vend 48 kilog. de laine à 4 fr. 35 le kilog. : Combien doit-on recevoir?

595.—Quel est le prix de 468 mètres d'étoffe, lorsque le mètre se vend 5 fr. 43?

596.—Que doit-on à un ouvrier qui a travaillé pendant 186 jours, à raison de 2 fr. 25 par jour?

597.—Si l'hectolitre de froment se vend 18 fr. 47 : Combien coûteront 64 hectolitres?

598.—Combien valent 185 litres de vin, quand le litre est de 2 fr. 60 c.?

599.—Un métayer vend 782 doubles décalitres de pommes de terre à raison de 0 fr. 45 l'un : Combien doit-il recevoir?

600.—Si le cent de fagots coûte 34 fr. 50 : Combien coûteront 1800 fagots?

601.—L'année étant comptée de 365 jours : Dire le nombre de minutes contenues dans 5841 ans. R. $60 \times 24 \times 365 \times 5841$.

602.—On désire savoir le nombre de minutes qu'a vécu un homme âgé de 56 ans et 3 mois de 30 jours chacun.

603.—Quel est le prix de 436 chapeaux, lorsque l'un coûte 8 fr. 45?

604.—Lorsque le kilogramme de sucre se vend 1 fr. 90 : Quel est le prix de 854 kilog. 250 grammes?

605.—Dites le nombre de litres contenus dans 462 kilolitres?

606.—Combien y a-t-il de grammes en 869 décagrammes?

607.—On désire savoir quelle somme produirait la vente de 5189 oranges, à 5 centimes l'une.

608.—Que faudrait-il payer pour 3870 fagots, à raison de 0 fr. 25 le fagot?

609.—Quel est le prix de 428 assiettes, si 0 fr. 20 centimes sont le prix d'une?

610.—On doit 240 kilog. de viande à 80 centimes le kilog. : combien doit-on?

611.—Que faut-il payer pour 357 m. 80 centimètres de drap, à raison de 14 fr. 60 le mètre?

612.—Trouver le prix de 648 douzaines d'oranges, à raison de 0 fr. 043 l'orange.

613.—Un épicier a fait venir 486 kilog. 68 décag. de sucre qu'il paye 1 fr. 85 le kilog. : Combien doit-il?

614.—On achète 546 tonneaux de vin à 308 fr. 40 la pièce : Quel est le prix total?

615.—Dites ce que l'on doit donner à 14 ouvriers qui ont travaillé pendant 43 jours, à raison de 2 fr. 35 la journée?

616.—Il y a 348 croisées au château de M. le duc de ***, chaque croisée a 10 carreaux : Combien le vitrier a-t-il reçu, s'il a pris 1 fr. 25 par carreau?

617.—Quel est le prix de 1486 barils de sardines, si chaque baril en contient 560 et si chaque sardine coûte 3 centimes?

618.—Une pièce de vin contient 992 litres, l'aubergiste fait payer ce vin 0 fr. 63 le litre : Quel sera son bénéfice, sachant que la pièce coûte 496 fr. 75?

619.—J'ai donné 84 m. 85 de drap à un ami, il me rend 63 m. 75 de toile : Quelle est la valeur du cadeau que je lui fais, sachant que mon drap est de 12 fr. 60 le mètre et que sa toile n'est que de 2 fr. 30 le mètre?

620.—Un voiturier transporte 3560 kilogrammes de Marseille à Paris ; il a 0 fr. 35 par kilog. : Quel est son bénéfice, sachant qu'il est 38 jours en route et qu'il dépense 12 fr. 70 par jour?

621.—Quel est le prix de 780 kilog. 525 grammes de morue, lorsque le kilogramme est de 0 fr. 65?

622.—Quelle est la dépense d'un voyageur qui est 58 jours en route, dépensant 4 fr. 35 par jour?

623.—Cinq départements ont chacun 248 écoles primaires : Dites quel en est le nombre total.

624.—Un fabricant entretient annuellement 256 ouvriers, chaque ouvrier fait 3 m. 25 centimètres d'ouvrage par jour, et travaille 20 jours par mois : Dites le nombre de mètres faits dans un an.

625.—Un fabricant a 6 pièces de mouchoirs, chacune de 5 douzaines ; elles lui coûtent 216 fr. : Que gagnera-t-il en vendant le mouchoir 0 fr. 90?

626.—Un économe d'hôpital achète 5 ballots de toile, chacun de 54 m. 60 centim., à raison de 2 fr. 4 le mètre : En trouver le prix.

627.—Trouver la longueur de 45 pièces de drap, sachant que chacune est de 54 m. 75 centimètres.

628.—Combien entre-t-il de carreaux dans le carrelage d'une chambre qui en a 64 sur la longueur et 40 sur la largeur?

629.—Quelle est la surface d'un terrain régulier qui a 480 m. 65 de longueur sur 198 m. 75 de largeur? R. 480,65 × 198,75.

630.—Quel est le prix d'une métairie qui a été vendue 82 fr. 35 l'are, sachant qu'elle contient 86 hectares, 95 ares?

631.—Huit ballots contenant chacun 48 pièces de 36 mouchoirs chacune, ont été vendus 8765 fr. 45 cent. ; le fabricant paye 12 fr. 10 pour droit de pavé et 9 fr. 75 pour le transport : Combien l'acheteur gagnera-t-il sur cet achat, s'il vend le mouchoir 1 fr. 25 cent., et s'il rembourse le vendeur de ses frais?

632.—Quel est le nombre de mètres contenus dans 4689 myriamètres?

633.—Quel est le nombre des respirations d'un homme qui a vécu 80 ans de 365 jours, s'il a respiré 20 fois par minute?

634.—Trouver le nombre d'heures écoulées depuis la création jusqu'à Jésus-Christ, sachant que le monde avait 4004 ans (de 365 jours) à la naissance de Notre-Seigneur.

635.—Quelle est la somme qui, étant divisée par 20 fr. 85 cent., donnerait 46 fr. 50 au quotient?

636.—Quatre garçons cordonniers font chacun 3 souliers par jour; ils ont un franc 60 centimes par soulier : On demande ce qui reste au maître à la fin de la semaine, s'il vend 6 fr. 50 chaque paire.

637.—Quel est le produit de la vente de 150 milliers de foin, à raison de 25 fr. 35 le millier?

638.—Un garçon tailleur fait 8 habits en 24 jours; il reçoit 2 fr. 30 par jour : Quel sera le profit du maître s'il reçoit 18 fr. 75 pour la façon de chacun des habits?

639.—Un épicier achète 384 kilog. de chandelle qui lui coûtent 460 fr. 85 : Quel sera son bénéfice, s'il les vend à raison de 80 centimes les 5 hectogrammes?

640.—348 paires de sabots ont été vendues 0 fr. 75 la paire : Combien le sabotier a-t-il gagné, sachant que le bois lui coûtait 78 fr. et qu'il donnait 30 centimes par paire aux ouvriers?

641.—On transporte 648 pièces de vin de Bordeaux au Hâvre; le transport est de 12 fr. 65 par pièce : Quel sera le gain du capitaine, s'il donne 208 fr. à chaque marin, qui sont au nombre de 7, et 103 fr. à chacun des deux mousses, plus 2480 fr. aux armateurs?

642.—A combien s'élève la pêche de 14 barques, qui ont pris chacune 264 poissons, lesquels ont été vendus 0 fr. 15 cent. l'un?

643.—Avec 194 kilog. de plomb on a fait 18 057 millimètres de tuyau : Quel sera le gain du plombier, sachant qu'il paye le plomb 0 fr. 89 cent. le kilog., et qu'il vend ses tuyaux 24 fr. 60 le mètre?

644.—Il y a un pont sous lequel il passe, dit-on, 4 960 780 litres d'eau par minute : Combien en passe-t-il en 24 heures?

645.—Quel est le nombre de mètres contenus en 34 myriamètres?

646.—Un voyageur fait régulièrement 36 000 m. de chemin par jour : Combien fera-t-il de myriam. en 10 jours?

647.—On met 685 fr. 75 à intérêt, chaque franc rapporte 0 fr. 05 : Quelle est la rente?

648.—Un mercier a 280 feuilles d'images de 0 fr. 25 la feuille, 80 douzaines de couteaux de 0 fr. 65 la pièce, 845 mètres de galon de 0 fr. 03 le mètre, 45 milliers d'épingles de 0 fr. 85 le cent et pour 58 fr. 95 d'autres effets : Quelle est la valeur de ces marchandises?

649.—On a acheté 38 assiettes à 0 fr. 15 la pièce, 24 plats à 0 fr. 30 l'un, 18 pots à 0 fr. 40 l'un, 36 verres à 0 fr. 50 pièce et 6 terrines à 0 fr. 70 l'une; on a revendu les assiettes à 0 fr. 20, les plats à 0 fr.

35, les pots à 0 fr. 50, les verres à 0 fr. 55, et les terrines à 0 fr. 75 pièce : Trouver le profit.

650.—Combien y a-t-il d'ares dans l'emplacement d'un mur qui a 346 mètres de longueur, sur 0 m. 65 de largeur? R. 346 × 0,65.

651.—Quelle est la superficie d'un terrain qui a 400 mètres de longueur et 206 m. 222 de largeur? R. 206,222 × 400.

QUATRIÈME SECTION.

652.—Quel est le quotient de 12 divisé par 3?

653.—Partagez 15 fr. entre cinq personnes.

654.—Divisez 20 par 4.

655.—Partagez 25 fr. entre cinq personnes?

656.—Si l'on divisait 24 par 6 : Quel serait le quotient?

657.—Combien 8 est-il contenu de fois dans 32?

658.—Mettez 36 en six parties égales.

659.—Partagez 42 entre 7 personnes.

660.—Divisez 50 par 10.

661.—Divisez 64 par 8.

662.—Divisez 120 par 10.

663.—Quelle sera la part de chaque individu, s'ils sont 8 à se partager 224 fr. ?

664.—Six mètres d'étoffe coûtent 36 fr. : Quel est le prix d'un mètre ?

665.—On a eu 48 chapeaux pour 420 fr. : Quel est le prix d'un chapeau ?

666.—On donne 45 moutons pour 585 francs : Combien les vend-on la pièce ?

667.—Trouver le prix d'un mètre de galon, lorsque 48 mètres se vendent 6 fr. 24.

668.—Quel est le prix d'une paire de sabots lorsque 60 paires valent 42 fr. ?

669.—Si le prix de 14 paires de souliers est 70 fr. : Quel sera le prix d'une paire ?

670.—Pour 180 fr. on a 36 chaises : Quel est le prix d'une chaise ?

671.—Dire le prix d'un kilog. de chandelle, lorsque 24 kilog. se vendent 38 fr. 40 centimes.

672.—Pour 270 fr. on a 150 kilog. de sucre : Dites le prix d'un kilogramme.

673.—140 kilog. de poivre ont coûté 322 fr. : Trouvez le prix d'un kilog.

674.—Pour 826 fr. 20 on a 4860 fagots : Cherchez le prix d'un de ces fagots.

675.—Six douzaines d'assiettes ont coûté 18 fr. : Dire le prix d'une assiette.

676.—Pour 322 fr., on a 56 rames de papier : A combien revient la rame ?

677.—Un ouvrier fait 52 journées pour 83 fr. 20 : De combien sont ses journées ?

678.—Quel est le prix d'une paire de bas, lorsque 42 paires coûtent 189 fr. ?

679.—Huit personnes ont fait un héritage de 4562 fr. 40 : Quelle sera la part de chacune ?

680.—Un terrain a été défriché par 24 ouvriers ; ils ont eu 4867 fr. 85 pour ce travail : Dire le gain de chacun.

681.—Le père Lucas laisse, en mourant, 685 fr. 40 à 5 enfants qu'il a : Partagez-leur cette petite somme ?

682.—On destine 8496 hommes pour une expédition navale : Combien y aura-t-il d'hommes sur chaque bâtiment, s'ils montent à 24 bords ?

683.—On achète 3780 m. 40 de drap, qui coûtent 57 840 fr. 12 : Trouver le prix d'un mètre.

684.—Avec 24 mètres de velours, on fait 96 paires de souliers : Trouver ce qu'il en entre dans une paire.

685.—Quelqu'un a une rente annuelle de 9054 fr. : Combien a-t-il à dépenser par jour ?

686.—A combien reviendra le kilog. de fer, si 4862 kilog. 179 gram. se vendent 2917 fr. 3074 ?

687.—On a 48 000 plumes pour 480 fr. : Quel est le prix d'une plume ?

688.—Il y a 59 hectolitres 52 litres de froment dans 48 sacs : Dire ce que chacun contient de litres.

689.—Un navire est chargé de 4569 hectolitres de vin, qui sont contenus dans 480 tonneaux : Trouver la contenance de chaque tonneau.

690.—Un capitaine distribue 358 fr. 10 à sa compagnie, qui s'est distinguée dans une occasion : Combien chaque soldat aura-t-il, sachant qu'ils sont au nombre de 96 ?

691.—On achète 946 hectolitres de vin, qui coûtent 42 700 fr. : Dites le prix d'un litre.

692.—Un terrain contient 55 ares 4 centiares ; sa longueur est de 86 mètres : Quelle est sa largeur ? R. 5504 : 86.

693.—Trouver la longueur d'une salle qui a 96 mètres 64 cent. de superficie, sachant que sa largeur est de 7 mèt. 55 cent.

694.—Si l'on achète 180 kilog. de beurre pour 298 fr. 90 : Quel sera le prix d'un kilogramme ?

695.—Cinquante-quatre ouvriers ont gagné 6936 fr. 30 en 6 mois : Trouver le gain de chacun.

696.—Huit kilolitres 4 hectolitres de vin se vendent 3045 fr. : Dire le prix d'un litre.

697.—Lorsque 987 m. 50 coûtent 13 627 fr. 50 : Quel est le prix d'un mètre?

698.—Un boulanger donne 6839 fr 964 pour payer 367 hectolitres 74 litres : Combien paye-t-il l'hectolitre ?

699.—Combien aura-t-on de doubles décalitres de pommes pour la somme de 134 fr. 25 cent., si le double décalitre est de 75 cent. ?

700.—Combien fera-t-on de draps de lit avec 108 pièces de toile, de 50 mètres chacune , si dans un drap il en entre 4 m. 95?

701.—Pour 79 fr. 9, on a eu 85 mètres de ruban : Quel est le prix d'un mètre?

702.—Lorsque 800 pièces de vin se vendent 118 022 fr. 40 : Quel est le prix d'une pièce?

703.—Cinq personnes ont 450 fr. 36 à se partager : Faites ce partage.

704.—Trouver le nombre de chevaux que l'on aurait pour la somme de 3045 fr. 60 cent., si chaque cheval coûtait 380 fr. 70.

705.—Dans un bureau , on vend pour 1590 fr. de tabac par an : Combien en vend-on de kilog., sachant que le prix d'un kilog. est de 10 fr.?

706.—Un cordonnier a fourni 361 paires de souliers à un régiment, pour la somme de 2310 fr. 40 : Quel est le prix d'une paire?

707.—On suppose que la population de Nantes est de 96 000 habitants, et celle de Paimbœuf de 4000 : Combien la population de cette dernière ville est-elle contenue de fois dans la première?

708.—Quel est le prix d'un mouchoir, lorsque 18 douzaines se vendent 162 fr.?

709. On achète pour 809 fr. 39 de laine d'Espagne; on en reçoit 438 kilog. : Quel est le prix d'un kilogramme?

710.—On achète pour 167 fr. 40 de toile, à 4 fr. 65 le mètre : Dire le nombre des mètres.

711.—On a un jardin de 24 ares 03 de superficie; sa longeur est de 52 mètres : Trouver sa largeur.

712.—On a fait un mètre d'ouvrage pour 5 fr. : Trouver le nombre de mètres qu'on pourrait faire pour 231 fr. 70.

713.—Un négociant dit que 3297 pièces de drap contenant chacune 93 m. 83 , lui ont coûté 3 155 446 fr. 602 mil., et il désire savoir à combien lui revient le mètre : Dites-le lui.

714.—On emploie 76 191 carreaux dans le carrelage d'un appartement; il y en a 327 sur la longueur : Trouver le nombre qui est sur la largeur.

715.—On a payé 1388 fr. 53 pour un ouvrage qui contient 48 m. 55 : A combien revient le mètre?

716.—Un terrain régulier a 927 m. 94 de superficie; sa longueur est de 53 m. 95 : Quelle est sa largeur?

717.—On a payé 429 fr. 05 pour 4 kilog. de marchandise : Quel est le prix d'un gramme?

718.—Un vaisseau , partant pour la Chine, a 41 925 kilog. de biscuit pour 430 hommes : Quelle sera la ration journalière de chacun, si le trajet est de 5 mois ?

719.—Un vitrier reçoit 2592 fr. pour le vitrage de 180 croisées de 8 carreaux : Combien lui paye-t-on le carreau ?

720.—Si le mètre de drap se vend 15 fr., et le mètre de velours 24 fr. : Combien faudra-t-il de mètres de drap pour valoir 70 mètres de velours ?

721.—On nourrit et entretient 430 orphelins dans un hospice ; le gouvernement emploie la somme de 141 255 fr. par an à cette bonne œuvre : Trouver la dépense annuelle de chaque enfant.

722.—On a acheté 16 douzaines de paires de bas, à raison de 2 fr. la paire ; on a payé 20 fr. 50 de transport, et on se propose de gagner 171 fr. 50 sur ce marché : Combien doit-on vendre la paire ?

723.—Combien faudra-t-il de ballots de drap contenant chacun 15 pièces, chaque pièce étant de 25 mètres, pour habiller une armée de 50 000 hommes, sachant que 5 m. 40 suffisent pour chaque soldat ?

724.—Une armée de 45 régiments, chacun de 1200 hommes, en a perdu 8773 dans une campagne ; après quoi, elle s'est réfugiée dans 49 places fortes : Combien se trouve-t-il d'hommes en chaque place ?

725.—On a acheté 286 hectolitres de froment pour la somme de 5291 fr. : Combien faut-il revendre l'hectolitre, pour gagner 858 fr. sur cet achat ?

726.—Un capitaine a 8 marins à ses ordres ; il transporte 218 tonneaux de Bordeaux à Calais ; il se réserve le tiers du profit et il donne un autre tiers aux armateurs : Quelle sera la paye de chaque marin, si le capitaine reçoit 48 fr. par tonneau ?

727.—Une coupe de bois coûte 525 fr.; on donne 350 fr. pour le faire exploiter et 175 fr. pour les charrois : Quel est le prix d'un fagot, s'il y a 28 charretées de 125 fagots chacune ?

728.—Quelqu'un reçoit 6 ballots de chacun 6 pièces de drap, chaque pièce étant de 46 m. 25 : Combien faut-il vendre le mètre pour gagner 1313 fr., sachant que l'emplette a été payée 5656 francs ?

729.—Un chapelier fait venir trois caisses de chapeaux dans chacune desquelles il y en a 18 : Quel est le prix d'un de ces chapeaux, sachant que le tout coûte 873 fr. et que le chapelier a 126 fr. de profit ?

730 —Huit ouvriers ont reçu 3640 fr. pour une entreprise dans laquelle chacun a passé 182 journées, dépensant 2 fr. par jour : Combien ont-ils gagné chacun ?

731.—Un boucher achète 2 bœufs qui lui coûtent ensemble 543 fr. 44, sur quoi il désire gagner 90 fr. : Combien doit-il vendre le kilog. de viande, s'il en trouve 428 kilog. dans chaque bœuf ?

732.—Un fabricant a acheté 146 kilog. de fil avec lesquels il a fait 275 mèt. de grosse toile : Combien doit-il vendre le mètre de toile pour gagner 75 centimes sur chacun, sachant que son fil lui coûte 1072 fr. 50 ?

733.—Un jeune homme entre dans le commerce avec la somme de 6756 fr.; il emprunte 5870 fr. d'une part, et 4359 fr. d'une autre ; son lover est de 640 fr. ; il achète 7100 mètres de toile du reste de son argent : Dire le prix d'un mètre, à moins un centime près.

734.—On vous demande combien il meurt de personnes par jour dans une ville dont la population est de 584 000 âmes, en supposant que cette population se renouvelle tous les 25 ans.

735.—La population du globe étant supposée de 999 000 000 d'habitants : Quel est le nombre des morts par heure, si la génération se renouvelle tous les 30 ans ?

736.—On demande combien pèsent, en kilogrammes et en milligrammes, 900 000 000 fr. en or monnayé, sachant que le kilogramme d'or monnayé vaut 3100 fr. ?

737.—On sait que la circonférence de la terre est de 4000 myriamètres : Combien un voyageur mettrait-il de temps pour en faire le tour, s'il faisait 32 kilomètres par jour et s'il se reposait le dimanche ? (Il part le lundi.)

EXERCICES DE RÉCAPITULATION.

738.—Trouver la somme des nombres suivants : 4 décimèt., 40 centimètres et 400 millimètres.

739.—Faire l'addition de 8 décilitres, 9 centilitres, 4 litres et 9 décalitres.

740.—Un élève avait 131 bons points, il en a perdu 45 : Combien lui en reste-t-il?

741.—Combien y a-t-il de grammes en 9 décigrammes, 90 centigrammes et 900 milligrammes?

742.—Quelle est la somme de 9 francs, 15 francs, 5 francs, 1 franc, 99 décimes et 10 centimes?

743.—Si l'on ôte 17 noix d'un panier qui en contient 3 douzaines : Combien en reste-t-il ?

744.—On a 9 stères, 9 décistères, 8 centistères et 4 décastères de bois : Combien cela fait-il de stères ?

745.—Combien font de décag. 2 kilog., 5 myria., 3 hectog., 8 décag. et 9 kil.?

746.—Un pot vide pèse 11 kilog.; rempli de beurre, il en pèse 93 : Dire ce qu'il contient de beurre.

747.—Faire l'addition de 99 déci., 300 centi., 4000 milli. et de 25 déca.

748.—On a 4 hectares, 96 ares 77 centiares et 16 900 mèt. carrés de terrain : Dire ce que cela fait d'ares.

749.—Quel nombre faut-il ajouter à 426 pour avoir 1000?

750.—Quelqu'un achète 8 kilog. de beurre, 5 hectog. d'huile, 9 décag. de morue, 9 grammes de poivre, 13 hectogram. de sel et 15 000 centig. de cerises : Quel est le poids de cet achat?

751.—On a 6 mètres cubes, 9000 décimètres cubes, 800 000 centimètres cubes, 5 000 000 de millimètres cubes et 40 mètres cubes : En faire l'addition.

752.—Si de vos 20 ongles, vous en perdiez 7 : Combien vous en resterait-il?

753 —Quel est le total de six cent cinq mètres vingt-deux centimètres, + huit cent vingt mètres dix centimètres, + trois mille deux cent dix mètres cinquante centimètres, + huit mille trois cent cinquante mètres quinze centimètres ?

754.—Combien y a-t-il de stères dans les cinq nombres ci-après : 1o 1123 stères ; 2o 2450 stères ; 3o 112 stères ; 4o 100 stères ; 5o 90 st.?

755.—Un cheval coûte 720 fr. et on le revend 619 fr. : Combien perd-on dessus?

756.—Quelle est la quantité de vin contenue dans quatre barriques, si la première en contient 250 litres; la deuxième 265 ; la troisième 236, et la quatrième 300?

757.—Faites la somme des nombres suivants : dix-huit francs cinq décimes, + soixante-quinze francs vingt centimes, + cent douze francs soixante centimes, + cinq cent trois francs vingt-huit centimes, + six cent vingt-neuf millièmes.

758.—Un débiteur donne 896 fr. sur une somme de 2000 fr. qu'il devait : Combien doit-il encore ?

759.—Quel est le total des nombres suivants : 1o 2501 mèt. carrés; 2o 562 mètres carrés ; 3o 256 mèt. car.; 4o 110 mèt. car., et 5o 98 mèt. car.?

760.—Que restera-t-il de 200 fr. si l'on ôte 90 fr.?

761.—Combien y a-t-il d'ares dans 4 prairies, sachant que la première contient 88 ares 22 centiares, la deuxième 67 ares 46 centiares, la troisième 55 ares 72 centiares et la quatrième 23 ares 90 centiares?

762.—La taille de Louis a 70 millimètres sur celle de son frère, laquelle est de 1 mètre 25 : Quelle est donc la taille de Louis?

763.—Un propriétaire ayant fait arpenter 4 de ses champs, trouve que le premier contient 200 ares 45 centiares ; le deuxième 125 ares 14 centiares ; le troisième 108 ares 22 centiares, et le quatrième 96 ares 8 centiares : Quel est le total de ces quatre contenances?

764.—Trouvez le total des nombres ci-après : 215 mètres cubes, 120 décimètres cubes ; 450 mètres cubes, 280 centimètres cubes; 462 mètres cubes et 999 millimètres cubes?

765.—Nous avions 189 lit. 65 de vin, il ne nous en reste que 70 lit. 95 : Combien en avons-nous bu ?

766.—Un fermier a vendu pour 540 fr. de froment, 406 fr. de pommes, 202 fr. de navets et pour 110 fr. 75 de pommes de terre : Dire combien il a retiré d'argent.

767.—Notre bûcher contenait 194 stères 8 décistères au commencement de l'hiver, à la fin il n'y en a plus que 13 stères 19 centistères : Combien en a-t-on brûlé?

768.—Un cheval coûte 855 fr. ; on veut gagner 45 fr. en le revendant : Combien faut-il le revendre?

769.—On devait recevoir 180 kilog. de sel, et l'on n'en reçoit que 110 000 grammes : Combien en est-il encore dû ?

770.—Combien y a-t-il d'heures dans 3 jours 8 heures?

771.—Un père de famille a dans une pension 4 enfants, qui lui dépensent : le premier 899 fr. ; le deuxième 785 fr. 95 ; le troisième 626 fr. 70 , et le quatrième 580 fr. 18 : Trouvez la somme qu'il doit donner.

772.—De 9 hectogrammes ôtez 700 grammes.

773.—Un homme dépense annuellement 675 fr. pour sa nourriture, 400 fr. pour son vêtement, 250 fr. pour son loyer , 156 fr. pour ses menues dépenses : Quel est son revenu, s'il lui reste encore 2527 fr.?

774.—De 7 hectares 77 centiares ôtez 3 hectares 51 ares.

775.—Un négociant a acheté 3 pièces de drap : la première a 76 m. et coûte 836 fr. ; la deuxième a 60 mètres et coûte 720 fr. ; la troisième a 48 mètres et coûte 960 fr. : Combien a-t-il acheté de mètres de drap et pour quelle somme?

776.—Quelqu'un qui devait recevoir 9 mètres cubes de bois et qui n'en a reçu que 8 624 999 centimètres cubes, désire savoir ce qu'on lui en doit encore.

777.—Quel est le poids total de 4 hommes, si le premier pèse 90 kilog. 25 décag., le second 75 kilog. 70 grammes , le troisième 69 kilog. 12 grammes, et le quatrième 58 kilog. 8 décagrammes?

778.—Un voyageur avait 12 myriamètres à parcourir, et, en ayant fait 9000 décamètres , il demande ce qui lui reste à faire?

779.—Un banquier reçoit 4578 fr. d'une part , 3280 d'une autre et deux billets de 1099 fr. chacun : Combien a-t-il reçu?

780.—De 8 myria., ôtez 5 kil., 3 hect., 6 déca., 2 unités.

781.—Un meunier a 5 pratiques pour lesquelles il moud : pour la première 280 décalitres, pour la deuxième 226 décalitres, pour la troisième 2105 litres, pour la quatrième 1988 litres, et pour la cinquième 99 décalitres : Trouvez le nombre de litres qu'il moud en tout.

782.—De 32 kilog. 20 décag., ôtez 125 hectogrammes 40 grammes.

783.—Combien y a-t-il de mètres cubes dans 5 blocs de marbre, sachant que le premier contient 10 mètres cubes 222 d. cubes ; le deuxième 5 mètres cubes 101 d. cubes ; le troisième 4 mètres cubes 519 cent. cubes; le quatrième 2 mètres cubes 725 centi. cubes; le cinquième 1 mètre cube 989 milli. cubes?

784.—De 5467 myria. 42 hecto. 2 déca., ôtez 326 myria. 255 déca.

785.—Un pré contient 450 ares 25 centiares : Quel est le nombre d'ares d'un champ qui contient 60 ares de moins ?

786.—On dépense 3 fr. chaque jour, les 3 premiers jours de la semaine, et la dépense réunie des 3 autres est de 13 fr. : Quelle sera la dépense totale de la semaine, si l'on dépense 22 fr. le septième jour?

787.—Un jardin a 125 mètres de long, et un autre 148 mèt. : Quelle est la différence de ces deux longueurs?

788.—Un épicier doit envoyer 248 kilog. de sucre ; mais il n'en a que 189 kilog. 25 décag. : Dire ce qu'il lui en manque.

789.—Un écolier apprend trois lignes de sa leçon ; il lui en reste encore 4 fois autant à apprendre : Combien y a-t-il de lignes dans sa leçon ?

790.—On me devait 4675 fr. 75, et l'on m'a donné 1840 fr. : Combien me doit-on encore ?

791.—Une personne doit 5428 fr. 80, elle paye 2575 fr. 32 : Combien doit-elle encore ?

792.—Un enfant avait 13 marbres en se mettant au jeu, et il se retire après en avoir gagné trois fois autant : Combien en emporte-t-il ?

793.—La différence de deux sommes est de 1425 fr. ; or, la plus grande étant de 8580 fr., on demande quelle est la plus petite.

794.—Un bourgeois a acheté une maison 12 595 fr. et il l'a revendue 12 982 fr. : Combien a-t-il gagné ?

795.—Un père gagne 45 fr. par mois, ses trois fils en gagnent chacun 37 : Quel est leur gain total ?

796.—Un particulier a acheté 456 stères de bois, il en a brûlé 12 stères et vendu 243 : Dire ce qu'il lui en reste de stères.

797.—Quel est le nombre qui deviendrait 988 fr. si on y ajoutait 80 fr. 50 ?

798.—Quelle est la différence de 2 caisses, dont l'une pèse 134 kilog. 26 décag. et l'autre 98 kilog. 680 grammes ?

799.—Une marchandise coûte 394 fr. : Combien faut-il la revendre pour gagner 99 fr. ?

800.—Un voyageur a fait le premier jour 60 kilomètres et le second 48 kilomètres : Combien de kilomètres a-t-il fait de moins le dernier jour ?

801.—Une propriété contenait 18 hectares 12 ares 75 centiares ; on en a ôté 6 hectares 99 centiares : Qu'en reste-t-il encore ?

802.—Il y a 7 marbres rangés en ligne droite, à 6 mètres l'un de l'autre, un enfant désire les réunir tous au premier et n'en porter qu'un chaque fois : Combien doit-il parcourir de mètres ?

803.—Un marchand a vendu une marchandise 1245 fr. 72 : Combien a-t-il gagné, sachant qu'elle ne lui coûtait que 1198 fr. 40 ?

804.—Un mémoire, montant à 15 676 fr. 88, a été présenté au vérificateur qui y a fait une réduction de 2047 fr. 40 : Combien l'entrepreneur recevra-t-il ?

805.—Deux ouvriers ont gagné ensemble 1000 fr. dans un an ; mais ils ont dépensé 245 fr. chacun : Combien ont-ils mis de côté ?

806.—Si de 8502 hectolitres 8 décalitres de froment on en vend 4295 hectolitres 75 litres : Combien en restera-t-il ?

807.—Un aubergiste avait dans sa cave 30 hectolitres 26 litres de vin, il ne lui en reste que 5 hectolitres 75 litres : Trouver ce qu'il en a vendu.

808.—Le petit Simon avait 2 fr. 45, son parrain lui donna 1 fr. 50 c., et sa marraine 95 c. : Combien devait-il avoir ensuite ?

809.—Un bassin contient 5472 mètres cubes et un autre n'en contient que 4731 : Dites la différence de ces deux bassins.

810.—Maman met 740 grammes de beurre dans le pot; ma sœur, qui l'ignore, en met 666; la servante vient ensuite avec 594 gram. qu'elle y met aussi : Dire ce qu'il y a de beurre au pot.

811.—Un tonneau a 250 litres de moins qu'un autre qui contient 2567 lit. 25 : Combien y a-t-il de litres dans le plus petit?

812.—On a tiré 168 lit. 85 cent. d'un tonneau qui contient 240 litres : Combien en resterait il, si l'on en tirait encore 71 lit. 15 cent.?

813.—Quel est le produit de 522 mètres par 25?

814.—On a acheté 35 stères 4 décist., 40 stères 65 centis., et 20 st. 80 cent. : Combien cela fait-il de stères?

815.—Une personne gagne annuellement 1124 fr. : Combien lui reste-t-il, si elle paye 382 fr. pour sa nourriture et si elle donne 356 fr. à ses parents?

816.—On a eu un agneau pour 3 fr. 60 : Combien faut-il le revendre pour gagner 9 fr. 80?

817.—Trouvez le produit de 4 m. 25 par 42.

818.—La semaine étant de 7 jours : Trouvez le nombre de jours contenus en sept semaines.

819.—L'année étant de 365 jours : Quel est le nombre des jours d'un enfant de 3 ans?

820.—Un cheval coûte 319 fr. 99 : Combien faut-il le revendre pour gagner 57 fr. 55?

821.—Un individu dépense annuellement 389 fr. 50 pour sa nourriture, 195 fr. 60 pour son entretien, 75 fr. pour son loyer, et 25 fr. pour les pauvres : Combien met-il de côté, s'il a 1248 fr. de rente?

822.—On a acheté une chèvre 36 fr. 55, une brebis 3 fr. 50 et son agneau 95 centimes : Combien doit-on donner pour payer ces trois bêtes?

823.—Combien coûteront 278 kilogrammes de sucre à 1 fr. 50 le kilogramme?

824.—La prairie de Bagot contient 3 hectares 45 ares 15 centiares, son grand clos est de 4 hectares 99 centiares, et son petit contient 44 ares : Combien Bagot a-t-il de terrain?

825.—Un objet pèse 25 kilog. 30 décag. 8 gr., et un autre 15 kil. 2 hectog. 25 grammes : Combien le premier pèse-t-il de plus que le second?

826.—Un négociant reçoit deux pièces de drap : la première contient 164 m. 30 centimètres et coûte 1640 fr.; la deuxième contient 180 mètres et coûte 1980 fr. : Combien la seconde contient-elle de mètres de plus que la première, et quelle est la différence des deux prix?

827.—Combien y a-t-il d'heures dans une semaine?

828.—Combien coûtent 87 canifs, à 2 fr. 25 le canif?

829.—Un mètre de drap coûte 15 fr. : Combien coûteront 280 mètres?

830.—Combien y a-t-il de mètres dans 7829 décimètres?

831.—Lorsqu'on paye 45 centimes pour un litre de vin : Combien payera-t-on pour 848 lit. 75 centilitres ?

832.—Combien y a-t-il de kilomètres dans 624 hectomètres ?

833.—Combien coûteront 349 stères de bois, si un stère coûte 3 fr. 55 ?

834.—Trouvez les myriagrammes contenus dans 2 347 282 grammes.

835.—Quelle est la hauteur d'un escalier qui a 126 marches, si chacune a 2 décimètres d'élévation ?

836.—Dire les hectogrammes contenus dans 43 578 grammes.

837.—Trouvez le nombre des kilogrammes qu'il y a dans 6 caisses de 76 kilog. 25 décag. chacune.

838.—Combien y a-t-il d'hectares dans 148 278 centiares ?

839.—Un chapelier vend 129 chapeaux : Combien recevra-t-il, s'il les vend 15 fr. 76 chacun ?

840.—Combien y a-t-il d'ares dans 21 457 centiares ?

841.—Dans un atelier, il y a 16 ouvriers qui font chacun 2 m. 30 cent. d'ouvrage par jour : Combien feront-ils de mètres dans 75 jours ?

842.—Trouver les mètres carrés contenus dans 9 873 529 centimètres carrés.

843.—Combien faut-il de kilogrammes de pain pour nourrir 892 hommes, pendant 3 mois, si l'on donne à chacun 523 grammes par jour ?

844.—Un marchand a acheté 3 pièces de drap contenant chacune 217 mètres : Combien cela fait-il de mètres ?

845.—Partager 888 fr. entre 4 personnes.

846.—On demande combien coûteront 623 kilog. de beurre, à 1 fr. 50 le kilog.

847.—Partager 1296 mètres d'étoffe entre 12 tailleurs.

848.—Trois hommes ont à se partager une somme : Quelle est-elle, s'ils ont chacun 12 435 fr. 25 ?

849.—Dire le prix de 548 décalitres de vin, à 0 fr. 60 le litre.

850.—Si l'on met 4800 litres de vin dans 20 tonneaux : Combien y en aura-t-il dans chacun ?

851.—Un maître de pension donne 47 500 grammes de cerises, à 95 pensionnaires : Combien chacun doit-il en avoir ?

852.—Quel sera le nombre de kilomètres que fera un voyageur pendant 19 jours, sachant qu'il fait 44 kilomètres par jour ?

853.—Un compagnon gagne 1 fr. 80 par jour : Combien gagnera-t-il en 56 jours ?

854.—Lorsque 12 fr. sont le prix d'un hectolitre de blé : Combien payera-t-on pour 144 kilolitres ?

855.—On a vendu 1734 stères de bois à 17 personnes : Combien chacune en a-t-elle pris ?

856.—Combien un particulier doit-il donner d'argent par jour, s'il occupe 17 hommes à 1 fr. 25 par jour et 10 femmes à 0 fr. 65 ?

857.—Combien y a-t-il de myriamètres carrés dans 1 234 567 hectomètres carrés ?

858.—Un boulanger a fourni 1542 pains de 4 kilogrammes : Combien a-t-il reçu, sachant que le kilog. vaut 0 fr. 25 ?

859.—Combien y a-t-il de mètres cubes dans 43 578 899 000 millimètres cubes ?

860.—Un pensionnat est composé de 250 élèves qui payent chacun 450 fr. : Quel est le bénéfice, sachant qu'on y dépense 86 687 fr. 50 par an ?

861.—Combien y a-t-il d'hectolitres dans 21 227 litres ?

862.—Une marchande a trois paniers qui contiennent chacun 36 douzaines d'œufs : Que recevra-t-elle, si elle vend l'œuf 0 fr. 04 ?

863.—Combien y a-t-il de stères dans 90 312 décistères ?

864.—Un aubergiste a acheté 12 barriques de vin contenant chacune 240 litres : Combien en retirera-t-il, sachant qu'il veut vendre le litre 0 fr. 40 ?

865.—Huit personnes ont à se partager 928 fr. : Combien chacune aura-t-elle?

866.—Un négociant reçoit 6 pièces de toile, contenant chacune 65 m. 45 cent : Combien doit-il payer, si le mètre lui revient à 7 fr. 75?

867.—Un enfant a 3 kilomètres à faire pour se rendre à l'école; or, son pas étant de cinq décimètres : Combien faudra-t-il qu'il en fasse pour y arriver?

Puisque son pas est de 5 décimètres, il est clair qu'il en fera autant que 30 000 contient de fois 5, ce qui donne $\frac{30\,000}{5}$.

868.—Je dois une certaine somme; mais ne pouvant payer en argent, je donne 468 hectolitres de blé à 14 fr. l'hectolitre : Quelle est cette somme?

869.—On a donné 194 fr. pour payer 388 litres de vin : Quel était le prix d'un litre?

870. - Un commis voyageur reçoit annuellement 2120 fr. : Que lui restera-t-il, si sa dépense journalière est de 2 fr. 35 ?

871.—Pour 27 fr. on a 900 sardines : Dire le prix d'une sardine.

872.—Quelle est la superficie d'une forêt qui appartient à 12 propriétaires, s'ils en ont chacun 46 hectares 75 ares 12 centiares ?

873.—Sept ouvriers ont fait chacun 726 mètres de toile à 0 fr. 70 le mètre : Que recevront-ils ensemble?

874.—Un cordonnier a fourni 176 paires de souliers : Qu'a-t-il reçu, s'il a vendu la paire 6 fr. 50 ?

875.—Payez 2 ans 5 dixièmes de services, à raison de 82 fr. 95 pour l'année.

876.—Que doit payer un voyageur, pour 314 lieues, de 4 kilomètres chacune, sachant qu'on lui prend 0 fr. 125 par kilomètre?

877.—Combien y a-t-il de litres de vin dans 12 tonneaux, contenant chacun 8 barriques, sachant que la barrique contient 230 litres ?

878.—Quelle est la dépense annuelle d'une manufacture qui brûle 450 fagots en un jour, à 0 fr. 50 le fagot ?

879.—On a acheté 8 douzaines de boîtes de plumes dans chacune desquelles il y a 144 plumes : Quel sera le bénéfice, si l'on vend la plume 0 fr. 012 de plus qu'on ne l'a achetée ?

880.—Quelqu'un dit que si le nombre de ses francs était multiplié par 17, le produit serait 15 657 : Combien en a-t-il donc ?

881.—Un maître a 4 compagnons : le premier lui donne un bénéfice de 1 fr. 25 par jour ; le deuxième 1 fr. ; le troisième 0 fr. 75 ; et le quatrième 0 fr. 50 : Quel sera son profit au bout de 40 jours de travail ?

882.—On emploie 3200 carreaux de 15 centimètres de côté pour paver une salle : S'il faut 40 carreaux sur la largeur, combien en faudra-t-il sur la longueur ?

883.—Dire combien 75 kilomètres 7 décamètres valent de mètres.

884.—Lorsqu'un pommier produit 23 décalitres de pommes, Combien 452 en produiront-ils ?

885.—Combien recevra-t-on de leçons pour 727 fr. 40, si l'on donne 2 fr. 15 pour chacune ?

886.—Trouvez les ares contenus dans 1752 hectares.

887.—Pour un mètre de drap, on a payé 16 fr. 30 : Combien payera-t-on pour 422 mètres 12 centimètres ?

888.—Si l'on donnait 7 noisettes pour une pomme : Combien aurait-on de pommes pour 357 noisettes ?

889.—Combien aurais-je de mètres de galon pour 15 fr., si l'on en donnait 5 mètres pour 0 fr. 10 centimes ?

890.—Si le centimètre cube d'eau distillée pèse un gramme, Quel sera le poids de 2542 mètres cubes ?

891.—Une échelle, longue de 14 mètres, a 42 échelons de 0 m. 03 d'épaisseur : Trouver la distance de ces échelons.

892.—A 9 fr. 35 le décagramme, combien l'hectogramme ?

893.—Si l'on augmentait le revenu d'une personne de 257 fr., elle aurait 5 fr. 75 à dépenser par jour : Quel est son revenu ?

894.—Salomon acheva le temple de Jérusalem, après 3 679 200 minutes : Combien cela fait-il d'années ? $\frac{5\ 679\ 200}{60 \times 24 \times 365}$.

895.—On donne 6 douzaines de cuillers à étamer : Combien payera-t-on, si l'on prend 0 fr. 05 centimes par cuiller ?

896.—On a acheté 7 kilolitres de vin qui ont coûté 709 fr. : Combien faut-il revendre le litre pour gagner 925 fr. ?

897.—Un propriétaire a 4 vignes : la première donne 75 hectolitres 45 litres ; la deuxième 70 hectolitres 20 litres ; la troisième 55 hectolitres 3 litres ; la quatrième 40 hectolitres : Combien recevra-t-il, s'il vend le litre 0 fr. 40 centimes ?

898.—On distribue 6 kilog. 25 centig. de pain bénit à une assemblée de 3630 personnes : Dire ce que chacune en reçoit.

899.—Quelle est la valeur de 40 moutons de 22 fr. pièce ?

900.—Douze élèves ont à se partager 540 bons points : Combien chacun en aura-t-il ?

901.—Quel est le prix de 60 mètres d'étoffe de 4 fr. le mètre ?

902.—Un marchand a acheté 120 mètres de drap pour 1440 fr. : A combien revient le mètre ?

903.—Lorsque le kilog. de marchandise vaut 10 fr. : Combien coûtent 892 kilog. ?

904.—J'ai donné 360 fr. pour 240 journées : A combien revient la journée ?

905.—Quel est le prix de 47 stères de bois, si l'un est de 10 francs ?

906.—Lorsque le mètre de ruban se vend 8 centimes, Combien en aura-t-on de mètres pour 11 fr. 84 centimes ?

907.—Quel est le prix d'une prairie de 96 ares, l'are étant de 100 francs ?

908.—Un ouvrier reçoit 1 fr. 75 par jour : Dans combien de jours aura-t-il gagné 63 francs ?

909.—Lorsque la liqueur vaut 3 fr. le litre, Quel est le prix de 87 litres ?

910.—Combien ai-je reçu de kilog. de sucre pour 228 fr., si j'ai payé le kilog. 1 fr. 50 ?

911.—Combien recevra un ouvrier pour 28 journées de 4 francs l'une ?

912.—J'ai payé 2480 francs en pièces de 20 francs : Combien en ai-je donné ?

913.—Lorsqu'une roue de 6 mètres de circonférence a fait 10 000 tours : Combien a-t-elle parcouru de mètres ?

914.—Pour 12 668 fr. 60, on a reçu 2533 m. 72 cent. : A combien revient le mètre ?

915.—Un robinet donne 57 centilitres par minute : Dire combien il lui faudra d'heures pour vider un tonneau de 27 360 centilitres. R. $\frac{27360}{57 \times 60}$.

916.—Si la lumière mettait 8 minutes à parcourir 15 377 000 myriamètres : Combien ferait-elle de kilomètres par heure ?

917.—Si le grain de millet avait un millimètre de diamètre : Quelle serait la longueur, en mètres, d'une ligne sur laquelle seraient rangés un billion de ces grains ?

918.—Combien aura-t-on de douzaines d'oranges pour 45 fr., à 0 fr. 05 l'orange ?

919.—J'ai acheté une grosse de canifs pour 360 fr. : A combien revient le canif ?

920.—J'ai acheté 17 hectolitres 78 litres de vin pour 1066 fr. 80 : Combien ai-je payé le litre ?

921.—Quatre ouvriers ont gagné ensemble 380 fr. 80 : Combien auront-ils chacun ?

922.—Un individu ayant passé 12 mois de 30 jours chez un restaurateur lui laisse 1080 fr. pour sa pension : ses déjeuners étaient de 252 fr., et ses dîners de 504 fr. D'après cela, trouver le prix de ses soupers et de chacun de ses repas en particulier.

923.—Un marchand de vin en a acheté pour 2623 fr. 75 : Combien en a-t-il reçu d'hectolitres, sachant que le litre lui revient à 35 centimes?

924.—Un voyageur a fait 1680 kilomètres en 42 jours : Combien a-t-il fait d'hectomètres par jour?

925.—Un entrepreneur a 52 ouvriers qu'il paye 3 fr. 25 par jour, 25 qu'il paye 2 fr. 30, et 15 qu'il paye 1 fr. 20 : Quelle somme aura-t-il à donner au bout de 22 jours, et quel sera son profit au bout du même temps, s'il gagne 0 fr. 20 sur chaque ouvrier?

926.—On emploie 15 ouvriers pour défricher un terrain qui contient 186 hectares 4 ares 22 centiares : Combien chacun en défrichera-t-il?

927.—Un ouvrier a gagné 268 fr. 80 pendant 8 mois, travaillant 24 jours chaque mois : Combien gagnait-il par jour?

928.—Combien aura-t-on de kilogrammes d'une marchandise pour 658 fr. 75, à 1 fr. 55 le kilog.?

929.—Combien y a-t-il de millimètres carrés dans 3 hectares de terrain?

930.—J'ai acheté 132 douzaines de crayons pour 237 fr. 60 : A combien me revient le crayon?

931.—Je veux gagner 1425 fr. sur cinq pièces de drap, contenant chacune 250 mètres : Combien dois-je vendre le mètre, sachant que je ne l'ai acheté que 13 fr.?

932.—On a partagé 291 kilog. 6 hectog. de pain entre 432 hommes : Combien en a-t-on donné à chacun?

933.—Combien y a-t-il de centimètres cubes dans 64 m. cubes?

934.—Quel est le poids d'un baril d'huile, si 25 barils pèsent 3550 kilogrammes?

935.—On demande combien on a vendu de volumes, si l'on reçoit 155 fr. 25, et que le volume vaille 2 fr. 25?

936.—La circonférence de la terre étant de 4000 myriam. : Combien le cercle qui la lierait par le milieu devrait-il avoir de décamètres de longueur?

937.—Un particulier jouissant d'un revenu annuel de 4744 fr. 5 a économisé 29556 fr. en 18 ans : Combien dépensait-il par jour?

938.—A combien reviendront 6 kilog. de sucre si l'un coûte 200 centimes?

939.—Un maquignon a acheté 15 chevaux pour 5625 fr. : Combien doit-il vendre le cheval s'il veut gagner 525 fr.?

940.—On a reçu 70 mètres de drap d'un centime le millimètre : Combien doit-on payer?

941.—Un négociant doit 1688 fr. : Combien doit-il donner de mètres de drap à 15 fr. le mètre pour cette somme?

942.—Quelle est la longueur des murs de clôture d'un jardin carré qui a 98 mètres de côté?

943.—Combien faudra-t-il payer pour 19 282 grammes de beurre, si le kilog. vaut 1 fr. 65?

944.—Deux voyageurs ont à parcourir chacun 1748 kilom. ; le premier peut faire 46 kilomètres par jour et le second 38 : Combien le dernier doit-il partir de jours avant le premier, pour qu'ils arrivent tous les deux en même temps?

945—Le soleil semble parcourir 15 degrés à l'heure : Si cela est, combien parcourt-il de degrés et minutes, depuis 4 heures 25 minutes du matin , jusqu'à son arrivée au méridien supérieur ou à midi?

946.—Je veux partager 677 000 centimes en 1250 pauvres : Combien dois-je leur donner de francs à chacun?

947.—Combien devra-t-on payer pour 4 charretées de bois, si les deux premières en contiennent 6 stères chacune, et les deux autres 5 stères 6 décistères, sachant que le décistère vaut 0 fr. 65?

948.—On a donné 852 mètres de drap à 14 fr. le mètre pour 2982 mètres de toile : Combien doit valoir le mètre de toile?

949.—On a acheté 3 autels de marbre; le premier contient 3 m. cubes 240 déci. cubes et vaut 200 fr. le mètre cube; le deuxième contient 3 mètres cubes et vaut 175 fr. le mètre cube, et le troisième contient 2 mètres cubes 252 déci. cubes et vaut 152 fr. le mètre cube : Trouvez la valeur totale de ces 3 autels.

950.—Un chapelier reçoit 4 caisses contenant chacune 5 douzaines de chapeaux , pour 2880 fr. : Combien a-t-il payé le chapeau, et combien le revendra-t-il s'il veut gagner 254 fr. ?

951.—On veut partager 13 fr. entre 73 pauvres : Combien auront-ils chacun ?

952.—Un artisan a 200 mètres d'ouvrage à faire, il en fait 4 centimètres par minute, et ne travaille que 9 heures par jour : Combien emploiera-t-il de jours à faire cet ouvrage?

953.—Avec 652 fr. de plus que ce que j'ai, je pourrais payer 81 hectolitres 42 litres de vin, à 45 centimes le litre, et il me resterait 48 fr. : Dites ce que j'ai et combien je devrais vendre le litre, si je voulais gagner 407 fr. 10.

954.—Deux bœufs ont été payés 79 099 centimes : Combien perdra-t-on dessus en les revendant 158 pièces de 5 fr. ?

955.—Un père veut partager 12 588 fr. entre ses 4 enfants, de manière que le cadet ait 242 fr. de moins que l'aîné qui doit avoir 3496 fr. : Combien les deux autres auront-ils chacun, sachant qu'ils ont le reste à se partager?

956.—Un écolier achète une règle dont la longueur est 333 millimètres et l'équarrissage 12 millimètres ; l'ouvrier lui faisant grâce de la façon, quel sera le prix de cette règle, si le bois est de 99 fr. le mètre cube?

957.—Combien fera-t-on de douzaines de pointes avec 5 fils de fer longs de 16 m. 20 centimètres chacun, si chaque pointe a 45 millimètres de longueur?

958.—Pour 8 ballots de 15 pièces, contenant chacune 42 mouchoirs, on a payé 6552 fr. et 210 fr. pour le transport, 80 fr. pour les

1200 fr. en bourse tous les ans, si elle paye 175 fr. d'impôts et si les autres frais courants s'élèvent ensemble à 1800 fr. ?

978.—Paul a 2 billes, André en a 2 fois plus que Paul, Philippe 2 fois plus qu'André, Charles 2 fois plus que Philippe, et Adolphe 2 fois plus que Charles : Dites le nombre des billes de Paul, d'André, de Philippe, de Charles et d'Adolphe ; Dites de plus ce qu'ils en ont entre tous.

979.—Faites la solution du problème ci-après, et calculez-en la réponse? Un marchand devait les 3 sommes suivantes : 658 fr. 85... 796 fr. 16... 211 fr. 17... à un autre marchand qui lui devait lui-même les 3 sommes suivantes : 819 fr. 75... 101 fr. 12... 96 fr. 15 : Dites lequel est redevable à l'autre et de quelle somme.

980.—Calculez le devis ci-après : Pour construire une petite maison, il faut :

1° 76 m. cubes de pierre, à 9 fr. le m. cube.

2° 6 barriques de chaux, à 6 fr. la barrique.

3° 12 barriques de sable, à 1 fr. 50 la barrique.

4° 120 journées de maçon, à 2 fr. l'une.

5° Une poutre de chêne de 14 décistères, à 8 fr. le décist.

6° 20 solives en sapin, de chacune 8 dixièmes de décistères, à 6 fr. le décistère.

7° Un tirant en peuplier, de 12 décist., à 5 fr. le décist.

8° 20 chevrons en peuplier, de chacun 0,5 de décistère, à 5 fr. le décistère.

9° 4 filières en sapin, de 9 centistères chacune, à 6 fr le décist.

10° Un faîtage de chêne, de 18 centistères, à 8 fr. le décist.

11° 4 sablières en chêne, de chacune 8 centistères, à 8 fr. le décistère.

12° 15 cents de barreaux de chêne pour bousillage, à 10 fr. le cent.

13° 50 kilog. de mauvais foin, à 0 fr. 025 le kilog.

14° 5760 tuiles, à 0 fr. 024 l'une.

15° 6400 carreaux, à 0 fr. 035 l'un.

16° 12 mille de briques, à 25 fr. le mille.

17° 2 portes garnies de leurs ferrures, et 2 croisées garnies de leurs vitres et de leurs ferrures, les quatre objets coûtant ensemble 120 fr.

981.—Faites la solution de la question ci-dessous et calculez-en la réponse :

Une société promet de terminer 50 kilomètres de chemin de fer dans 10 ans ; une seconde les terminerait dans 2 ans 5 dixièmes : pour que les travaux aillent plus vite, on se décide à les employer toutes les deux : Combien mettront-elles de temps ?

982.—Une compagnie ferait 1200 mètres cubes de remblais pour 700 fr., une deuxième pour 500 fr., et une troisième pour 400 fr.; mais afin de ne pas s'entre-nuire, elles conviennent de travailler ensemble, à condition que les trois sommes mentionnées, étant additionnées et leur somme divisée en 3, fournissent un prix moyen qui puisse être accepté : Dites ce que coûtera ce remblai, ce que touchera chaque compagnie, et combien il restera de centimes.

983.—Evaluer 5645 × (12 ÷ 5 × 7), }[^1]
et   5645 × 12 + 5 × 7. }

984.—Combien faut-il de pain pour nourrir, durant toute une année, un ménage composé de 18 personnes, en admettant que chacune en consomme 7 hectog. par jour? Quelle somme aura-t-elle à compter, si le kilog. vaut 0 fr. 50?

985.—Une famille a consommé 2336 kilog de pain dans un an : Dites de combien de personnes est cette famille, sachant que chaque personne consomme 8 hectog. de pain par jour?

986.—En admettant qu'un kilog. de farine blutée donne 15 hectog. de pain : Combien en aura-t-on dans un sac de 99 kil. ?

987.—Un cultivateur avait 6 champs ensemencés. le premier lui a donné 127 doubles décalitres; le deuxième, 35 hectol. 2 décal.; le troisième, 95 doubles décalitres; le quatrième, 236 décal.; le cinquième, 1254 litres; le sixième, 25 hectol., 25 litres. On demande : 1° combien cela fait d'hectolitres; 2° combien ce fermier en aura de doubles décal. à vendre, sachant qu'il en donne la moitié au propriétaire de sa ferme; 3° quelle somme cela lui donnera si le double vaut 4 fr. 10; 4° quel est le poids du tout, si le double pèse 15 kilog.?

988.—Si un propriétaire avait les terrains suivants : 1° un taillis de 1230 ares 7 centiares; 2° une métairie de 109 hect. 30 cent.; 3° un pré de 1225 cent.; 4° un jardin de 8 ares 6 cent.; 5° une lande de 1 hect. 3 ares 52 cent. : Combien aurait-il d'hectares, et quelle serait la valeur de ses propriétés, en admettant que l'hectare vaille 3000 fr. l'un portant l'autre?

989.—On a acheté 100 kilog. de morue, à 0 fr. 40 le kil.; 100 kil. de sucre, à 1 fr. 90 le kilog.; 100 kilog. de fromage, à 1 fr. 20 le kilog.; 100 kilog. d'amandes, à 0 fr. 95 le kilog.; 100 kilog. de miel, à 1 fr. 20 le kilog.; 100 kilog. de mélasse, à 0 fr. 50 le kilog : A combien se monte la facture de ces divers objets, et quelle somme en retirera-t-on, si l'on gagne 0,08 par franc, les frais de transport s'élevant à 0 fr. 50 par 100 kilog. ?

990.—Les quatre frères Lemaigre se sont partagé une somme qu'on ne nomme pas; seulement on dit que Jacques, leur aîné, a eu 88 fr.; François, le cadet, la moitié de cette somme; Laurent, le troisième. le quart de la part de François, et Martin, le plus jeune, le huitième de la part de l'aîné : Dites quelle somme ils se sont partagée, et la part de chacun ?

991.—En admettant que les populations de quatre communes contiguës soient 5 fois plus petites les unes que les autres, quelle serait la population de chacune de ces communes et la population totale des 4, si la plus peuplée était de 15 000 âmes?

992.—Si l'on augmentait de 5 millimes par franc les impôts d'une commune, quelle serait l'augmentation de celui qui payerait 2625 fr.?... de celui qui payerait 620 fr.?... de celui qui payerait 336 fr.?... de celui qui payerait 75 fr., etc., etc.? (Multiplications.)

[^1]: La première indication montre qu'il faut ajouter 5 × 7 au multiplicateur 12, avant d'effectuer la multiplication. La seconde, au contraire, signifie qu'il faut multiplier 5645 par 12 et ajouter au produit 5 × 7.

F.   9

993.—Si l'on augmentait de 2000 fr. les impôts d'une commune qui en paye 80 000 : Quelle serait l'augmentation par franc ?... par 100 fr. ?... par 1000 fr. ?

994.—A combien s'élèverait la rétribution annuelle d'un employé qui gagnerait 15 fr. par jour, et combien aurait-il en bourse à la fin de l'année, s'il dépensait 8 fr. par jour ?

995.—Calculez l'indication ci-après : 125 : 0,050, et dites, d'après le principe (182), pourquoi le quotient est plus grand que le dividende ?

996.—Effectuez les calculs indiqués ci-contre : 0,50 : 0,25 et 0,25 : 0,75, et dites, d'après le principe (132), pourquoi, dans la première division, vous cherchez combien de fois le dividende contient le diviseur, et pourquoi, dans la deuxième, vous cherchez combien le dividende contient de fois une certaine partie du diviseur.

997.—Dites, d'après la définition (132), combien de fois le produit égalera le multiplicande dans 6327 × 5336, et combien le produit égalera de fois la millième partie du multiplicande dans 631 × 0,252.

PROBLÈMES SUR LE POIDS, SUR LE TITRE ET SUR LE DIAMÈTRE DES MONNAIES.

998.—Le franc en argent, pesant 5 grammes (103) : Dites quel est le poids d'un sac de 12 000 fr.? (Multiplication.)

999.—Combien y a-t-il de francs dans un sac de monnaie de bronze pesant 60 kilog., sachant que le centime pèse 1 gr.?

1000.—Il est dit (108) que 100 fr. en argent pèsent 5 hectogrammes : Faites et raisonnez ce petit calcul. Trouvez également ce que pèsent 200 fr. en argent.

1001.—Pourriez-vous calculer quelle somme en argent il faudrait pour charger un cheval qui peut porter 175 kilog.? (Division).

1002.—Dites quelle somme en monnaie de bronze est contenue dans une caisse qui pèse 2000 kilog.

1003.—Quelle somme en argent serait contenue dans la susdite caisse?

1004.—Le poids d'une pièce de 5 fr. étant 25 grammes, Dites ce que pèsent 300 pièces de 5 fr.

1005.—Combien y a-t-il de pièces de 5 fr. dans une somme qui pèse 275 kilog. 25 gr.?

1006.—Je vis un jour un marchand qui portait un sac d'argent pesant 65 kilog : Combien y avait-il de francs dans ce sac?

1007.—Un hâbleur disait un jour qu'il avait porté 40 mille fr. en argent : Combien aurait-il porté pesant, s'il avait dit la vérité?

1008.—Pierre doit 12 kilog. pesant de monnaie d'argent à Louis, qui lui-même doit 12 kilog. 8 hectog. 5 décag. 5 gr. à Pierre : Lequel est-ce qui est redevable à l'autre et de quelle somme?

1009.—La surface d'une pièce de 5 fr. étant 1076 mil. car., Combien en faudrait-il pour couvrir entièrement une table de 1 m. car.

371 900 mil. car. ? (Division.) Quelle somme cela ferait-il?—Combien y en aurait-il pesant?

1010.—Combien faudrait-il joindre de cuivre à 324 kilog. d'argent pur pour avoir de la monnaie au titre 9 dixièmes ? — Quelle somme cela ferait-il ?

SOLUTION : 1° R. $\frac{324}{9}$.

2° R. $\dfrac{324 + 324 : 9}{0,005}$, ou $\dfrac{324 + 36}{0,005}$.

1011.—Combien y a-t-il de cuivre dans une somme d'argent monnayé pesant 227 kilog. 327 gr., au titre 9 dixièmes ?

1012.—Combien pèse une somme de 27 615 fr. en argent ? — Combien cette somme contient-elle de cuivre ?

1013.—Combien vaut une somme d'argent pesant 17 000 kilog. ?— Combien contient-elle d'argent pur ?

1014.—Combien pèsent 17 000 fr. de monnaie en argent ? — Combien cette somme renferme-t-elle de métal pur ?

1015.—Un fabricant reçoit, en payement d'une vente, 375 kilog. de monnaie de bronze : Quelle somme a-t-il reçue ?

1016.—Quelle est la somme en monnaie de bronze qui pèse 1 kilog., sachant que 1 cent. pèse 0,001 gr. ?

1017.—Dites combien pèsent 10 fr... 20 fr... 30 fr... 40 fr... 50 fr... 60 fr... 70 fr... 80 fr... 90 fr. en argent.

1018.—Dites combien pèsent 10 fr... 20 fr... 30 fr... 40 fr... 50 fr... 60 fr... 70 fr... 80 fr... 90 fr... 100 fr... en bronze.

1019.—On dit que 20 pièces de 2 fr. et 20 pièces de 1 fr. font la longueur du mètre : Comment peut-on calculer cela, en s'aidant du tableau des monnaies légales ?

1020.—Prouvez par une opération, que 19 pièces de 5 fr. et 11 pièces de 2 fr. donnent la longueur du mètre.

1021.—Un poids quelconque de monnaie d'or valant 15 fois et demie plus qu'un même poids de monnaie d'argent, ce qui s'exprime par 15,5 : Trouvez, d'après cela, ce que pèsera 1 fr. en or.

SOLUTION : *Je sais qu'un fr. en argent pèse 5 gram., mais l'or vaut 15 fois et demie plus que l'argent, donc 1 fr. en or pèsera 15 fois 5 moins qu'un fr. en argent ; donc il faut diviser...*

1022.—Combien pèsent 40 000 fr. en or ?

SOLUTION : *Pour trouver le poids en grammes de 40 000 fr., s'il s'agissait d'argent, il suffirait de multiplier 5 gr. par 40 000 ; mais l'or valant 15 fois 5 plus, on en aura 15 fois 5 moins pesant que d'argent.*

1023.—Quelle est la valeur d'une somme en or, pesant 12 kilog. ?

SOLUTION : *Pour avoir la valeur de 12 kilog. d'argent monnayé, il faut diviser 12 par 0 kil. 005 ; mais comme il s'agit d'or, cette valeur sera 15,5 plus forte.*

1024.—Quelle somme fera-t-on avec 99 kilog. d'or pur ?

SOLUTION : Un poids quelconque d'or ou d'argent monnayé contient

10 parties, 9 de fin et une de cuivre; or, les 99 kilog. donnés ne contenant pas de cuivre, ne contiennent que 9 parties ; il faut donc prendre une de ces parties et l'ajouter à 99 ce qui donnera les dix parties de l'alliage. Ensuite, dites : Si c'était de l'argent, je diviserais le poids de l'alliage par 5 gr., et j'aurais le nombre de fr. qu'on fera avec cet alliage ; mais l'or valant 15 fois 5 plus que l'argent, il faut que je multiplie par 15,5.

1025.—Dites combien il faudrait donner pesant d'or pour 6 kilog. d'argent. Quelle somme cela ferait-il si l'or était monnayé ?

1026.—Dire quel poids d'argent il faudrait donner pour avoir 2 kilog. d'or.

1027.—La monnaie d'argent valant vingt fois plus que celle de bronze, Dire ce qu'on aura pesant d'argent pour 1150 kilog. de bronze. Quelle somme cela fera-t-il ?

1028.—La monnaie de bronze valant 20 fois moins que celle d'argent, Dire ce qu'on aura pesant de monnaie de bronze pour 220 kilog. de monnaie d'argent.—Quelle somme cela ferait-il ?

1029.—Un poids quelconque de monnaie d'or valant 310 fois plus qu'un même poids de monnaie de bronze, Dire ce qu'on aura pesant d'or monnayé pour 525 kilog. de monnaie de bronze. — Dites en outre quelle somme cela ferait.

1030.—La monnaie de bronze valant 310 fois moins que la monnaie d'or, Trouver le poids de monnaie de bronze qu'il faudrait donner pour avoir 5 hectog. de monnaie d'or ? —Dites de plus quelle somme cela ferait.

1031.—Une pièce de 5 fr. est légale, bien qu'elle perde les 3 millièmes de son poids : Dites le poids le plus faible que puisse avoir une pièce de 5 fr. pour avoir cours dans le commerce ? — Dites en outre quelle est cette tolérance légale.

1032.—Si la pièce de 5 fr. avait les 3 millièmes de son poids en plus, elle serait encore légale : Dites quel est le poids le plus élevé que puisse avoir une pièce de 5 fr.

1033.—Dites ce que valent les trois millièmes du poids d'une pièce de 5 fr.

1034.—L'argent pur valant 222 fr. 22 le kilog. : Combien valent 575 gram. ?

1035.—Le kilog. d'or pur valant 3444 fr. 44 : Combien valent 7 gram.

1036.—Combien y a-t-il d'argent pur dans un vase en argent, au titre 8 dixièmes, sachant que ce vase pèse 325 gr. ?

1037.—Combien y a-t-il d'or pur dans un vase d'or, au titre 920 millièmes, sachant que ce vase pèse 175 gr. ?

1038.—Combien y a-t-il d'or et de cuivre dans un ouvrage d'or au titre 8 dixièmes ?

1039.—Combien y a-t-il d'argent pur dans un ouvrage d'argent au titre 9003 dix-millièmes ?

1040.—Cherchez dans le tableau des monnaies le diamètre de la pièce de 1 fr., et dites quelle longueur feraient 620 pièces de 1 fr.

placées bord à bord, sur une ligne droite. — Faites le même **exer**cice sur la pièce de 5 fr. à l'égard de la même somme de 620 fr.

EXERCICES SUR LES NOMBRES COMPLEXES.

SUR L'ADDITION (No 188).

1041.—Trouvez le total des nombres suivants : 20 ans 152 jours + 15 ans 226 jours + 17 a. 302 j. + 6 a. 2 j.

1042.—Calculez le total des nombres suivants : 54° 29' 35" + 34° 7' 9" + 7° 20' 11".

1043.—Un journalier qui veut savoir les journées qu'il a faites dans le courant de son année, les compte ainsi : 3 journées 6 heures, chez Godet... 25 journées 8 heures, chez Lerude... 17 journées 12 heures, chez Barru. . 31 journées 9 heures, chez Labride... 24 journées 7 heures, chez Lenoir... 36 journées 8 heures, chez Grosbec... 42 journées 10 heures, chez Lapierre : Combien a-t-il fait de journées et d'heures, sachant que, terme moyen, ses journées sont de 11 heures ?

1044.—Un navire, qui se trouvait sous l'équateur, a parcouru, dans 4 jours, les degrés et parties de degrés ci-après : Combien a-t-il parcouru de degrés et parties de degré en tout ? Le premier jour 3° 20' 12"... le second jour 2° 45' 37"... le troisième jour 2° 17' 26"... et le quatrième jour 3° 26' 47".

1045.—Dire les degrés et parties de degré de trois arcs d'un même cercle, sachant que le premier est de 95° 00' 11"... le second de 19° 46' 23"... le troisième de 180° 00' 26".

1046.—Dites combien il y a d'années dans les nombres suivants : 111 jours... 95 jours... 16 jours 22 heures... 246 jours 20 heures... 144 jours... 360 jours 23 heures... 231 jours 7 heures

1047.—Voici de quelle manière un individu a passé sa vie : il est resté 12 ans 6 mois chez son père : il a vagabondé 6 ans 10 mois ; il a été soldat 8 ans 9 mois ; il est resté à l'hôpital 3 ans 7 mois 14 jours ; il s'est mis domestique 2 mois ; enfin, il est mendiant depuis 4 ans 7 mois 11 jours : Dites quel âge a cet individu.

1048.—Voici un fait vraiment extraordinaire : 8 élèves étaient dans la même classe et tous 8 étaient plus âgés l'un que l'autre de 17 jours 15 heures : On vous prie de trouver l'âge de chacun ; le plus jeune avait 8 ans.

1049.—En admettant que Pithiviers soit à 0° 50' au sud de Paris ; Bourges, à 1° 4' au sud de Pithiviers ; Ussel, à 1° 30' au sud de Bourges ; Mauriac, à 15' au sud d'Ussel ; Castres, à 1° 35' au sud de Mauriac ; et enfin Carcassonne, à 11' au sud de Castres : Pourriez-vous dire à combien de degrés et parties de degrés Carcassonne se trouve au sud de Paris ?

1050.—Entre la naissance de Pierre et celle de Louis, il y a 7 ans 25 jours 13 heures 11 minutes 30 secondes ; entre celle de Louis et celle d'André, il y a 9 ans 126 j. 19 h. 46 m. 58 s. ; entre celle d'André et celle de Maxime, il y a 13 ans 275 j. 22 h. 47 m. 20 s. : Dites l'âge des trois premiers personnages ; Maxime qui est le plus jeune, a 18 ans juste.

SUR LA SOUSTRACTION DES NOMBRES COMPLEXES.

1051.—De 18 ans 142 jours, ôtez 16 ans 41 jours et faites connaître le reste.

1052.—De 7 ans 32 j. 7 h., ôtez 5 ans 43 j. 12 h. et faites connaître le reste.

1053.—De 25º 45', ôtez 17º 33' et faites connaître le reste.

1054.—De 11º 15', ôtez 8º 15' 45" et faites connaître le reste.

1055.—De 3 ans 39 j., ôtez 1 an 47 j. 6 h. 12 m. 25 s. et faites connaître le reste.

1056.—Un clausier devait 27 journées à son propriétaire, il a acquitté 17 journées 7 heures : Combien doit-il encore, la journée étant de 15 heures ?

1057.—Un navire qui doit faire le tour du monde, lequel est de 360º, a parcouru en ce moment, 136º 11' 46" : Dites ce qui lui reste encore à parcourir.

1058.—La révolution française date du 5 mai 1789 : Combien y avait-il d'années et de jours, le 10 février 1851 ?

1059.—Paul a 7 ans 2 j. 3 h. 2 m. de plus que René qui a 47 ans 0 j. 2 h. : Dites l'âge de Paul.

1060.—En admettant que Jérusalem ait été prise par les Croisés, le 10 mars 1099 : Combien y avait-il d'années et de jours, le 18 février 1851 ?

SUR LA MULTIPLICATION DES NOMBRES COMPLEXES.

1061.—Multipliez 9 ans 103 j. par 7 et dites le produit.

1062.—Multipliez 15º 27' par 9 et donnez le produit.

1063.—Multipliez 27 ans 19 j. par 36 et faites connaître le produit.

1064.—Multipliez 12 par 9º 47' et donnez le produit.

1065.—Multipliez 27 par 3 j. 6 h. et faites connaître le produit.

1066.—Multipliez 7,75 par 124 j. 5 h. et faites connaître le produit. (Suivez la règle donnée Arithm. nº 190 ; calculez 2 décimales.)

1067.—Combien coûteront 142 jours 9 h. de travail à 2 fr. 30 la journée, si la journée est de 15 heures ?

1068.—Je dois à mon charpentier 6 heures de travail : Combien ai-je à lui compter, sachant qu'il se fait payer 2 fr. 50 pour une journée de 14 heures de travail ?

1069.—26 charpentiers et un apprenti, qui vaut les 25 centièmes d'un ouvrier, ont mis chacun 27 jours 10 heures à équarrir le bois d'une petite futaie : Combien ont-ils mis de temps en tout ? — Quelle est la somme qui leur est due, le prix de la journée de 14 heures étant de 2 fr. 75 ?

1070.—Si un navire parcourait régulièrement 3º 35' par jour, Combien parcourrait-il dans 1 an 106 jours ?

SUR LA DIVISION DES NOMBRES COMPLEXES.

1071.—Divisez 15 jours 8 heures par 3, et faites connaître le quotient.

1072.—Divisez 25 par 3 jours 5 heures et faites connaître le quotient.

1073.—Divisez 25,75 par 5 jours 7 heures et dites le quotient de cette division.

1074—On a payé 50 fr. pour 20 journées 7 heures : A combien la journée qui est de 13 heures ?

1075.—On a payé 3 fr. pour 2 heures 30 minutes de travail : Combien gagnerait par jour celui qui se ferait payer à ce prix, s'il travaillait seulement 12 heures par jour ?

1076.—Un expert a été employé 5 jours 5 heures, et on lui a compté 28 fr. 20 : Combien a-t-il gagné par jour, sachant qu'il travaillait 9 heures seulement par jour ? (On ne demande que les chiffres de la partie entière du quotient.)

1077.—Un navire a parcouru 105° 15' dans 1 an 107 jours : Combien a-t-il fait de degrés par jour ?

1078.—Un arc de cercle est de 105° 14' : Combien de fois contient-il un autre arc du même cercle qui n'a que 15° 2' ?

1079.—On demande ce que gagne par jour un domestique qui gagne 186 fr. 15 par an.

1080.—Combien aura-t-on de journées et de parties de journée pour 587 fr. 95, à 2 fr. 75 la journée de 15 heures ?

1081.—On a compté 358 fr. 31 à 17 ouvriers pour un certain travail ; on demande : 1° Combien ils ont mis de temps à exécuter ce travail, sachant qu'on leur donnait chacun 2 fr. par jour ; 2° Combien chacun a eu pour sa part de la susdite somme ?

RÉCAPITULATION DES NOMBRES COMPLEXES.

1082.—Pierre est né le 15 août 1832, et Jacques le 13 mars 1799 : Dire de combien Jacques est plus âgé que Pierre.

1083.—Un homme est né le 1er avril 1779, et il est mort le 15 septembre 1841 : Quel âge avait-il ?

1084.—Un bon vieillard est mort en 1850, à l'âge de 90 ans : Dans quelle année était-il né ?

1085.—Défunt Calais était né en 1767, et il est mort âgé de 75 ans 20 jours : Quand est-il mort ?

1086.—Multipliez 3° 7' 9" par 15 et donnez le produit.

1087.—Divisez 245 jours 2 heures par 25, et faites connaître le quotient.

1088.—Une bonne fille du département des Deux-Sèvres est morte en 1845, âgée de 114 ans : En quelle année était-elle née ?

1089.—Un père avait 25 ans à la naissance de son fils aîné : Dites quel était l'âge du père le 1er juin 1850 : le fils avait alors 55 ans 136 jours.

1090.—Dites combien a vécu de minutes un vieillard qui a vécu 80 ans.

1091.—Dites combien il y a de secondes dans 100 ans.

1092.—Sous l'équateur, les degrés de longitude sont de 11 myriamètres 1111 m : D'après cela, dites quelle est la largeur, en kilomètres et parties de kilomètre, de la partie de l'Océan atlantique qui, sous l'équateur, sépare l'Afrique de l'Amérique, sachant qu'elle a 60 degrés 12 m.

1093.—Le soleil parcourant 1 degré dans 4 minutes : On vous demande quelle heure il est à Paris, quand il est midi à Strasbourg, sachant qu'il y a 5º 30' entre les méridiens de ces deux villes.

1094.—Si l'on payait quelqu'un 0 fr. 02 par minute : Combien lui devrait-on au bout d'un an, en supposant qu'il ne travaillât que 11 heures 20 minutes par jour, en exceptant les 52 dimanches et les 4 fêtes annuelles?

1095.—Combien est-il dû à un domestique qui a fait chez le même maître un service de 3 ans 220 jours, à 215 fr. 40 par an?

1096.—Un propriétaire avait gagé un domestique pour la somme de 185 fr. par an; mais au bout de 7 mois, ce domestique est congédié pour cause d'inconduite : Combien son maître a-t-il dû lui compter?

1097.—Un maître menuisier était convenu avec un ouvrier de le payer 20 fr. par mois ; mais le jeune homme ne se plaisant pas dans sa nouvelle position, en partit au bout de 17 jours : Combien lui était-il dû ?

1098.—Un élève étudiant dans un collége où la pension est de 477 fr. pour 10 mois (année scolaire), y compris les fournitures classiques, est forcé d'en partir au bout de 7 mois : Combien doit-il payer?

1099.—Un enfant a passé cinq mois dans un pensionnat primaire où l'on paye 300 fr. pour l'année scolaire, qui est de 10 mois 15 jours : Combien doit-il?

1100.—Un monsieur a passé 13 mois dans un restaurant où l'on paye 1500 fr. de pension par an : Combien a-t-il à payer ?

1101.—Un père de famille doit 17 mois de la pension de son fils, laquelle est de 275 fr. par an : Combien doit-il?

1102.—Un père était convenu avec un maître carrossier que son fils serait 3 ans en apprentissage chez ce dernier; la somme stipulée pour les 3 ans était de 600 fr. ; mais l'enfant étant mort au bout de 25 mois : On demande ce que le père doit au maître carrossier.

1103.—Combien doit-on à une laveuse, pour trois journées plus 6 heures, la journée étant de 11 heures et le salaire de 0 fr. 60?

1104.—Combien doit-on à un maître de musique, qui prend 0 fr 65 par leçon d'une heure, pour autant de leçons qu'il y a d'heures dans 15 jours plus 45 minutes ?

1105.—Un professeur de langue anglaise a touché 604 fr. 80 pour autant de leçons d'une heure qu'il y a d'heures dans 4 mois de 30 jours : Dites à combien revient la leçon d'une heure.

1106.—Combien y a-t-il d'années dans 11.605.248.000 secondes ?

1107.—Combien y a-t-il de degrés dans 142 834" ?

1108 —Sachant que la terre a 360 degrés et 40 000 000 mètres de tour : Dites ce que vaut chaque degré en kilomètres et parties de kilomètre. — Dites, en outre, ce que le degré vaut de lieues métriques.

1109.—Un bateau à vapeur qui fait le service entre 2 villes, distantes l'une de l'autre de 88 kilom., met 7 heures 35 minutes à faire ce trajet : Combien fait-il de chemin par heure ?

EXERCICES SUR LES FRACTIONS ORDINAIRES.

NUMÉRATION.

1110.—Représentez les fractions suivantes [1] :

1° 2 sur 3.	6° 7 sur 9.	11° 35 sur 45.	16° 289 sur 634.
2° 4 sur 6.	7° 6 sur 7.	12° 98 sur 115.	17° 29 sur 7.
3° 3 sur 4.	8° 9 sur 12.	13° 77 sur 99.	18° 12 sur 6.
4° 5 sur 7.	9° 11 sur 15.	14° 65 sur 97.	19° 21 sur 7.
5° 7 sur 8.	10° 17 sur 20.	15° 144 sur 275.	20° 118 sur 12.

1111.—Enoncez les fractions suivantes, c'est-à-dire écrivez-les en lettres :

1° $\frac{2}{3}$.	8° $\frac{3}{4}$.	14° $\frac{11}{15}$.	20° $\frac{144}{275}$.
2° $\frac{4}{6}$.	9° $\frac{7}{9}$.	15° $\frac{17}{20}$.	21° $\frac{289}{634}$.
3° $\frac{3}{4}$.	10° $\frac{9}{10}$.	16° $\frac{55}{45}$.	22° $\frac{29}{7}$.
4° $\frac{5}{7}$.	11° $\frac{8}{12}$.	17° $\frac{98}{115}$.	23° $\frac{12}{6}$.
5° $\frac{7}{8}$.	12° $\frac{6}{12}$.	18° $\frac{77}{99}$.	24° $\frac{21}{7}$.
6° $\frac{1}{2}$.	13° $\frac{6}{7}$.	19° $\frac{65}{97}$.	25° $\frac{108}{12}$.
7° $\frac{1}{4}$.			

1112.—Désignez parmi les fractions ci-après, qui ont le même dénominateur, celles qui ont le plus de valeur ; — celles qui en ont le moins :

1° $\frac{1}{5}$, $\frac{2}{5}$, $\frac{3}{5}$.

2° $\frac{1}{4}$, $\frac{2}{4}$, $\frac{3}{4}$, $\frac{4}{4}$.

3° $\frac{1}{5}$, $\frac{2}{5}$, $\frac{3}{5}$, $\frac{4}{5}$, $\frac{5}{5}$.

4° $\frac{1}{6}$, $\frac{2}{6}$, $\frac{3}{6}$, $\frac{4}{6}$, $\frac{5}{6}$, $\frac{6}{6}$.

5° $\frac{1}{7}$, $\frac{2}{7}$, $\frac{3}{7}$, $\frac{4}{7}$, $\frac{5}{7}$, $\frac{6}{7}$, $\frac{7}{7}$.

6° $\frac{1}{8}$, $\frac{2}{8}$, $\frac{3}{8}$, $\frac{4}{8}$, $\frac{5}{8}$, $\frac{6}{8}$, $\frac{7}{8}$, $\frac{8}{8}$.

7° $\frac{1}{9}$, $\frac{2}{9}$, $\frac{3}{9}$, $\frac{4}{9}$, $\frac{5}{9}$, $\frac{6}{9}$, $\frac{7}{9}$, $\frac{8}{9}$, $\frac{9}{9}$.

8° $\frac{1}{2}$, $\frac{2}{2}$.

1113.—Parmi les expressions fractionnaires ci-après, ayant le même dénominateur, désignez celles qui ont le plus de valeur et celles qui en ont le moins :

[1] Exercices à faire, soit au tableau, soit sur le livre même, soit enfin sur le cahier.

1° $\frac{2}{2}$, $\frac{3}{2}$, $\frac{4}{2}$, $\frac{5}{2}$, $\frac{6}{2}$, $\frac{7}{2}$, $\frac{8}{2}$, $\frac{9}{2}$.

2° $\frac{3}{3}$, $\frac{4}{3}$, $\frac{5}{3}$, $\frac{6}{3}$, $\frac{7}{3}$, $\frac{8}{3}$, $\frac{9}{3}$.

3° $\frac{4}{4}$, $\frac{5}{4}$, $\frac{6}{4}$, $\frac{7}{4}$, $\frac{8}{4}$, $\frac{9}{4}$.

4° $\frac{5}{5}$, $\frac{6}{5}$, $\frac{7}{5}$, $\frac{8}{5}$, $\frac{9}{5}$.

5° $\frac{6}{6}$, $\frac{7}{6}$, $\frac{8}{6}$, $\frac{9}{6}$.

6° $\frac{7}{7}$, $\frac{8}{7}$, $\frac{9}{7}$.

7° $\frac{8}{8}$, $\frac{9}{8}$.

8° $\frac{9}{9}$, $\frac{10}{9}$, $\frac{11}{9}$, $\frac{12}{9}$.

PREMIÈRE RÉDUCTION.

1114.—Réduisez en fractions les nombres entiers ci-après :

1° 2 entiers en quarts.
2° 3 en huitièmes.
3° 4 en douzièmes.
4° 7 en tiers.
5° 5 en sixièmes.
6° 9 en demis.
7° 11 en cinquièmes.
8° 13 en quarts.

9° 25 en tiers.
10° 105 en septièmes.
11° 242 en quinzièmes.
12° 679 en vingtièmes.
13° 1847 en quarante-cinquièmes.
14° 5795 en soixantièmes.
15° 456 734 en demis.

1115.—(*Sur la règle* 207.) Réduisez en une seule fraction chacun des nombres suivants :

1° 5 entiers $\frac{1}{2}$.
2° 3 $\frac{3}{4}$.
3° 4 $\frac{5}{8}$.
4° 6 $\frac{1}{4}$.
5° 7 $\frac{4}{9}$.

6° 12 $\frac{1}{3}$.
7° 18 $\frac{7}{15}$.
8° 25 $\frac{11}{12}$.
9° 34 $\frac{19}{27}$.
10° 75 $\frac{7}{13}$.

11° 86 $\frac{3}{49}$.
12° 174 $\frac{20}{34}$.
13° 1820 $\frac{1}{3}$.
14° 8493 $\frac{1}{15}$.
15° 777 777 $\frac{1}{7}$.

DEUXIÈME RÉDUCTION.

1116.—(*Sur la règle* 208.) Dites combien il y a d'entiers :

1° dans $\frac{36}{2}$.
2° dans $\frac{12}{3}$.
3° dans $\frac{24}{6}$.
4° dans $\frac{12}{12}$.
5° dans $\frac{44}{11}$.
6° dans $\frac{27}{9}$.
7° dans $\frac{49}{7}$.
8° dans $\frac{45}{15}$.

9° dans $\frac{48}{16}$.
10° dans $\frac{72}{6}$.
11° dans $\frac{108}{12}$.
12° dans $\frac{155}{5}$.
13° dans $\frac{12\,825}{25}$.
14° dans $\frac{7847}{7}$.
15° dans $\frac{21}{13}$.
16° dans $\frac{17}{4}$.

17° dans $\frac{29}{8}$.
18° dans $\frac{56}{5}$.
19° dans $\frac{11}{2}$.
20° dans $\frac{5}{3}$.
21° dans $\frac{2}{1}$.
22° dans $\frac{7}{4}$.

TROISIÈME RÉDUCTION.

1117.—Réduisez à leur plus simple expression, par la première méthode, chacune des fractions ci-après :

1° $\frac{18}{36}$.
2° $\frac{12}{15}$.
3° $\frac{6}{8}$.
4° $\frac{6}{9}$.

5° $\frac{2}{4}$.
6° $\frac{6}{12}$.
7° $\frac{8}{14}$.
8° $\frac{5}{15}$.

9° $\frac{7}{9}$.
10° $\frac{5}{7}$.
11° $\frac{12}{18}$.
12° $\frac{3}{4}$.

13° $\frac{5}{10}$.
14° $\frac{3}{9}$.
15° $\frac{7}{12}$.

1118.—Cherchez le plus grand commun diviseur entre les termes de chacune des fractions ci-après, et réduisez-les à leurs plus simples expressions par la deuxième méthode :

1° $\frac{16}{48}$. 2° $\frac{14}{26}$. 3° $\frac{15}{27}$. 4° $\frac{44}{56}$. 5° $\frac{315}{385}$.

6° $\frac{304}{336}$. 7° $\frac{245}{525}$. 8° $\frac{123}{205}$. 9° $\frac{549}{636}$. 10° $\frac{724}{842}$.

11° $\frac{627}{531}$. 12° $\frac{2877}{4943}$. 13° $\frac{5748}{5877}$. 14° $\frac{113577}{226688}$. 15° $\frac{77175}{7985}$.

16° $\frac{27681}{2375}$. 17° $\frac{999777}{88}$.

QUATRIÈME RÉDUCTION.

1119.—Réduisez au même dénominateur :

1° $\frac{2}{5}$ et $\frac{3}{5}$. 2° $\frac{1}{4}$ et $\frac{2}{5}$. 3° $\frac{1}{2}$ et $\frac{3}{9}$. 4° $\frac{2}{6}$ et $\frac{3}{4}$. 5° $\frac{3}{7}$ et $\frac{4}{5}$.

6° $\frac{52}{41}$ et $\frac{6}{8}$. 7° $\frac{43}{74}$ et $\frac{18}{20}$. 8° $\frac{3}{28}$ et $\frac{7}{40}$. 9° $\frac{52}{41}$ et $\frac{35}{37}$. 10° $\frac{15}{61}$ et $\frac{14}{17}$.

11° $\frac{142}{13}$ et $\frac{13}{142}$. 12° $\frac{7}{5}$ et $\frac{9}{4}$. 13° $\frac{120}{240}$ et $\frac{10}{40}$. 14° $\frac{1226}{3213}$ et $\frac{3545}{6887}$. 15° $\frac{255}{64}$ et $\frac{64}{255}$.

1120.—(*Sur la règle* 229.) Réduisez au même dénominateur :

1° $\frac{5}{6}$, $\frac{2}{3}$, $\frac{3}{4}$.

2° $\frac{1}{2}$, $\frac{1}{3}$, $\frac{1}{4}$, $\frac{4}{5}$.

3° $\frac{4}{4}$, $\frac{5}{6}$, $\frac{6}{7}$.

4° $\frac{3}{5}$, $\frac{6}{8}$, $\frac{4}{9}$, $\frac{7}{8}$.

5° $\frac{4}{7}$, $\frac{3}{5}$, $\frac{2}{3}$, $\frac{1}{2}$, $\frac{5}{7}$, $\frac{9}{12}$.

6° $\frac{52}{41}$, $\frac{35}{45}$, $\frac{23}{26}$.

7° $\frac{12}{15}$, $\frac{16}{8}$, $\frac{14}{21}$.

8° $\frac{34}{51}$, $\frac{3}{7}$, $\frac{4}{9}$, $\frac{2}{3}$.

ADDITION DES FRACTIONS.

1121.—Faites les additions des fractions abstraites ci-après :

1° $\frac{2}{5} + \frac{1}{5} + \frac{2}{5}$.

2° $\frac{3}{5} + \frac{2}{5} + \frac{1}{5} + \frac{4}{5}$.

3° $\frac{13}{12} + \frac{9}{12}$.

4° $\frac{11}{15} + \frac{14}{15} + \frac{13}{15} + \frac{5}{15} + \frac{7}{15}$.

5° $\frac{125}{144} + \frac{118}{144} + \frac{102}{144} + \frac{15}{144} + \frac{8}{144}$.

6° $\frac{1842}{2835} + \frac{375}{2835} + \frac{711}{2835} + \frac{4555}{2835} + \frac{8634}{2835}$.

7° $\frac{2}{5} + \frac{3}{4}$.

8° $\frac{3}{7} + \frac{1}{4} + \frac{2}{3}$.

9° $\frac{5}{7} + \frac{1}{2} + \frac{2}{9}$.

10° $\frac{12}{13} + \frac{15}{25}$.

11° $\frac{20}{33} + \frac{23}{36}$.

12° $\frac{2}{3} + \frac{3}{4} + \frac{4}{5} + \frac{2}{3}$.

1122.—Un maître a dans son atelier 3 apprentis : le premier équivaut aux $\frac{3}{4}$ d'un ouvrier; le second à $\frac{1}{2}$ et le troisième aux $\frac{2}{5}$: Dites combien les 3 ensemble valent d'ouvriers.

1123.—Pour les réparations de sa maison, un propriétaire a employé un ouvrier les fractions de journées suivantes : Combien lui doit-il de journées ?

1° Les $\frac{3}{4}$ d'un jour... 2° $\frac{2}{13}$... 3° $\frac{5}{8}$... 4° $\frac{1}{2}$... 5° $\frac{1}{4}$.. 6° $\frac{4}{6}$.

1124.—Combien y a-t-il de francs dans $\frac{1}{4} + \frac{1}{2} + \frac{3}{4} + \frac{4}{5} + \frac{10}{20}$ de franc? (*Prenez* 60 *pour dénominateur commun: voir Arithm. N*° 229, *remarque.*)

1125.—Combien y a-t-il de mètres dans $\frac{1}{2} + \frac{2}{5} + \frac{1}{4} + \frac{3}{4} + \frac{1}{5} + \frac{3}{5} + \frac{4}{10}$ dé mètre? (Ici 60 peut encore être pris pour dénominateur commun.)

1126.—Une bonne fermière a distribué aux pauvres, dans sa semaine, les quantités suivantes de pain : lundi, les $\frac{7}{8}$ d'un pain; mardi, les $\frac{3}{4}$ *idem;* mercredi, les $\frac{2}{3}$ *idem;* jeudi, les $\frac{11}{12}$ *idem;* vendredi, les $\frac{7}{8}$ *idem;* samedi, les $\frac{18}{24}$ *idem :* On demande combien cette charitable femme a distribué de pains dans sa semaine.

Solution : Prenez 24 *pour dénominateur commun, vu qu'il est multiple de tous les autres; multipliez les deux termes de chacune des autres fractions par le nombre qui, multipliant son dénominateur, amène* 24, *et vous n'aurez plus qu'à suivre la règle générale.*

1127.—Dites combien il y a d'heures dans $\frac{1}{4} + \frac{3}{4} + \frac{2}{3} + \frac{2}{10} + \frac{3}{5} + \frac{5}{6} + \frac{1}{5}$ d'heure (*Ici prenez* 60 *pour dénominateur commun et multipliez les deux termes des 2 premières par 15, de la 3*e *par 20...*)

1128.—(*Sur la règle 233.*) Additionnez les expressions fractionnaires abstraites suivantes :

1° $3\frac{2}{3} + 4\frac{3}{4}.$ | 7° $27\frac{3}{125} + 31\frac{5}{104}.$

2° $9\frac{1}{2} + 8\frac{1}{3} + 5\frac{1}{4}.$ | 8° $34\frac{1}{1740} + 27\frac{141}{2360}.$

3° $12\frac{3}{8} + 14\frac{1}{7} + 18\frac{3}{4}.$ | 9° $141\frac{526}{2954} + \frac{227}{5324}.$

4° $27\frac{1}{2} + 34\frac{2}{3} + 42\frac{1}{5}.$ | 10° $619\frac{1}{4} + 747\frac{1855}{2799}.$

5° $125\frac{3}{9} + 227\frac{6}{7} + 641\frac{4}{13}.$

6° $2535\frac{4}{7} + 3542\frac{3}{7} + 5834\frac{3}{7} + 7997\frac{6}{7} + 9324\frac{2}{7}.$

1129.—Un riche très-charitable fait régulièrement distribuer aux pauvres les quantités suivantes de blé : lundi, 3 doubles décalitres $\frac{1}{2}$; mardi, 5 d. d. $\frac{3}{4}$; mercredi, 4 d. d. $\frac{1}{3}$; jeudi, 7 d. d. $\frac{3}{5}$; vendredi, 10 d. d. $\frac{17}{20}$; samedi, 2 d. d. $\frac{3}{5}$: Combien en fait-il distribuer par semaine?

1130.—Un tailleur s'en va chez un marchand, et lui demande : 1° 3 m $\frac{1}{2}$ drap noir fin; 2° 6 m. $\frac{3}{4}$ flanelle de santé; 3° 12 m. $\frac{3}{5}$ coton pour doublure; 4° 9 m. $\frac{4}{5}$ serge bleue : On demande combien il a pris de mètres en tout.

1131.—Au mois de mars, un ouvrier a fait chez moi 17 journées $\frac{7}{15}$; au mois d'avril, 9 journées $\frac{2}{15}$; au mois de mai, 11 journées $\frac{6}{15}$; au mois de juin, 12 journées $\frac{9}{15}$; au mois de juillet, 18 journées $\frac{10}{15}$; et au mois d'août, 15 journées $\frac{5}{15}$: Combien lui dois-je de journées?

1132.—Un pauvre vieillard, qui a usé ses jours au service du prochain, se présente à 5 portes, où il reçoit : 1 fr. $\frac{3}{4}$... 2 fr. $\frac{1}{2}$... 1 fr. $\frac{3}{5}$... $\frac{3}{4}$ de franc, et les $\frac{2}{5}$ d'un franc : Combien a-t-il reçu?

1133.—Un écolier, pour aider son père, travaille manuellement 1 h. $\frac{1}{4}$ le matin, puis $\frac{2}{3}$ d'heure, encore dans la matinée; après son dîner, il y retourne pendant 1 h. $\frac{5}{6}$, et enfin, le soir, pendant 1 h. $\frac{1}{2}$: Combien ce bon jeune homme emploie-t-il de temps pour son père?

1134.—On demande combien volerait à ses ouvriers, dans 56 semaines, un homme injuste et avare qui, profitant de leur bonne foi, tromperait, chaque semaine, l'un de 1 fr. $\frac{1}{4}$; l'autre des $\frac{3}{4}$, le troisième de $\frac{4}{5}$, et le quatrième de $\frac{3}{10}$ de fr.

SOUSTRACTION DES FRACTIONS.

1135.—Faites les soustractions indiquées qui suivent :

1° $\frac{1}{2} - \frac{1}{4}$.	7° $\frac{7}{8} - \frac{5}{7}$.	13° $\frac{254}{325} - \frac{364}{2331}$.	
2° $\frac{2}{5} - \frac{1}{5}$.	8° $\frac{11}{12} - \frac{7}{8}$.	14° $\frac{64}{240} - \frac{6}{102}$.	
3° $\frac{5}{6} - \frac{3}{6}$.	9° $\frac{15}{23} - \frac{15}{24}$.	15° $\frac{624}{6} - \frac{325}{8}$.	
4° $\frac{7}{9} - \frac{4}{9}$.	10° $\frac{17}{25} - \frac{19}{36}$.	16° $\frac{25742}{3} - \frac{9637}{4}$.	
5° $\frac{13}{21} - \frac{11}{21}$.	11° $\frac{7}{12} - \frac{2}{6}$.		
6° $\frac{3}{4} - \frac{1}{3}$.	12° $\frac{14}{19} - \frac{4}{6}$.		

1136.—On avait les $\frac{5}{6}$ d'une pièce de drap, et on en a cédé $\frac{6}{8}$: Combien en a-t-on réservé?

1137.—On me devait les $\frac{5}{4}$ d'une barrique de vin, et l'on m'en a payé les $\frac{2}{3}$: Combien m'en doit-on encore ?

1138.—Un pain quelconque en pâte contient de l'eau en certaine quantité; mais si, à la cuisson, il perd les $\frac{3}{10}$ de cette eau, combien en restera-t-il dans le pain cuit?

1139.—Combien resterait-il d'eau dans un pain cuit, si l'évaporation de la cuisson était les $\frac{4}{10}$ de cette eau?

1140.—Combien reste-t-il de l'eau que l'on introduit dans la pâte, sachant que le four en évapore les $\frac{1}{14}$?

1141.—Un joueur a perdu les $\frac{3}{4}$ de sa fortune : Que lui reste-t-il?

1142.—1° De 7 $\frac{1}{2}$ ôtez 6 $\frac{5}{8}$... 2° de 9 $\frac{5}{4}$ ôtez 7 $\frac{3}{5}$... 3° de 6 $\frac{1}{4}$ ôtez 4 $\frac{1}{9}$... 4° de 12 $\frac{1}{3}$ ôtez 10 $\frac{1}{4}$... 5° de 25 $\frac{9}{12}$ ôtez 21 $\frac{3}{7}$... 6° de 35 $\frac{1}{15}$ ôtez 26 $\frac{4}{12}$... 7° de 48 $\frac{6}{7}$ ôtez 39 $\frac{5}{7}$... 8° de 54 $\frac{3}{11}$ ôtez 32 $\frac{2}{3}$. 9° de 81 $\frac{4}{86}$ ôtez 14 $\frac{5}{7}$... 10° de 158 $\frac{4}{6}$ ôtez 95 $\frac{1}{2}$... 11° de 875 $\frac{34}{45}$ ôtez 632 $\frac{26}{41}$.

1143.—Un homme est né en 1804 $\frac{1}{3}$: Quel âge avait-il en 1851 $\frac{3}{4}$?

1144.—On achète 18 m. $\frac{5}{20}$ de drap et l'on en revend 13 m. $\frac{1}{4}$: Combien en reste-t-il?

1145.—On avait acheté 12 hectolitres $\frac{4}{5}$ de blé, et l'on en a consommé 7 hectol. $\frac{3}{4}$: Combien en reste-t-il ?

1146.—Un fabricant devait fournir 625 mètres de toile, et il n'en a livré que 326 m. $\frac{3}{4}$: Combien doit-il en livrer encore ?

1147.—Si, ayant 145 kilom. $\frac{4}{5}$ à parcourir, j'en avais parcouru 104 $\frac{3}{4}$: Combien m'en resterait-il à parcourir ?

1148.—Si, ayant 1250 stères $\frac{4}{5}$ de bois à vendre, j'en avais vendu 15 stères $\frac{1}{4}$: Combien m'en resterait-il à vendre ?

1149.—On avait récolté 15 doub. décal. $\frac{4}{5}$ de pommes ; on en a consommé 7 d. d. $\frac{3}{4}$: Combien en reste-t-il ?

1150.—Un épicier avait 157 kilog. $\frac{25}{40}$ de sucre ; mais un voleur, qui s'est introduit chez lui pendant la nuit, ne lui en a laissé que 98 kilog. $\frac{18}{20}$: Combien en a-t-il volé ?

MULTIPLICATION DES FRACTIONS.

1151.—Multipliez :

1° $\frac{3}{5}$ par 6.	3° $\frac{4}{9}$ par 11.	5° $\frac{11}{19}$ par 7,50.
2° $\frac{1}{4}$ par 5.	4° $\frac{3}{7}$ par 12,20.	

1152.—Multipliez :

1° 9 par $\frac{2}{5}$.	3° 14 par $\frac{2}{7}$.	5° 8,75 par $\frac{3}{4}$.
2° 15 par $\frac{1}{4}$.	4° 16 par $\frac{5}{8}$.	6° 25,34 par $\frac{5}{6}$.

1153.—Multipliez :

1° $\frac{1}{5}$ par $\frac{1}{2}$.	5° $\frac{6}{7}$ par $\frac{2}{5}$.	9° 19 par $\frac{5}{6}$.
2° $\frac{2}{3}$ par $\frac{3}{4}$.	6° $\frac{7}{9}$ par $\frac{8}{9}$.	10° $\frac{2}{3}$ par 8.
3° $\frac{1}{4}$ par $\frac{1}{3}$.	7° $\frac{9}{12}$ par $\frac{4}{13}$.	11° $\frac{4}{12}$ par 6.
4° $\frac{2}{5}$ par $\frac{3}{4}$.	8° 7 par $\frac{2}{3}$.	12° $\frac{7}{22}$ par 12.

1154.—Prenez les $\frac{11}{12}$ de $\frac{7}{9}$ et donnez le produit.

1155.—Prenez les $\frac{6}{7}$ de 21 et donnez le produit.

1156.—Prenez 25 fois la fraction $\frac{9}{15}$, et faites connaître le produit.

1157.—Quels sont les $\frac{2}{3}$ d'une pièce de drap qui a 48 m. ?

1158.—Quels sont les $\frac{3}{4}$ d'une barrique de vin qui contient 250 litres ?

1159.—Paul avait 78 billes dont il a perdu les $\frac{2}{3}$: Combien en a-t-il perdu ?

1160.—Dites le prix des $\frac{3}{4}$ d'un mètre d'une marchandise dont le mèt. vaut $\frac{1}{4}$ de franc.

1161.—Dites la quantité d'eau qu'il faut mettre dans un sac de bonne farine tamisée, pesant 75 kilog., sachant que pour obtenir de la pâte ferme, il faut mettre une quantité d'eau égale aux $\frac{2}{5}$ du poids de la farine.

1162.—Un père de famille achète un sac de farine tamisée, 2e qualité : Combien devra-t-il prendre d'eau pour obtenir de la pâte ferme, sachant que ce sac pèse 48 kilog. et que la farine 2e qualité prend $\frac{1}{2}$ de son poids d'eau ?

1163.—Combien mettra-t-on d'eau pour pétrir 235 kilog. de farine tamisée, 3e qualité, sachant que cette farine ne prend que les $\frac{2}{5}$ de son poids d'eau ?

1164.—Quelqu'un avait 248 kilog. de pâte ferme dont il fit des pains de 6 kilog. : Combien obtint-il de kilog. de pain, sachant que la pâte ferme, mise en pains de 6 kilog., ne donne que les $\frac{22}{25}$ de son poids de pain ?

1165.—Multipliez $3\frac{1}{5}$ par 5 et donnez le produit.

1166.—Multipliez 5 par $3\frac{1}{5}$ et donnez le produit.

1167.—Multipliez 55 par $49\frac{2}{7}$ et donnez le produit.

1168.—On achète 35 ares $\frac{3}{4}$ de terrain à raison de 25 fr. $\frac{4}{5}$ l'are : Combien a-t-on déboursé ?

1169.—Quel est l'âge d'un fils qui n'a que les $\frac{3}{7}$ de l'âge de son père, lequel a 49 ans $\frac{2}{14}$?

1170.—Quelle est la somme qu'a Jacques, sachant qu'il n'a que les $\frac{2}{8}$ de 12 fr. $\frac{1}{4}$?

1171.—Un petit voleur avait pris 15 fr. $\frac{1}{2}$ à son père ; mais conduit en prison, il est forcé d'avouer sa faute et de restituer ; et ayant déjà dépensé une partie de ce qu'il avait pris, il ne peut en rendre que les $\frac{2}{5}$: Combien a-t-il rendu ?

1172.—Que faut-il payer pour 15 m. $\frac{2}{5}$ de drap à 12 fr. $\frac{5}{10}$ le mètre ?

1173.—Combien valent 39 doubles décal. $\frac{5}{4}$ de froment, à 4 fr. $\frac{4}{5}$ le double ?

1174.—Un enfant avait 12 ans $\frac{7}{12}$ quand il fit sa première communion : Quel âge a-t-il maintenant qu'il a 7 fois $\frac{1}{2}$ l'âge qu'il avait alors ?

1175.—Combien doit-on à un ouvrier pour 7 journées $\frac{1}{5}$ de travail à raison de 2 fr. $\frac{25}{100}$ par jour ?

FRACTIONS DE FRACTIONS.

1176.—Quels sont les $\frac{2}{3}$ des $\frac{3}{4}$ de $\frac{5}{8}$?

1177.—Quels sont les $\frac{5}{3}$ des $\frac{4}{9}$ de 36 unités ?

1178.—Quels sont les $\frac{6}{10}$ des $\frac{3}{4}$ des $\frac{2}{3}$ de 60 ?

1179.—Entre quatre amis, nous avons acheté une barrique de vin de Lunel, contenant 144 litres ; l'un en prend $\frac{1}{3}$, un second les $\frac{5}{6}$ du $\frac{1}{3}$, un troisième les $\frac{3}{4}$ des $\frac{5}{6}$ du $\frac{1}{3}$, enfin le quatrième les $\frac{13}{15}$ des $\frac{3}{4}$ des $\frac{5}{6}$ du $\frac{1}{3}$: Dites la quantité de litres qu'a eue ce quatrième, et si vous le pouvez, celle de chacun des trois autres.

1180.—Une somme de 3025 fr. ayant été partagée, j'en ai eu les $\frac{2}{3}$ des $\frac{21}{25}$: Quelle somme ai-je eue ?

DIVISION DES FRACTIONS.

1181.—Divisez :

1° $\frac{3}{4}$ par 4.	6° $\frac{4}{11}$ par 21.	11° 24 par $\frac{2}{3}$,
2° $\frac{2}{9}$ par 11.	7° $\frac{7}{9}$ par 13,5.	12° 30 par $\frac{5}{6}$.
3° $\frac{2}{5}$ par 7.	8° $\frac{1}{3}$ par 32,75	13° 25 par $\frac{4}{5}$.
4° $\frac{5}{7}$ par 8.	9° 4 par $\frac{5}{4}$.	
5° $\frac{6}{27}$ par 16.	10° 11 par $\frac{2}{9}$.	

1182.—Divisez :

1° $\frac{1}{4}$ par $\frac{1}{3}$.	5° $\frac{5}{13}$ par $\frac{6}{5}$.	9° 6,6 par $\frac{17}{21}$.
2° $\frac{2}{5}$ par $\frac{3}{4}$.	6° $\frac{7}{20}$ par $\frac{4}{7}$.	10° 16,2 par $\frac{7}{4}$.
3° $\frac{3}{8}$ par $\frac{5}{6}$.	7° 7,25 par $\frac{2}{9}$.	
4° $\frac{11}{12}$ par $\frac{3}{7}$.	8° 30,42 par $\frac{11}{17}$.	

1183.—Les $\frac{3}{5}$ d'un hectolitre ayant coûté 12 fr. : A combien revient l'hectolitre ?

1184.—Les $\frac{4}{5}$ d'un franc étant le prix d'un quart de mètre d'un certain drap : Combien vaut le mètre ?

1185.—Ayant acheté les $\frac{9}{12}$ d'une pièce de drap, j'en ai eu 27 m. : Quelle était la longueur de cette pièce ?

1186.—Combien aurai-je de douzaines de mouchoirs pour 216 fr., si un mouchoir se vend les $\frac{3}{5}$ d'un franc ?

1187.—Quel est le nombre qui multipliant 134 reproduirait $\frac{2}{3}$?

1188.—Quel est le nombre qui étant multiplié par $\frac{6}{7}$ reproduirait 49 ?

1189.—Quel est le nombre qui multipliant $\frac{6}{7}$ reproduirait $\frac{1}{4}$?

1190.—Quel est le nombre qui étant multiplié par $\frac{4}{15}$ reproduirait $\frac{17}{21}$?

1191.—Si l'on divisait $\frac{1}{5}$ par $\frac{4}{5}$, le quotient serait-il plus grand ou plus petit que le dividende ? — Faites l'opération et donnez le quotient.

1192.—Si l'on divisait 12 par $\frac{2}{3}$ le quotient serait-il plus grand ou plus petit que le dividende? — Faites l'opération et donnez le quotient.

1193.—Divisez $9\frac{1}{4}$ par 6... 6 par $9\frac{1}{4}$.

1194.—Divisez $5\frac{6}{8}$ par $9\frac{5}{12}$... $9\frac{5}{12}$ par $5\frac{6}{8}$.

1195.—Un bateau à vapeur fait 88 kilomètres dans 7 heures $\frac{7}{12}$: Combien fait-il par heure?

1196.—On achète 18 stères $\frac{3}{5}$ de bois pour 216 fr. $\frac{1}{5}$: A combien revient le stère?

1197.—Combien aurait-on de stères pour 218 fr. $\frac{4}{5}$, à 12 fr. $\frac{1}{2}$ le stère?

1198.—Combien aurait-on de litres pour 15 fr. $\frac{2}{5}$, à 1 fr. $\frac{1}{4}$ le litre?

1199.—Combien ferait-on faire de mètres carrés de plafond pour 125 fr., à 12 fr. $\frac{1}{2}$ le mètre carré?

1200.—Des terrassiers ont touché 175 fr. $\frac{3}{5}$ pour un remblai de 526 m. cubes $\frac{4}{5}$: Combien ont-ils touché par m. cube?

1201.—On achète les $\frac{11}{15}$ d'une vigne et l'on a 1 hectare $\frac{3}{4}$: Dire la surface totale de cette vigne.

1202.—Un fils a le $\frac{1}{5}$ de l'âge de son père : Quel est l'âge du vieillard sachant que le jeune homme a 20 ans $\frac{134}{365}$?

1203.—En admettant qu'un ouvrier ait gagné 15 fr. $\frac{1}{2}$ dans 25 jours $\frac{1}{4}$: Combien cela fait-il par jour? — Par mois de 30 jours?

1204.—Une voiture a fait 144 kilom. $\frac{39}{40}$ dans 12 heures $\frac{2}{3}$: Combien cela fait-il par heure?

1205.—Divisez $\frac{3}{4}$ par les $\frac{2}{5}$ de $\frac{3}{6}$.

1206.—72 francs sont les $\frac{6}{8}$ des $\frac{2}{3}$ des $\frac{3}{4}$ d'une somme : Dire quelle est cette somme.

1207.—Si j'avais les $\frac{5}{6}$ des $\frac{4}{5}$ des $\frac{3}{4}$ des $\frac{2}{3}$ des $\frac{3}{4}$ des élèves que j'ai, j'en aurais 18 : Combien en ai-je?

1208.—Un homme a eu pour sa part d'un héritage la somme de 1278 fr. : De combien était cet héritage, sachant que l'homme en question en a eu les $\frac{9}{12}$ des $\frac{5}{6}$ des $\frac{3}{9}$?

CONVERSION DES FRACTIONS ORDINAIRES EN FRACTIONS DÉCIMALES.

1209.—Que valent en décimales :

1° $\frac{6}{12}$.	4° $\frac{7}{28}$.	7° $\frac{16}{20}$.	10° $\frac{5}{40}$.
2° $\frac{10}{16}$.	5° $\frac{4}{20}$.	8° $\frac{1}{50}$.	11° $\frac{22}{25}$.
3° $\frac{5}{32}$.	6° $\frac{6}{15}$.	9° $\frac{4}{25}$.	12° $\frac{19}{80}$.

13° $\frac{56}{40}$.   17° $\frac{7}{8}$.   21° $\frac{79}{80}$.   25° $\frac{279}{320}$.
14° $\frac{13}{16}$.   18° $\frac{75}{80}$.   22° $\frac{39}{40}$.   26° $\frac{499}{500}$.
15° $\frac{3}{20}$.   19° $\frac{37}{50}$.   23° $\frac{77}{80}$.
16° $\frac{19}{40}$.   20° $\frac{26}{25}$.   24° $\frac{135}{250}$.

1210.—Dites combien les fractions suivantes valent de millièmes :

1° $\frac{2}{3}$.   3° $\frac{5}{9}$.   5° $\frac{12}{13}$.   7° $\frac{21}{42}$.   9° $\frac{427}{518}$.
2° $\frac{3}{7}$.   4° $\frac{5}{6}$.   6° $\frac{15}{17}$.   8° $\frac{171}{224}$.   10° $\frac{695}{779}$.

CONVERSION DES FRACTIONS DÉCIMALES EN FRACTIONS ORDINAIRES.

1211.—Convertissez en fractions ordinaires les fractions décimales qui suivent et réduisez à une expression plus simple celles qui en sont susceptibles :

1° 0,50.   7° 0,30.   13° 0,25 609.
2° 0,25.   8° 0,275.   14° 0,55 555.
3° 0,75.   9° 0,724.   15° 0,78 955.
4° 0,80.   10° 0,273.   16° 0,2633.
5° 0,40.   11° 0,5455.   17° 0,99 916.
6° 0,60.   12° 0,7588.   18° 0,454 542.

FRACTIONS ORDINAIRES A LA SUITE DE FRACTIONS DÉCIMALES.

1212.—Additionnez les nombres suivants :

1° $2,5\ \frac{2}{3} + 4,6\ \frac{1}{4} + 7,8\ \frac{3}{5}$... [1]   2° $9,35\ \frac{1}{2} + 10,46\ \frac{1}{3} + 15,39\ \frac{2}{7}$.

1213.—Faites les soustractions indiquées ci-après :

1° $3,6\ \frac{1}{4} - 2,4\ \frac{1}{5}$... 2° $7,75\ \frac{1}{2} - 5,25\ \frac{1}{3}$ [2].

1214.—Multipliez $3,4\ \frac{1}{8}$ par $6,7\ \frac{1}{2}$... [3] $6,7\ \frac{1}{2}$ par $3,4\ \frac{1}{8}$.

1215.—Divisez $6,3\ \frac{1}{2}$ par $1,2\ \frac{3}{5}$... $9,27\ \frac{1}{3}$ par $3,09\ \frac{1}{9}$ [4].

[1] Faites d'abord l'addition des quantités décimales, réduisez les fractions au même dénominateur, additionnez les numérateurs, extrayez les entiers et ajoutez-les à la partie décimale du résultat de la 1re addition.

[2] Réduisez les 2 fractions au même dénominateur, faites la soustraction des 2 numérateurs, puis opérez sur les quantités décimales.

[3] Réduisez chaque facteur, abstraction faite de la virgule, en fraction de même espèce que celles qui les accompagnent, ajoutez-y le numérateur et donnez au tout le dénominateur de la fraction, suivi d'autant de zéros qu'il y a de décimales, puis faites une multiplication de fractions.

[4] Réduisez chaque terme en fraction et donnez à chacun le dénominateur de la fraction qui l'accompagne, suivi d'autant de zéros qu'il y a de décimales, puis faites une division de fractions.

PREUVE PAR 9 DE LA MULTIPLICATION ET DE LA DIVISION.

1216.—Faites les multiplications N° 225 et les divisions N° 311 et prouvez-les par 9 [1].

RÉCAPITULATION SUR LES FRACTIONS.

PROBLÈMES.

1217.—Des militaires avaient 6 étapes à faire : des trois qu'ils ont faites, la première est de 48 kilom. $\frac{1}{2}$; la seconde de 35 $\frac{1}{5}$; la troisième de 42 $\frac{5}{4}$. Des trois qui leur restent à faire, la première est de 34 kilomètres $\frac{1}{5}$; la deuxième de 38 $\frac{2}{5}$; la troisième de 49 $\frac{1}{3}$: Dites ce qu'ils ont fait de kilom. et ce qu'il leur en reste à faire.

1218.—Maître Leroux, charpentier, a fait les journées suivantes chez maître Legris : 13 journées $\frac{7}{15}$ à 2 fr. $\frac{1}{2}$... 35 journées $\frac{8}{12}$ à 1 fr. $\frac{1}{4}$... 19 journées $\frac{11}{15}$ à 2 fr. : Combien maître Legris doit-il à maître Leroux ?

1219.—Sous l'équateur les degrés sont de 111 kilom. $\frac{1}{9}$: Dites combien il y a de kilomètres entre Quito, dans la Colombie, et Saint-Louis, dans le Brésil, s'il y a 34 degrés $\frac{1}{4}$ de l'équateur entre ces deux villes.

1220.—Si l'on donnait $\frac{1}{40}$ de franc par $\frac{1}{4}$ d'heure : Combien cela ferait-il par journée de 16 heures ?

1221.—Quelle heure est-il à Poitiers quand il est 1 heure après midi à Paris, sachant que le soleil parcourt 1 degré dans $\frac{1}{15}$ d'heure et qu'il a 2 degrés à parcourir du méridien de Paris à celui de Poitiers ?

1222.—Combien est-il dû à un domestique qui a passé 3 ans $\frac{44}{73}$ chez le même maître, ses gages annuels étant 215 fr. $\frac{2}{5}$?

1223.—On avait gagé un domestique pour la somme de 185 fr. par an, mais ce domestique est obligé de sortir, lorsqu'il n'y avait encore que les $\frac{7}{12}$ de l'année d'écoulés : Combien son maître doit-il lui compter ?

1224.—Combien doit-on à un ouvrier qui n'a travaillé que les $\frac{17}{30}$ d'un mois, sachant qu'on était convenu de lui payer 20 fr. par mois ?

1225.—On a payé 1700 fr. pour un an $\frac{7}{12}$ de pension : Combien cela fait-il par an ?

1226.—Une somme plus ses $\frac{4}{5}$ égale 261 fr. : Dire quelle est cette somme ?

---

[1] Exercices à faire au tableau.

SOLUTION : *Il est évident que la somme primitive était composée de 5 cinquièmes ; or si l'on y a joint 4 de ces cinquièmes, la nouvelle somme est composée de 9 cinquièmes : il faut donc prendre les $\frac{5}{9}$ de la nouvelle pour retrouver l'autre.*

1227.—Quel est le nombre qui, étant ajouté à sa moitié, donne 2847 ?

1228.—Quel est le nombre qui, étant diminué de son $\frac{1}{3}$, donne 72 ? (*Puisqu'on a ôté $\frac{1}{3}$ du nombre primitif, il est évident que le nouveau nombre ne contient plus que les $\frac{2}{3}$ du premier : donc pour connaître celui-ci, il suffit de diviser 72 par $\frac{2}{3}$.*)

1229.—J'avais 72 531 fr. : j'en ai mis les $\frac{7}{9}$ dans le commerce : Combien me reste-t-il ?

1230.—Il me reste 7638 fr. d'une somme que j'avais dans un tiroir : De combien était cette somme, sachant que j'en ai émis les $\frac{4}{6}$, et quelle est la somme que j'ai émise ?

1231.—Un de mes débiteurs m'a compté 375 fr. qui sont les $\frac{2}{3}$ de ce qu'il me devait : Combien me devait-il, et combien me doit-il encore ?

1232.—On achète 375 kilog. de fleur de farine, première qualité : On demande : 1º combien il faudra d'eau pour les réduire en pâte ferme, sachant que, pour obtenir cette sorte de pâte, il faut en eau les $\frac{2}{3}$ du poids de la farine ; — 2º quel sera le poids de la pâte qu'on obtiendra ;—3º combien on aura de kilog. de pain, en pains de 6 kilog., si le déchet de la cuisson est $\frac{1}{9}$ du poids de la pâte ; — 4º à combien reviendra le kilog. de pain, si la farine coûte $\frac{2}{5}$ de franc le kilog., et si les frais de fabrication s'élèvent ensemble à 5 fr

DEUXIÈME PARTIE.

RÈGLES DE TROIS SIMPLES.

1233.—Combien payera-t-on pour 12 kilogrammes d'une marchandise dont on a eu 5 kilog. pour 15 fr. ?

1234.—Deux stères de bois ayant coûté 22 fr. : On demande combien coûteraient 17 stères du même bois?

1235.—Ayant acheté 35 m. de drap pour 525 fr. : Combien faudra-t-il que je débourse pour avoir 50 m du même drap?

1236.—Si l'on fait faire 375 m. car. de maçonnerie pour 750 fr. : Combien en fera-t-on faire pour 112 fr. ?

1237.—Ayant dépensé 25 fr. pour 50 kilomètres que j'ai parcourus : Combien dépenserai-je pour 132 kilom. qui me restent à parcourir ?

1238.—J'ai acheté 12 cents de fagots pour 365 fr. : Combien puis-je acheter de fagots pour 1250 fr. ?

1239.—Ayant eu 35 m. de drap pour 525 fr. : Combien aurai-je de m. du même drap pour 270 fr. ?

1240.—Si j'ai eu 76 kilog. de farine pour 18 fr. 68 : Combien en aurai-je pour 85 fr. que je destine à en acheter d'autre ?

1241.—Combien faudrait-il de francs pour payer 6 m. d'une espèce de toile dont 120 m. ont été payés 480 fr. ?

1242.—Combien faut-il de jours à 4 ouvriers pour faire un ouvrage que 12 ouvriers ont fait dans 25 jours ?

1243.—Combien faut-il d'ouvriers pour faire dans 45 jours un ouvrage que 15 ouvriers feraient dans 21 jours?

1244.—On a fait faire 754 m. car. d'ouvrage par 29 ouvriers, dans l'espace de 2 mois : Combien faudra-t-il d'ouvriers pour faire 1846 m. car. du même ouvrage, dans le même temps ?

1245.—Si 21 kilog. de fleur de farine ont donné 36 kilog. de pain : Combien en tirera-t-on de 47 kilog. ?

1246.—S'il a fallu 100 kilog. d'une farine médiocre pour faire 123 kilog. de pain : Combien faudra-t-il pesant de la même farine pour faire 100 kilog. du même pain ?

1247.—Si 142 hectolitres de blé valent 6248 fr. : Combien valent 175 hectolitres du même blé?

1248.—Si pour 729 fr. on a eu 18 hectolitres 225 décilitres de blé : Combien en aura-t-on pour 325 fr. ?

1249.—Mon voisin a acheté 75 doubles décalitres 5 de froment pour la somme de 245 fr. 375 : Combien aurai-je de ce même froment pour 80 fr. ?

1250.—On a employé 7 jours à labourer un champ de 145 ares : Combien mettra-t-on de temps à en labourer un autre de 4 hectares de même terroir et avec le même attelage ?

1251.—En admettant qu'un cultivateur laboure 12 ares dans 10 heures : Combien en labourera-t-il dans 15 heures ?

1252.—En admettant qu'un voyageur fasse 1 myriam. 55 hectom. dans 2 heures : Combien lui faudra-t-il de temps pour parcourir 225 kilom. ?

1253.—On a eu besoin de 7 décimètres d'un certain drap, et, pour les payer, on a compté 6 fr. : Combien faudrait-il débourser pour avoir 10 mètres du même drap ?

1254.—On a eu les $\frac{3}{4}$ d'un double décalitre de pommes pour $\frac{1}{4}$ de franc : Combien aurait-on de doubles décalitres pour 25 fr. 50 ?

1255.—On a 5 hectog. de tabac pour 4 fr. : Combien faut-il débourser pour 12 kilog. ?

1256.—Un certain médicament se vend 0 fr. 40 les 5 décagrammes : Combien en aurait-on de kilog. pour 8 fr. ?

1257.—Combien peut parcourir de kilomètres dans 3 h. $\frac{1}{4}$ celui qui en parcourt 4 dans $\frac{3}{4}$ d'heure ?

1258.—On peut écrire 150 lignes de pensum dans $\frac{3}{4}$ d'heure : Combien peut-on en écrire dans une $\frac{1}{2}$ heure ?

1259.—Si un écolier peut lire 25 lignes dans 3 minutes : Combien peut-il en lire dans 1 heure $\frac{1}{4}$?

1260.—S'il faut 2 kilog. d'eau pour pétrir 3 kilog. de farine : Combien en faut-il pour pétrir 100 kilog. de la même farine ?

1261.—Si 3 kilog. de farine donnent 4 kilog. 4 hect. de pain : Combien en donneront 55 kilog. de la même farine $\frac{4,4 \times 55}{3}$.

1262.—Si, pour obtenir 44 hectog. d'un bon pain de ménage, il faut 3 kilog. de bonne farine : Combien en faut-il pour un four qui peut cuire 175 kilog. de ce même pain ?

RÈGLES DE TROIS COMPOSÉES.

1263.—Deux hommes, en travaillant 13 heures par jour et pendant 4 jours, peuvent bêcher 36 ares de vigne : Combien 5 hommes en bêcheraient-ils dans 7 jours, en travaillant 15 heures par jour ?

1264.—J'ai 1 hectare 80 ares de vigne que je veux faire bêcher : Combien faudra-t-il de temps pour cela, à 6 hommes qui travaillent 13 heures par jour, sachant que mon frère a fait bêcher la même quantité par 7 hommes, qui y ont travaillé 5 jours et 15 heures par jour ?

1265.—Six hommes ont bêché 2 hectares 10 ares de vigne dans

5 jours, en travaillant 14 heures par jour : Combien faudrait-il d'hommes pour bêcher 54 ares de vigne d'un même terroir, si ces hommes ne travaillaient que 12 heures par jour et pendant 3 jours?

1266.—Combien 3 hommes mettront-ils de temps à bêcher 60 ares de vigne, s'ils travaillent 12 heures par jour, sachant que 6 hommes, travaillant 14 heures par jour, en ont bêché 210 ares dans 5 jours?

1267.—Dans une classe où l'on tient la lampe allumée 3 heures par jour, on a brûlé 7 kilog. 5 hectog. d'huile dans 60 jours : Combien en faut-il pour les 4 mois d'hiver, en admettant qu'on n'allume que 2 heures par jour, terme moyen?

1268.—Un forgeron qui tient son fourneau allumé 12 heures par jour, brûle 6 hectol. de charbon dans 30 jours : Combien en brûlerait-il dans le même temps, s'il chauffait 15 heures par jour?

1269.—Quinze ouvriers ont creusé 158 mètres de fossé dans 40 j. : Combien faut-il d'ouvriers pour en creuser 1540 m. dans 12 jours, les premiers travaillant 14 heures par jour, et les derniers travaillant 15 heures? (Il ne faut pas calculer de décimales dans le résultat; il suffit des chiffres de la partie entière.)

RÉCAPITULATION SUR LES RÈGLES DE TROIS.

1270.—Un tisserand qui travaille 17 heures par jour, fait 30 m. de toile dans 12 jours : Combien en ferait-il dans le même temps, s'il ne travaillait que 13 heures par jour?

1271.—Combien faut-il de tisserands, travaillant 15 heures par jour, pour faire 6000 m. de toile en 12 jours, sachant qu'un seul, travaillant 17 heures par jour, en a fait 30 mètres dans le même temps ?

1272.—On a acheté 12 douzaines de couteaux pour 144 fr. 70 : Combien coûteront 3 douzaines des mêmes couteaux?

1273.—On demande la hauteur d'un arbre qui donne 95 m. d'ombre, sachant qu'un piquet de 3 mètres en donne 10?

1274.—La circonférence du cercle se compose de 360 degrés; d'après cela, Dites en mètres, la longueur d'une partie de circonférence de 39 degrés, sachant que la circonférence entière est de 158 mètres ?

1275.—On demande les degrés d'une partie de circonférence qui a 20 m., sachant que la circonférence a 360 degrés et 80 mètres ?

1276.—Un pauvre homme se plaint que, dans une auberge où il est entré pour collationner, lors d'un petit voyage, on lui a fait payer 28 centimes 7 décagrammes de fromage : Il demande combien cela fait le kilog. ?

1277.—Un voleur vient d'être condamné à deux mois de prison pour avoir pris 14 fr. : Quelle peine eût-il méritée, s'il eût pris 354 fr. ?

1278.—Un contrebandier, ayant été pris par des douaniers, a payé 1500 fr. d'amende pour 100 kilog. de marchandise : Combien eût-il payé, si tout son chargement fût tombé entre les mains de la justice ; car, outre les 100 kilog. qu'il portait avec lui, il en avait encore 500 kilog. qui suivaient une autre direction ?

1279.—Une hôtesse fait payer 0 fr. 25 à un bonhomme 4 sardines frites : Combien cela fait-il le demi-cent ?

1280.—Vingt-cinq ouvriers ont employé 35 jours, en travaillant 12 heures par jour, pour bâtir un mur de 124 m. de long sur 2 m. de haut, et 0 m. 50 d'épaisseur : On demande d'après cela, combien mettront de jours 28 ouvriers qui travailleront 11 heures par jour, pour bâtir un autre mur de 90 m. de long, 2 m. 50 de haut, 0 m. 65 d'épaisseur.

1281.—Une société de maçons, composée de 12 ouvriers et de 2 manœuvres équivalant aux $\frac{2}{5}$ d'un ouvrier, ont bâti une maison dans 35 jours, en travaillant 13 heures par jour : Combien auraient-ils mis de temps, s'ils eussent été 3 ouvriers de plus et qu'ils eussent travaillé 1 heure et demie de moins par jour ?

1282.—Si l'on paye $\frac{1}{4}$ de mètre d'étoffe 6 fr. $\frac{1}{5}$, Combien payera-t-on $\frac{3}{5}$ de mètre de la même étoffe ?

1283.—Si l'on paye $\frac{2}{3}$ de franc pour $\frac{1}{2}$ kilomètre, Combien cela fait-il pour $\frac{1}{8}$ de kilom. ?

1284.—Les $\frac{4}{5}$ d'un double décalitre de pommes valent 0 fr. 20 : Combien valent 55 doubles décalitres ?

1285.—Si l'on paye 5 hectog. de pain blanc 0 fr. 35, Combien payera-t-on un pain de 60 hectog. ?

1286.—Si pour 35 cent. on a 5 hectog. de pain blanc, Combien en aura-t-on pour 2 fr. 70 ?

1287.—Combien fait de tours dans 24 heures une roue hydraulique qui en fait 300 dans un quart d'heure ?

1288.—Un ouvrier a mis 375 fr. en réserve dans 3 ans $\frac{1}{2}$: Combien mettra-t-il dans 20 ans, s'il continue à faire les mêmes épargnes ?

EXERCICES SUR LES INTÉRÊTS SIMPLES.

1289.—Mon voisin m'a emprunté 1220 fr. au 5 p. º/₀ par an : Combien aura-t-il à me payer annuellement ?

1290.—Un ouvrier a porté 75 fr. à la caisse d'épargne : Combien touchera-t-il annuellement, l'intérêt étant de 4 p. º/₀ par an ?

1291.—Combien doit-on payer d'intérêt annuel pour 15 275 fr. que l'on emprunte au taux de 7 p. º/₀ par an ?

1292.—Combien valent 729 fr., plus leurs intérêts de 4 ans, à 5 p. º/₀ par an ?

1293.—On m'a remis 978 fr. 85, plus leurs intérêts de 6 ans, à 6 p. º/₀ par an : Combien m'a-t-on remis ?

1294.—Combien 75 fr. placés à 5 p. % par an, peuvent-ils donner d'intérêt dans 20 ans?

1295.—Combien faut-il d'années pour que les intérêts égalent le capital, 100 fr. donnant 5 fr. par an?

1296.—Quel intérêt donneraient 719 fr. placés pour 4 mois au 6 p. % par an?

1297.—Combien retirerai-je d'intérêt dans 3 mois de 75 000 fr. que je veux placer au 4 p. % par an?

1298.—Quelle somme me remettra t-on au bout de 10 mois, si, pour ce temps, je prête 1178 fr. au 6 p. % par an?

1299.—J'ai placé 1287 fr. pour 104 jours au $3\frac{1}{2}$ p. % par an : Quel intérêt retirerai-je?

1300.—Combien valent 739 fr. 75, au bout de 295 jours, si l'on prête au 6 p. % par an?

1301.—Quel intérêt a donné le capital 5831 fr. placé pour 45 jours au 5 p. % par an?

1302.—Un élève a prêté 2936 bons points à son maître, à condition que celui-ci les lui rendra au bout de 75 jours avec les intérêts au 5 p. % par an : Combien en recevra-t-il?

1303.—Quel capital a-t-on prêté à 6 p. % par an, sachant que la rente d'un an est 150 fr.?

1304.—Quel est le capital de 7000 fr. de rente, au 5 p. % par an?

1305.—Quelle est la valeur du fonds d'un propriétaire, si ce fonds, placé à $3\frac{1}{2}$ p. % par an, lui rapporte annuellement 32 535 fr.?

1306.—Un fermier a payé 3275 fr. à son propriétaire pour 3 années de ferme : Dites quelle est la valeur foncière de la terre qu'il fait valoir, le prix de cette ferme étant basé sur 3 p. % par an?

1307.—Combien vaut une maison qui dans 5 ans a donné 2000 **fr.** de loyer si elle est louée sur le pied de 7 p. % par an?

1308.—Quelle somme faut-il placer au 5 p. % par an, pour avoir un intérêt de 300 fr. au bout de 4 mois?

1309.—A quel taux a-t-on placé 3000 fr., sachant que dans un an ce capital a donné 150 fr. d'intérêt?

1310.—Quel est le taux p. % d'un capital de 29 000 fr. qui a donné 725 fr. dans 6 mois?

1311.—Quel est le taux p. % d'une rente de 185 fr. 75 pour 25 jours, le capital étant 542 380 fr.?

EXERCICES SUR LES INTÉRÊTS COMPOSÉS.

1312.—A quelle somme s'élèveront, au bout de 2 ans, les intérêts cumulés d'un capital 1800 fr. placés au 5 p. %?

SOLUTION : 1re année $0,05 \times 1800 =$
2e année $0,05 \times (1800 + 90) =$
Donc la R. =

E.

10

1313.—L'inventaire d'un mineur, âgé de 18 ans, consiste dans une somme de 12 400 fr., placée à 5 p. % : Combien aura-t-on à lui compter, intérêts cumulés et capital, quand il aura atteint 21 ans?

SOLUTION : Fin 1re année 12 400 × 1,05 =
2e — 13 020 × 1,05 =
3e — 13 671 × 1,05 =

1314.—Cinq mineurs ont entre eux une somme de 7000 fr. placée à 4 $\frac{1}{2}$ p. % ; l'aîné n'a encore que 17 ans : Quelle est la somme qui lui reviendra, intérêts composés et capital quand il aura atteint ses 21 ans?

SOLUTION : Il faut trouver à quelle somme s'élève au bout de 4 ans, le 5e de 7000 fr. ou 1400, y compris les intérêts composés, on a donc :

1315.—Un domestique laisse pendant 5 ans ses gages à son maître, lequel s'oblige à lui en payer l'intérêt des intérêts : Quelle somme devra-t-il lui compter au bout des 5 ans, si les gages sont de 175 fr. par an, et si le taux d'emprunt est 5 p. %?

SOLUTION : Calculez d'abord l'intérêt de la somme 175 fr., et ajoutez cet intérêt au 1er capital. A la somme résultante, ajoutez la même somme 175 fr. et calculez l'intérêt du tout, car c'est là le second capital, et continuez de la sorte. A la fin de l'opération vous aurez 10 décimales, dont 8 insignifiantes.

1316.—Un jeune ouvrier fait chaque année 120 fr. d'économies, qu'il porte pendant 3 ans à la caisse d'épargne : Combien retirera-t-il intérêt et capital, au bout de ce temps, si on lui paye 3 $\frac{1}{2}$ p. % d'intérêt?

1317.—En supposant qu'un ouvrier qui gagnerait 20 fr. par mois voulût bien laisser chaque mois son salaire à son patron, sous la condition que celui-ci lui payât l'intérêt composé de ses différents dépôts, à 1 centime p. % par mois : Combien cet ouvrier toucherait-il au bout de 6 mois, et quel serait son bénéfice?

1318.—Un ouvrier laisse, durant 5 ans, 50 fr. à une banque, où l'on capitalise chaque année les intérêts dus : Quelle somme doit-il recueillir, le taux p. % étant 3 fr.?

1319.—Quelqu'un emprunte 1200 fr. à intérêt simple, au 5 p. %, avec la clause qu'il payera l'intérêt des intérêts chaque fois qu'il n'acquittera pas l'intérêt simple au bout de l'année ; or, il arrive qu'il laisse passer les 3 dernières années, sans payer cet intérêt : Combien doit-il rembourser?

1320.—Pierre vend sa jument à Paul pour 800 beaux francs, et donne un mois de crédit ; au bout du mois Paul n'a point d'argent et demande un second mois : Oui, dit Pierre, mais tu me payeras l'intérêt sur le pied de 6 p. %. Oui, répond Paul, et il n'a pas plus d'argent au bout du second mois qu'au bout du premier. Et Pierre exige pour le troisième, l'intérêt et l'intérêt de l'intérêt, et ainsi pendant 4 mois. Finalement, combien Paul a-t-il eu à payer?

1321.—La mère Marianne avait vendu son bien au père Jacquot, moyennant une rente viagère de 700 fr. Père Jacquot passait pour un habile *rogneur* ; et, en effet, il avait rogné, 5 ans de suite, à mère Marianne, les 5 sommes suivantes : 35 fr., 45 fr., 60 fr., 15 fr. et

25 fr. Mère Marianne avait fait semblant de n'en rien voir, mais tout était en ordre sur son livre-journal et sur ses quittances, que le vieux ne se donnait pas la peine de lire. Au bout de 5 ans, elle se dit : Il ne faut pas que je laisse cela aller plus loin, parce qu'il y aurait prescription. Elle cita donc père Jacquot, qui comparut et fut condamné à rembourser ses *rognures*, avec tous leurs intérêts : Combien père Jacquot eut-il à rembourser? On sait que l'intérêt légal est 5 p. %.

Voir à la fin du volume : Note sur la Caisse d'épargne; note sur les annuités : Exercices sur ces deux notes.

RENTES PAYÉES PAR L'ÉTAT.

1322.—Quelqu'un a 150 000 fr. : il donne 8000 fr. à chacun de ses quatre fils et paye 13 000 fr. de dette, puis, il emploie le reste à acheter des rentes : Quel revenu se fera-t-il, si, au moment de l'achat, le cours du 4 $\frac{1}{2}$ est 92 fr.? Combien aura-t-il à payer pour droits de courtage?

1323.—Calculez de combien le droit de courtage diminue la rente trouvée dans le problème précédent.

1324.—Un capitaliste avait prêté 370 000 fr. à l'État contre une rente de 18 500, mais l'abaissement du taux p. % ayant réduit cette rente à 16 650 fr., on vous prie de trouver : 1º Quel était le taux primitif; 2º quel est le taux actuel; 3º quel est le cours dans les deux cas ?

1325.—On voudrait acheter une rente de 1200 fr. : Quelle somme devra-t-on débourser, le 4 $\frac{1}{2}$ p. % étant au cours 96 $\frac{1}{2}$? Le droit de courtage doit être compris dans la somme à débourser, mais pris **en** dehors.

1326.—Trouvez la différence qu'il y a entre la rente que donne un capital 6000 fr., placé au 5 p. %, chez un particulier, et celle que donne le capital 5884 fr. sur l'État, le 4 $\frac{1}{2}$ étant au cours 88,25.

1327.—Le 4 $\frac{1}{2}$ étant au cours 96,20 : Quelle somme faudrait-il débourser, y compris les honoraires de l'agent de change, pour payer une rente de 3500 fr. ?

1328.—Quelqu'un a acheté une rente de 2034 fr. pour 45 200 fr. au 4 $\frac{1}{2}$ p. % : On vous demande : 1º combien il a payé à l'agent de change; 2º quel était le cours des fonds publics au moment de l'achat; 3º à combien le droit de courtage fait monter le cours.

1329.—On a acheté une rente de 2034 fr. pour 45 256 fr. 50, y compris les frais ordinaires de courtage : Quelle est la somme qu'on a comptée au vendeur, et quelle est celle qu'on a comptée à l'agent de change ?

1330.—A quel prix faudrait-il acheter du 5 p. % pour retirer 4 fr. 75 de rente de son argent, si l'on avait égard aux frais?

1331.—Quelle rente peut-on acheter avec 20000 fr., en y comprenant le droit de courtage, si le taux est $4\frac{1}{2}$ et le cours 97 ?

EXERCICES SUR LES RÈGLES D'ESCOMPTE.

ESCOMPTE EN DEDANS.

1332.—Quel est l'escompte en dedans pour 7 mois, d'un billet de 840 fr. au 6 p. % par an ?

1333.—Quel est l'escompte en dedans, d'un billet de 1648 fr. ayant 6 mois de cours, au 6 p. % par an ?

1334.—Je présente un billet de 816 fr. à un banquier qui escompte à 6 p. % par an : Combien doit-il retenir, le billet ayant 4 mois de cours, escompte en dedans ?

ESCOMPTE EN DEHORS.

1335.—A combien se réduit un billet de 524 fr. ayant un an de cours, l'escompte étant 6 p. % par an?

1336.—J'avais vendu pour 678 fr. de bois à un an de terme, mais on m'offre de l'argent comptant sous escompte de 6 p. % par an ; j'accepte la condition : Combien perdrai-je ?

1337.—On me devait 7247 fr. payables dans 6 ans, sans intérêt ; mais on m'offre de me payer comptant à condition que je remettrai 3 p. % par an d'escompte : Combien m'a-t-on compté, et combien faudra-t-il que je gagne pour cent par an, pendant les 6 ans, sur ce qui me revient, pour que je puisse compenser la remise que j'ai faite ?

1338.—A combien se réduit la somme de 841 francs escomptée à 1 fr. 50 p. % pour trois mois ?

1339.—Quel est l'escompte d'un billet de 622 fr., escompté pour 5 mois à 0 fr. 50 p. % par mois ?

1340.—Combien retiendra-t-on sur un billet de 345 fr., si on l'escompte à 0 fr. 33 p. %, pour 18 jours ?

1341.—On m'a escompté 1200 fr. à $2\frac{1}{2}$ p. % : Combien m'a-t-on retenu ? — Combien m'a-t-on remis ?

1342.—Combien prendra-t-on d'escompte pour un billet ayant 2 ans de cours, l'escompte étant 6 p. % pour un an, et la valeur du billet 5236 fr. ?

1343.—Quel est l'escompte d'un billet de 75 fr. ayant 7 mois de cours, l'escompte étant 5 p. % par an ?

1344.—Combien remettra-t-on au porteur d'un billet de 125 fr., ayant 9 mois de cours, l'escompte étant 6 p. % par an ? R. 125 —

1345.—Combien mon banquier doit-il me retenir et en même temps me remettre pour un billet de 79 fr. 90, ayant 2 mois $\frac{1}{2}$ de cours, ce banquier escomptant à 6 p. % par an?

1346.—A combien s'est réduit un billet escompté pour 25 jours au 6 p. % l'an, la valeur du billet étant 325 fr.?

1347.—Si l'on payait une dette de 7429 fr. , 45 jours avant l'époque déterminée, Quel est l'escompte qu'on pourrait obtenir au 6 p. % l'an, et quelle somme aurait-on à compter?

1348.—Quel serait l'escompte d'un billet de 100 fr. pour 26 jours, au 6 p. % l'an?

1349.—Un billet ayant un an de cours a donné 342 fr. d'escompte. Quelle est la valeur de ce billet, l'escompte p. % étant 6 fr. ?

1350.—Quelle est la valeur d'un billet qui a donné 24 fr. d'escompte pour 6 mois, l'escompte étant 0 fr. 50 p. % par mois ?

1351.—Quelle est la valeur d'un billet qui a donné 75 fr. d'escompte pour 19 jours, l'escompte étant 6 p. % par an?

1352.—A quel taux a-t-on escompté un billet de 595 fr. qui a donné pour un an 35 fr. 70 d'escompte ?

1353.—Un billet ayant été escompté pour un an s'est réduit à 399 fr. : Dire à quel taux on l'a escompté, l'escompte étant 21 fr.

1354.—Dites le taux pour cent par an d'une somme de 6325 fr. escomptée pour 75 jours, sachant que l'escompte est 95 fr. 45.

1355.—A quel taux annuel a été escomptée une somme de 982 fr., sachant que l'escompte pour 5 mois de ladite somme est 24 fr. 55 ?

1356.—Combien vaut, au bout d'un an, une somme de 3000 fr., payable au comptant, si l'escompte est 6 p. % par an?

1357.—Combien valent au bout de 7 mois 779 francs payables comptant, l'escompte étant 5 p. % par an?

1358.—Combien valent, au bout de 80 jours, 63 200 fr. payables au comptant, si l'escompte est 6 p. % l'an ?

1359.—On devait me payer comptant 185 doubles décalitres, à 4 fr. 25 le double ; mais un remboursement imprévu ayant absorbé tous les fonds de mon correspondant, il me demande 5 mois de crédit et s'offre de me payer l'escompte de son débit au 2 $\frac{1}{2}$ pour % pour les 5 mois : Quelle somme recevrai-je ?

RÉCAPITULATION SUR LES RÈGLES D'INTÉRÊT ET D'ESCOMPTE.

1360.—Un usurier se fait une rente de 1500 fr. d'un capital placé à 6,66 p. % : Quel est ce capital ?

1361.—Un homme de ma connaissance a acheté une métairie dont il tire 1000 fr. de rente : Combien l'a-t-il payée, sachant que son argent se trouve placé au 3,5 p. % ?

1362.—Quel serait l'intérêt annuel de 874 fr. 75 placés au taux de 3 p. % ?

1363.—Un capital plus ses intérêts de 3 ans au 5 p. % par an, égale 1082 fr. 15 : Quel est ce capital , quelle est la rente qu'on y a jointe ? (On a joint à ce capital ses 0,05 × 3 ou ses 0,15 : donc, 1082 fr. 15 contient $\frac{115}{100}$ du capital demandé. Ainsi 1082 fr. 15 : $\frac{115}{100} = $ R.)

1364.—Combien faut-il d'années, pour que les intérêts égalent le capital , l'intérêt annuel de 100 fr. étant 4 fr. ?

1365.—Un capital plus ses intérêts d'un an , au 5 p. %, égale 656 fr. 25 : Quel est ce capital? quelle est la rente qu'on y a jointe ? (On a joint à ce capital ses $\frac{5}{100}$: donc, 656 fr. 25 contient $\frac{105}{100}$ du capital demandé. Ainsi on a 656 fr. 25 : $\frac{105}{100} = $ le capital.)

1366.—Quel est le capital d'un intérêt de 30 jours au 4 p. %, cet intérêt étant 252 fr. 50 ?

1367.—Mon voisin a payé un intérêt de 49 fr. 75 d'un capital à lui prêté pour 9 mois au 5 p. % : Quel est ce capital ?

1368.—Un capital plus son intérêt de 8 mois au 6 p. % l'an, s'élève à 88 fr. 40 : Quel est ce capital et quelle est la rente qu'on y a jointe ? (On a joint à ce capital ses $\frac{6}{100} \times \frac{8}{12}$ ou ses $\frac{48}{1200}$ ou sa 25e partie; donc la somme 88 fr. 40 contient $\frac{26}{25}$ du capital demandé. Ainsi 88 fr. 40 : $\frac{26}{25} = $ le capital.)

1369.—Quelle somme me rendra-t-on au bout de 7 mois $\frac{1}{2}$, intérêt et capital, si je prête 41 fr. 75 à 5 p. % par an ?

1370.—La somme 7742 fr. 24 placée pour 75 jours a donné 80 fr. 77 d'intérêt : A quel taux p. % l'a-t-on placée ?

1371.—Combien payeriez-vous une rente de 325 fr. 40, le capital rapportant 4 fr. $\frac{1}{2}$ p. % ?

1372.—Combien faudrait-il payer une rente de 3000 fr., le capital rapportant 4 fr. p. % par an ?

1373.—Un usurier a tiré 175 fr. d'intérêt d'une somme prêtée pour un an à un pauvre homme pressé par ses créanciers : Dites quelle est cette somme, le taux p. % étant 10 fr. ?

1374.—Un propriétaire a placé 27 540 fr. au 5 p. % : Quelle sera sa rente annuelle ?

1375.—Un capital plus sa rente annuelle au 5 p. %, s'élève à 3234 fr. : Quel est ce capital, quelle est la rente qu'on y a jointe ? (Ce capital a été augmenté de son $\frac{1}{20}$, donc la somme 3234 fr. contient $\frac{21}{20}$ du capital demandé.)

1376.—Combien tirera-t-on d'intérêt dans 20 ans de 2000 fr. placés au 5 p. % ?

1377.—Combien tirera-t-on dans 25 ans de 700 fr. placés au 4 p. % ?

1378.—Dans combien d'années la somme des intérêts de 5725 fr., placés au 5 p. %, égalera-t-elle le capital ?

1379.—Combien dois-je pour les intérêts de 7830 fr. que j'ai empruntés pour trois mois au 5 p. % ?

1380.—Pierre a emprunté 160 billes à son camarade Jean : Combien celui-ci devra-t-il en rendre au bout de trois mois, l'emprunt ayant été contracté au 5 p. % ?

1381.—Un élève prête 972 bons points au 7,40 p. % : Combien l'emprunteur devra-t-il en rendre au bout de 9 mois ?

1382.—Combien 5 fr. donneraient-ils d'intérêt dans 5 jours, s'ils étaient placés au 4 p. % ?

1383.—Quel est l'intérêt que donneraient 12 fr. placés pendant 154 jours au 5 p. % ?

1384.—J'ai en portefeuille 4 billets que je veux faire escompter, le premier est à 4 mois de terme ; le deuxième, à 3 ; le troisième, à 2 ; le quatrième, à 1 mois $\frac{1}{3}$: Combien me retiendra-t-on sur les 4, si l'on m'escompte à 0,50 p. % par mois, le premier billet étant de 78 fr. ; le deuxième, de 120 fr. ; le troisième, de 200 fr. ; et le quatrième, de 150 fr. ?

1385.—Je vends une paire de bœufs gras pour 1200 fr. ; mais l'acheteur ne veut me les payer que dans un mois ; et comme j'ai besoin d'argent, je lui propose de me payer comptant, sous escompte de 6 p. % par an, ce qu'il accepte : Combien doit-il me compter ?

1386.—J'achète comptant, mais sous escompte de 2 p. % les articles ci-après : 1° 15 barriques de vin à 30 fr. la barrique ; 2° 720 litres d'eau-de-vie à 1 fr. 30 le litre ; 3° 120 kilog. de sucre à 0 fr. 90 le kilog. : Combien ai-je à payer comptant, et à combien se monte l'escompte ?

1387.—A quel taux un propriétaire qui a payé 30 000 fr. pour une métairie dont il tire 1000 fr. de rente, a-t-il placé son argent ?

1388.—A quel taux a-t-on placé 12 000 fr. qui donnent 600 fr. de rente annuelle ?

1389.—J'avais prêté 540 fr. et l'on vient de me remettre cette somme plus les intérêts au 6 p. % par an, lesquels s'élèvent à 97 fr. 20 : Dire combien de temps le capital a été entre les mains de l'emprunteur.

1390.—Le capital 635 fr. prêté pour un nombre de mois, à 0 fr. 50 p. % par mois, a donné 22 fr. 225 d'intérêt : Dire combien de mois ce capital a été prêté ?

1391.—On demande pour combien de jours il faudrait placer 1095 fr. à $\frac{1}{75}$ de fr. p. % par jour, pour donner 1 fr. 95 d'intérêt.

RÈGLES DES PARTAGES PROPORTIONNELS SIMPLES.

1392.—Trois élèves ont mis pour trois mois leurs billes en commun, à condition qu'ils partageraient, proportionnellement à leurs mises, ce qu'ils gagneraient dans le temps convenu ; or, il arrive qu'au bout de trois mois ils ont gagné 3 billes pour une : Dire : 1° combien ils en ont gagné ; 2° quelle est la part de chacun de ce gain, les trois mises étant 27... 34... 45.

1393.—Deux champs de blé contigus ont exigé pour être ensemencés, l'un 25 doubles décalitres et l'autre 32 ; après la moisson, il se trouve qu'ils ont rapporté 13 pour un . Dites combien cela fait pour chaque champ proportionnellement à la semence qu'on y a jetée [1].

1394.—On a ensemencé 3 champs contigus: dans le premier, on a jeté 18 doubles décalitres de semence ; dans le second, 25; dans le troisième, 46 ; et l'on a recueilli 890 doubles dans les trois : Dites combien cela fait pour chaque champ.

1395.—Sept associés ont fait un fonds auquel ils ont contribué de la manière suivante : le premier a mis 1000 fr.; le deuxième, 700 fr.; le troisième, 500 fr. ; le quatrième, 400 fr. ; le cinquième, 350 fr. ; le sixième, 275 fr. ; et le septième, 150 fr. ; le bénéfice qu'ils ont fait pendant le premier mois de leur association est 202 fr. 50 : Quelle est la part de chacun de ce bénéfice, à proportion de sa mise ?

1396.—Dix créanciers ont fait vendre les meubles et les immeubles d'un de leurs débiteurs, et il est résulté 11 430 fr. 10 de cette vente : Combien revient-il à chacun des créanciers susdits, sachant qu'il est dû 450 fr. au premier, 620 fr. au deuxième, 1000 fr. au troisième, 1500 fr. au quatrième, 2044 fr. au cinquième, 2321 fr. au sixième, 2647 fr. au septième, 3000 fr. au huitième, 3200 fr. au neuvième, et 4000 fr. au dixième?

1397.—L'impôt d'une commune devant être augmenté de 2800 fr., On demande quelle sera l'augmentation des 10 principaux contribuables, sachant qu'ils payent : le premier, 1200 fr.; le deuxième, 1100 fr.; le troisième, 1000 fr.; le quatrième, 960 fr.; le cinquième, 945 fr. ; le sixième, 802 fr. ; le septième, 500 fr. ; le huitième, 400 fr.; le neuvième, 300 fr. ; et le dixième, 130 fr. ; et que l'impôt total actuel est 42 000 fr. ?

1398.—Un propriétaire a 6 fermes, lesquelles lui donnent 550 fr., 720 fr. , 930 fr. , 1200 fr. , 300 fr. , 240 fr. de rente; mais voulant augmenter ses revenus de 1500 fr., On demande quelle sera l'augmentation de chaque ferme?

1399.—Cinq créanciers perdent 1250 fr. dans une faillite : Quelle est la perte proportionnelle de chacun , la moindre créance étant de 500 fr., et chacune des autres augmentant de 175 fr. sur sa précédente?

RÈGLES DES PARTAGES PROPORTIONNELS COMPOSÉES.

1400.—Trois marchands de moutons ont loué pour 6 mois une immense prairie : Marc y a mené 220 moutons, pendant 3 mois; François en a mené 540, pendant 5 mois; et Constant 627. pendant les 6 mois : Dites combien chacun aura à payer proportionnellement au temps et à la quantité de moutons, le louage de la prairie étant 200 fr. par mois.

1401.—Deux marchands ont commencé un commerce dans lequel

[1] Dans les terrains de bonne qualité , la semence donne quelquefois jusqu'à 15 pour 1 ; mais le rapport moyen est , d'après de nombreuses expériences, de 8 à 10 pour 1. Les terres maigres et rocailleuses ne donnent guère que de 3 à 5 pour 1.

ils ont mis , A, 7000 fr. et B, 5000 fr. ; au bout de 3 ans , C s'associe avec eux et met 3000 fr. ; 2 ans plus tard , D met 5000 fr. , en s'associant aux 3 premiers : Partagez-leur 12 000 fr. de gain qu'ils ont fait dans 10 ans.

1402.—Un premier associé a mis 400 fr. pour 4 mois $\frac{1}{2}$; un deuxième, 300 fr. pour 6 mois $\frac{1}{3}$; un troisième, 250 fr. pour 9 mois $\frac{1}{4}$; un quatrième, 200 fr. pour 12 mois $\frac{2}{5}$; un cinquième, 100 fr. pour 15 mois ; ils ont perdu 600 fr. : Dites quelle est la perte de chacun.

1403.—On donne 150 fr. à deux vignerons pour façonner une vigne; le premier y travaille 20 jours et 15 heures par jour ; le second y travaille seulement 12 jours , mais 17 heures par jour : Combien chacun aura-t-il des 150 fr. ?

1404.—Trois sociétés de charpentiers ont exploité le bois d'une forêt pour la somme de 20 000 fr.; la première y a employé 2245 journées de 14 heures ; la deuxième 6624 journées de 13 heures ; et la troisième 1132 journées de 15 heures : Quelle est la part des 20 000 fr. de chaque compagnie?

1405.—Quatre compagnies de maçons ayant pris, pour la somme de 15 000 fr. , la maçonnerie d'un château , y ont travaillé conjointement de la manière suivante : la première y a employé 154 journées de 10 ouvriers ; la deuxième 139 journées de 7 ouvriers; la troisième 145 journées de 6 ouvriers ; la quatrième 164 journées de 5 ouvriers : Combien chaque compagnie aura-t-elle des 15 000 fr. ?

RÈGLES DES MOYENNES.

1406.—Un maître menuisier a dans sa boutique 4 ouvriers auxquels il donne par mois les 4 sommes suivantes : 20 fr... 28 fr... 30 fr... 36 fr. : Combien cela fait-il , terme moyen, ou bien combien devrait-il leur donner à chacun, s'il les réduisait tous au même prix ?

1407.—Un cabaretier achète 3 barriques de vin : la première lui coûte 15 fr. ; la deuxième 18 fr. et la troisième 25 fr. : A combien lui revient la barrique terme moyen?

1408.—Un cultivateur avait 6 champs de froment ; la Pièce-Creuse a donné 19 doubles décal. pour un ; la Magdelaine a donné 16 pour un ; le Cerisier 12 pour un ; le Cormier 9 pour un ; le Coteau-Noir 4 pour un ; et le Coteau-Blanc 2 $\frac{1}{2}$ pour un : Combien ce fermier a-t-il récolté de doubles décalitres pour un , terme moyen ?

1409.—Un boulanger a 3 sortes de farine, la première qualité lui donne 1 kilog. 5 hectog. de pain par kilog. de farine; la deuxième, 1 kilog. 3 hectog. ; la troisième, 1 kilog. 2 hectog. : Combien le kilog. de farine lui donnera-t-il de pain, s'il mêle ensemble les 3 qualités en quantités égales ?

1410.—Un marchand de blé en a de 5 qualités qu'il veut mêler, afin que le mauvais passe avec le bon : Quel prix devra-t-il vendre le mélange, sachant que la première qualité vaut 25 fr. l'hectolitre ; la deuxième , 24 fr. ; la troisième 22 fr.; la quatrième, 20 fr. ; et la cinquième , 18 fr. ?

1411.—Un cabaretier a du vin à 0 fr. 10 le litre ; d'autre qui vaut

0 fr. 20; et une troisième qualité qui vaut 0 fr. 30; il en aura une excellente qualité, s'il mêle ces trois espèces : Mais quel prix dèvra-t-il vendre ce mélange ?

1412.—Un marchand de bois a 25 stères de bûches, qu'il estime 7 fr. le stère; 40 stères de rondin, qu'il estime 9 fr. le stère; 60 stères de copeaux, qu'il estime 4 fr. le stère; on lui propose de tout acheter à un certain prix le stère : Quel prix doit-il proposer d'après son estimation ?

1413.—On veut mêler 15 hectolitres de froment, à 26 fr. l'hectolitre, avec 20 à 20 fr., 17 à 18 fr., et 12 à 15 fr. : Quel sera le prix moyen du mélange ?

1414.—Un boulanger a 500 kilog. de fleur de farine, laquelle peut lui donner 16 hectog. de pain de ménage par kilog.; 300 kilog. d'une qualité, qui peut lui donner 14 hectog.; 200 d'une troisième qualité, qui peut lui en donner 12; et enfin, 100 kilog. d'une qualité très-inférieure, qui ne peut lui en donner que 11 : Quelle quantité de pain fera-t-il par kilog. de fleur, s'il mêle ces 4 qualités ?

1415.—Quel serait le prix moyen d'un pain fait d'un mélange où il entrerait 3 kilog. d'une farine dont le pain pourrait être donné à 2 décimes le kilog.; 2 kilog. d'une deuxième qualité, dont le pain pourrait être donné à 1 décime 5 cent.; 1 kilog. 5 hectog. d'une troisième qualité, dont le pain pourrait être donné à 0 fr. 05 ?

RÉCAPITULATION SUR LES RÈGLES DES MOYENNES.

1416.—Un cultivateur, pour avoir droit de pâturer 4 bœufs, 3 vaches, 2 chevaux, 30 moutons, 9 oies, sur une lande, paye 12 fr. d'impôt : Dire combien il paye par bête, terme moyen.

1417.—Un voyageur qui ferait 7 kilomètres la première heure; 6,5 la deuxième; 6,25 la troisième; 5,75 la quatrième; 5,25 la cinquième; 4,50 la sixième; et 4 la septième : Combien ferait-il par heure, terme moyen ?

1418.—Un cultivateur a du froment qui pèse 16 kilog. le double décalitre; d'autre qui en pèse 15; d'autre qui en pèse 14; et d'autre qui en pèse 12 : Quel sera le poids moyen, s'il les mêle en quantités égales ?

1419.—Dans l'hiver, la journée de travail n'est que de 8 heures; dans le printemps et dans l'automne, elle est de 12 heures; et dans l'été, elle est de 14 : Quelle est la journée moyenne ?

1420.—Un propriétaire trouvant peu commode de changer à chaque saison le prix de la journée de 7 hommes qu'il occupe annuellement, vient de s'arranger avec eux pour un prix moyen : Dire ce prix invariable, sachant qu'il leur donnait 1 fr. dans l'hiver, 1 fr. 50 dans le printemps et dans l'automne, et 2 fr. dans l'été.

1421.—Un marchand de vin a mêlé 13 barriques de vin de Cette, à 112 fr. la barrique, avec 13 barriques de vin de gros plant, à 12 fr. la barrique : Combien vaut la barrique de ce mélange ?

1422.—Un cultivateur a semé 7 doubles décalitres dans un champ; 8 dans un autre, 12 dans un troisième, 17 dans un quatrième, et 45 dans un cinquième; le premier lui a donné 98 doubles, le deuxième 104, le troisième 144, le quatrième 170, et le cinquième 405 : Combien a-t-il récolté de blé, et combien pour un, terme moyen ?

1423.—Si l'on mêlait 15 litres de vin à 0 fr. 90 le litre, avec 30 litres d'eau à 0 le litre : A combien reviendrait le litre de cette boisson ?

1424.—Si l'on composait une boisson avec 12 kilog. de sucre, à 1 fr. 80 le kilog.; 20 litres de vinaigre, à 0 fr. 25 le litre; 20 kilog. d'orge, à 0 fr. 15 le kilog., et 100 litres d'eau, à 0 le litre, et que d'ailleurs on eût 125 litres de boisson bien fermentée : A combien reviendrait le litre ?

1425.—On a acheté 15 volumes pour 12 fr., 18 pour 13 fr., 24 pour 30 fr., 4 pour 9 fr. : A combien revient le volume l'un portant l'autre ?

1426.—Un roulier a fait 15 charrois la première semaine, 12 la deuxième, 30 la troisième, et 8 la quatrième : Quel est le terme moyen ?

1427.—On a acheté 30 pieds d'arbres à différents prix, de sorte que la somme totale s'élève à 1200 fr. : A combien revient le pied, terme moyen ?

TROISIÈME PARTIE.

SURFACES.

1428.—Quelle est la surface d'une table carrée, dont les côtés sont 2 m. ?

1429.—Quelle est la surface d'un plancher carré qui a 7 m. de côté?

1430.—Quelle est la surface d'une galerie carrée dont les côtés sont 21 mètres?

1431.—Quelle est la surface d'une feuille de papier carrée, ayant 0 m. 3 de côté?

1432.—Trouvez combien le décimètre carré vaut de centimètres carrés.

1433.—Trouvez ce que le décamètre carré vaut de m. car.

1434.—Trouvez les kilom. car., les hectom. car., les décam. car. contenus dans le myriam. carré.

1435.—Trouvez les décamètres carrés contenus dans le kilomètre carré.

1436.—Trouvez les centim. car. contenus dans l'hectom. car.

1437.—Dites quelle est la surface d'une planche ayant 2 m. de long sur 1 m. de large.

1438.—Quelle est la surface d'une salle oblongue, qui a 18 m. 50 de long sur 6 m. 60 de large?

1439.—Dites quelle est la surface d'une table oblongue, ayant 4 m. de long sur 0 m. 50 de large.

1440.—Quelle est la surface d'une cour oblongue, ayant 70 m. 75 de long sur 7 m. 81 de large?

1441.—Le plancher d'une chambre a 6 m. de large et 42 m. car. de surface : Quelle est la longueur de cette chambre?

1442.—Quelle est la largeur d'une planche dont la surface est de 6 m. car. et la longueur 12 m. ?

1443.—Calculez la surface d'un trapèze, dont les 2 côtés parallèles sont 2 et 3 m., et la hauteur 4 m.

1444.—Calculez la surface d'un trapézoïde, dont la perpendiculaire est de 7 m., et les deux côtés parallèles 8 et 15 mètres.

1445.—Calculez la surface d'un trapèze, dont les deux lignes parallèles sont 8 et 10 m. et la hauteur 5 m.

1446.—Dites quelle est la surface d'un losange, dont les côtés sont 11 mètres et la hauteur 8 m.

1447.—Dites quelle est la surface d'un rhomboïde, ayant 12 m. de base et 5 m. 50 de hauteur.

1448.—Quelle est la surface d'un losange, dont la base est 0 m. 06 et la hauteur 0 m. 05 ?

1449.—Quelle est la superficie d'un rhomboïde de 0 m. 57 de base sur 0 m. 35 de hauteur ?

1450.—Trouvez la longueur des côtés d'un rhombe, dont la surface est 42 m. car. et la hauteur 6 mètres ?

1451.—Calculez la superficie d'un triangle, dont la base est 4 m. et la hauteur 3 m. 50.

1452.—Calculez la superficie d'un triangle, ayant 12 m. de base et 11 m. de hauteur.

1453.—Calculez la surface d'un triangle de 0 m. 6 de base sur 0 m. 4 de hauteur.

1454.—Trouvez la surface d'un polygone régulier composé de 5 triangles, dont les côtés sont 10 m. et la hauteur 6 m. 88, à fort peu près.

1455.—Quelle est la surface d'un polygone régulier composé de 6 côtés de 7 m. chacun, la longueur de la perpendiculaire abaissée du centre sur l'un de ces côtés étant 6 m. 062, à moins d'un millimètre près ?

1456.—Calculez la surface d'un polygone régulier à 8 côtés, la longueur de ces côtés étant 5 m. 41 et la longueur de la perpendiculaire 6 mètres 53, à moins d'un demi-centimètre près ?

1457.—Calculez la surface d'un polygone irrégulier formé de 2 triangles, dont le premier a 10 m. 21 de base et 4 m. de hauteur, et le second 7 mètres 22 de base sur 2 mètres 40 de hauteur.

1458.—Trouvez la surface d'un polygone irrégulier formé de 3 triangles, dont voici les dimensions : 1re base 12 m. 40, hauteur 4 m. 60 : 2e base 12 m. 40, hauteur 4 m. 60 ; 3e base 10 m. 40, hauteur 3 m. 10.

1459.—Un cercle a 3 m. 50 de diamètre : Dites-en la surface.

1460.—Calculez la surface d'un cercle, dont le diamètre est 1 m. 75.

1461.—Dites quelle est la superficie d'un cercle, dont le diamètre est 0 m. 32.

1462.—Calculez la surface d'un cercle, dont la circonférence est 1 m. 22.

1463.—Trouvez la circonférence d'une roue de moulin, qui a 3 mètres de hauteur.

1464.—Quelle est la circonférence d'une roue de voiture, qui a 1 m. 25 de hauteur ?

1465.—Quelle est la circonférence d'une roue d'horloge, ayant 0 m. 175 de hauteur ?

SOLIDES.

1466.—Dites la solidité d'un tas de bûches, formant un cube de 3 mètres de côté.

1467.—Combien y a-t-il de mètres cubes de pierres, dans un bloc cubique qui a 2 m. 60 de côté?

1468.—Quel est le volume d'un fumier établi dans un trou, ayant 3 m. 75 de longueur, de largeur et de profondeur?

1469.—Calculez la solidité d'un ballot ayant 0 m. 77 en longueur, largeur et hauteur.

1470.—Trouvez la solidité d'un cube d'argent, de 0 m. 025 de côté.

1471.—Dites combien le d. cub. contient de c. cub.

1472.—Trouvez combien le c. cub. contient de mil. cub.

1473.—Trouvez combien un décamètre cube contiendrait de mètres cubes.

1474.—Trouvez combien un hectom. cub. contiendrait de décam. cub., de m. cub.

1475.—Trouvez combien pèse un volume d'eau égal au décamètre cube.

1476.—Trouvez les kilolitres contenus dans un volume d'eau égal à l'hectom. cub.

1477.—Trouvez les litres contenus dans un volume d'eau égal à un décast.

1478.—Trouvez combien un dixième de m. cub. contient de décimètres cubes.

1479.—Trouvez combien un dixième de d. cub. contient de centimètres cubes.

1480.—Dites le volume d'un fumier qui a 10 m. de longueur sur 5 de largeur, et 2 de hauteur.

1481.—Dites quels sont les m. cub. de pierres contenues dans un tas, ayant 5 m. 25 de longueur sur 3 m. 75 de largeur, et 1 m. 30 de hauteur.

1482.—Calculez les décistères contenus dans une poutre ayant 3 m. 50 de longueur, 35 centim. de largeur, et 0 m. 50 de hauteur.

1483.—Calculez les décistères d'une solive, ayant 0 m. 13 de hauteur, sur 0 m. 13 de largeur et 5 mètres de longueur.

1484.—Faites connaître la solidité d'un prisme droit, ayant pour base un triangle, dont la base est de 0 m. 45 et la hauteur 0 m. 36, le prisme ayant d'ailleurs 1 m. 20 de longueur.

1485.—Faites connaître la solidité d'un prisme droit, ayant pour base un trapèze dont les deux lignes parallèles sont de 0 m. 4 et 0 m. 7, et la hauteur 0 m. 8, la hauteur de ce prisme étant de 3 m.

1486.—On demande la solidité d'un prisme droit, ayant pour base un losange, dont la base est 2 m. et la hauteur 1 m. 50, la hauteur du prisme étant de 0,74 centim.

1487.—Quelle est la solidité d'un prisme droit, ayant pour base un polygone régulier offrant 6 triangles égaux dont la base est 0 m. 7 et la hauteur 0 m. 606 à moins d'un millimètre près, la hauteur du prisme étant 2 m. 25?

1488.—Calculez la solidité d'une pierre qui a pour base deux polygones irréguliers parallèles entre eux, formés de 2 triangles, dont l'un a 102 mil. de base sur 6 cent. de hauteur, et l'autre 72 mil. de base sur 24 mil. de hauteur, l'épaisseur de la pierre étant de 1 m. 52.

1489.—Trouvez la soiidité d'un cylindre droit dont le diamètre est 2 m. et la hauteur 2 m.

1490.—Quelle est la solidité d'un tronc d'arbre dont le diamètre des deux extrémités est 0 m. 75 et la longueur 3 m. 50?

1491.—Calculez la solidité d'un rouleau de granit dont le diamètre est 80 cent. et la longueur 1 m. 30.

1492.—Quelle est la solidité d'une barre de fer ayant 7 d. de long et 2 cent. de diamètre?

SURFACES DES SOLIDES.

1493.—Trouvez la surface totale d'un billot formant un cube de 1 m. de côté.

1494.—Calculez la surface totale d'une pierre cubique ayant 80 c. de côté.

1495.—Calculez la surface convexe d'un petit cube en or de 6 mil. de côté.

1496.—Faites connaître la somme des quatre principales surfaces d'une poutre ayant 4 d. de largeur, 4 d. de hauteur, sur 5 m. 25 de longueur.

1497.—Dire combien contiennent de d. car. la face supérieure et les quatre faces latérales d'une pierre de taille rectangulaire ayant 90 cent. de longueur et 4 centim. d'épaisseur, sur 35 cent. de largeur?

1498.—Dites quelle est la somme des six surfaces d'une pierre de taille rectangulaire qui a 43 eent. de long, sur 20 cent. de large et 10 d'épaisseur.

1499.—Calculez la somme des trois grandes surfaces d'un prisme triangulaire ayant 90 cent. de pourtour, et 2 m. 20 de hauteur.

1500.—Calculez la surface convexe d'un prisme ayant 8 faces latérales, dont chacune a 2 m. 70 de long et 2 d. de largeur.

1501.—Quelle est la surface extérieure d'un tuyau de poêle ayant 4 m. 50 de long et 36 cent. de tour?

1502.—Quelle est la surface intérieure d'une cheminée cylindrique ayant 30 m. de long. et 0 m. 35 de diamètre?

1503.—Dites quelle est la surface circulaire d'un puits qui a 10 mètres de profondeur et 1 m. 75 de diamètre.

AUTRES EXERCICES SUR LES SURFACES.

1504.—Calculez le nombre des planches qu'il faut pour planchéier un grenier de 12 mètres de long sur 7 mètres de large, les planches ayant 3 m. de long sur 0 m. 30 de large?

1505.—Combien faut-il de carreaux de 113 mil. de côté pour carreler 3 chambres dont les dimensions sont : première, 4 m. 25 sur 4; deuxième, 5 m. 15 sur 3 m. 75; troisième, 6 m. 40 sur 5 m. 35?

1506.—On demande combien il faudrait de pièces de 5 francs pour paver un cabinet de 2 m. de long sur 2 m. de large.

1507.—On demande combien il faudrait de rouleaux de papier peint pour tapisser une chambre de 5 m. de long sur 3 m. 5 de large, et 3 m. 80 de hauteur, le rouleau de papier ayant 12 m. de long sur 40 cent. de large, observant qu'il y en a 3 cent. de recouvert tant sur la longueur que sur la largeur.

1508.—On a une cour de 30 m. de long sur 10 m. de large qu'on veut paver en pierres de taille de 40 cent. de côté : Combien en faudra-t-il?

1509.—Combien faut-il de pavés offrant des polygones à 6 côtés pour carreler une église de 50 m. de long sur 15 m. de large, les pavés formant chacun 6 triangles équilatéraux de 0 m. 202 de base, sur 0 m. 175 de hauteur?

1510.—Quelle est la quantité de carreaux, offrant des polygones à 8 côtés, qu'il faudra pour carreler une salle de 6 m. de long, sur 5 de large, et combien faudra-t-il de petits carreaux pour combler les vides laissés par les grands, sachant que ces grands carreaux ont 2 décimètres de hauteur?

$$(6 : 0,2) \times (5 : 0,2) = \frac{6 \times 5}{0,2 \times 0,2}.$$ Même nombre de petits carreaux.

1511.—Combien faut-il de tuiles pour couvrir un bâtiment dont la couverture offre 2 rectangles ayant chacun 43 m. de long et 12 m. de large, sachant qu'il faut 36 tuiles pour couvrir un mètre carré?

1512.—Combien faut-il d'ardoises pour couvrir une maison dont le toit offre 2 triangles de 8 m. de base sur 8 m. 393 de hauteur, et 2 trapèzes dont les lignes parallèles sont 20 m. et 14 m., et la hauteur 8 m. 80, s'il faut 40 ardoises pour 1 mètre carré ?

1513.—Quelle est la surface des 4 murs d'une maison, qui a 15 m. de long sur 8 m. de large et 9 m. de hauteur?

1514.—Dire les ares et centiares contenus dans un jardin carré de 75 m. de côté.

1515.—Dire les hectares, ares et centiares contenus dans un pré rectangulaire, de 125 m. de long sur 95 mètres de large.

1516.—Dire les hectares, ares et centiares contenus dans un champ triangulaire, ayant 234 m. 75 de base, sur 113 m. 80 de hauteur.

1517.—Calculez la surface d'une vigne trapézoïdale, dont les deux lignes parallèles sont 147 m. et 90 m., et la hauteur 66 m.

1518.—Donnez en hectares, ares et centiares la surface totale d'un pré divisé de la manière suivante :

1o Un 1er triangle dont la base est 177 m. et la hauteur 83 m.
2o Un 2e triangle, base 177 m., hauteur 78 m.
3o Un 3e triangle, base 59 m., hauteur 10 m.
4o Un 4e triangle, base 20 m., hauteur 16 m.
5o Un 1er trapèze, bases 10 m. et 19 m., hauteur 16 m.
6o Un 2e trapèze, bases 19 m. et 16 m., hauteur 11 m.

AUTRES EXERCICES SUR LES SOLIDES.

1519.—Veuillez calculer la solidité d'une pièce de bois dont l'une des extrémités est un carré de 0 m. 30 de côté, et l'autre un carré de 0 m. 10 de côté, la pièce ayant d'ailleurs 1 m. 17 de long. (*C'est le volume d'une pyramide tronquée. Voir Arith.*, No 310.)

1520.—Dites quelle est la solidité exacte d'une poutre équarrie à 0 m. 55 au gros bout et à 0 m. 37 au petit, la longueur étant 9 m. 15.

1521.—Combien y a-t-il de mètres cubes de terre dans un tertre qui forme une pyramide tronquée, ayant pour base inférieure un carré de 100 m. de côté, et pour base supérieure un carré de 2 m. de côté, la hauteur de ce tertre étant 7 m. 25?

1522.—Un madrier de sapin a pour bases deux rectangles, dont l'un a 0 m. 60 de long et 0 m. 20 de large, et l'autre 0 m. 40 de long sur 0 m. 10 de large : Veuillez calculer la solidité de ce madrier, sachant qu'il a 4 m. de long? (*Voir Arith.*, No 311.)

1523.—Calculez le volume d'un de ces tas de pierres concassées et destinées à l'entretien des routes, sachant que la base inférieure a 2 m. 50 de long sur 1 m. 50 de large, que la base supérieure a 1 m. 50 de long sur 0 m. 50 de large, et que la hauteur verticale est 0 m. 48.

1524.—Trouvez la solidité approximative d'une pièce de bois dont l'équarrissage, au milieu de la pièce, est 0 m. 25, et la longueur 12 m. $\frac{1}{2}$. (*Voir Arith.*, No 329.)

1525.—Une poutre a, vers son milieu, 0 m. 51 d'équarrissage sur un sens, et 0 m. 27 sur l'autre : Dites approximativement combien elle contient de décistères, la longueur étant de 8 m. $\frac{1}{2}$.

1526.—Dites quelle est la solidité exacte d'un tronc d'arbre dont la grande base a 0 m. 75 de diamètre et la petite 0 m. 21, la longueur du tronc étant 3 m. 75. (Cône tronqué, No 315.)

1527.—Calculez la solidité approximative d'un arbre qui, vers son milieu, a 0 m. 85 de tour, la longueur étant 9 m. (330.)

1528.—Trouvez approximativement la solidité d'un très-gros arbre qui a 6 m. de tour et 7 m. de long.

1529.—Trouvez l'équarrissage, à vives arêtes, d'un orme qui a 3 mètres de tour.

EXERCICES SUR LES CORPS CREUX.

1530.—Dites combien un bassin cubique, ayant 5 m. en tous sens, contient d'hectolitres.

1531.—On a une caisse de 2 m. de long sur 1 m. 5 de large, et 1 m. 6 de profondeur, pleine de froment : Combien y en a-t-il de doubles décalitres ?

1532.—On désire savoir combien contient de barriques, un bassin de 11 m. de long sur 5 mètres de large et 1 m. 20 de profondeur, la barrique contenant 230 litres ?

1533.—Un étouffoir en tôle a 0 m. 40 de diamètre et 90 c. de profondeur : Combien contient-il de décalitres ?

1534.—Quelle est la contenance d'un seau, ayant 0 m. 40 de diamètre sur 0 m. 20 de profondeur ?

1535.—Combien y a-t-il d'hectolitres dans un sac de blé, ayant 1 m. 10 de tour et 1 m. 20 de hauteur ?

1536.—Trouvez la capacité d'un bassin, dont l'ouverture est un carré de 6 mètres de côté, et le fond un autre carré de 2 m. 50 de côté, la profondeur étant 1 m. 40.

1537.—Trouvez les hectolitres contenus dans un fossé dont l'ouverture est un rectangle de 15 m. de long sur 0 m. 60 de large, et le fond un autre rectangle de 9 m. de long sur 0 m. 25 de large, la profondeur étant 0 m. 40.

1538.—Trouvez la capacité d'un bassin, dont l'ouverture est un rectangle de 1 m. 7 en longueur et 0 m. 3 en largeur; le fond, un autre rectangle de 0 m. 8 en longueur et 0 m. 15 en largeur, la profondeur étant de 0 m. 27.

1539.—Cherchez combien contient d'hectolitres une cuve dont le grand diamètre est 2 mètres et le petit 1 m. 75, la profondeur étant 0 m. 90.

1540.—Quelle est la capacité d'une assiette, dont le petit diamètre est 0 m. 15, le grand diamètre 0 m. 20, et la profondeur 0 m. 03 ?

1541.—Quelle est la capacité d'un plat, dont le grand diamètre est 0 m. 30, le petit 0 m. 24, et la profondeur 0 m. 10 ?

1542.—Combien contient d'hectolitres, une barrique dont le diamètre de la bonde est 0 m. 70, celui des fonds 0 m. 65, et la demi-longueur 0 m. 43 ?

1543.—Trouvez en hectolitres et litres la capacité d'une tonne dont le grand diamètre est 0 m. 88, le petit 0 m. 82, et la demi-longueur 1 mètre.

1544.—Calculez les litres contenus dans un baril, dont le grand diamètre est 0 m. 17, le petit 0 m. 12, et la demi-longueur 0 m. 155.

1545.—A combien revient un puits de 18 mètres de profondeur, si l'on a donné 1 fr. 50 par m. cube pour le creuser, et 3 fr. par mètre carré de revêtement en pierre, la surface étant prise intérieurement ; les diamètres sont 2 mètres pour l'excavation et 1 mètre pour le revêtement ; la pierre a coûté 6 fr. le mètre cube ?

TROUVER L'UNE DES DIMENSIONS D'UN CORPS (Arith. N° 332).

1546.—On a un espace de 3 m. 50 de long sur 1 m. de large, où l'on veut déposer 15 stères de bois de chauffage : A quelle hauteur montera le tas ?

1547.—Quelle est la longueur qu'occupera un bûcher formé de 30 stères, si on lui donne 2 m. 45 de hauteur et 2 m. de large?

1548.—On a acheté une mesure de capacité non légalisée; elle a 0 m. 18 de diamètre : Quelle profondeur faut-il lui donner, pour qu'elle contienne 5 litres?

1549.—On veut faire fabriquer en tôle une mesure qui contienne un hectolitre : Quelle profondeur faudra-t-il qu'elle ait, si on lui donne 0 m. 50 de diamètre?

1550.—On veut une cuve qui contienne 20 hectolitres ; on veut également que le petit diamètre soit 1 m. 25 et le grand 1 m. 75 : Dites quelle sera la hauteur de cette cuve. (*Opérez comme sur un cylindre, en vous servant d'un diamètre moyen, que vous trouverez en ajoutant le petit diamètre au grand, et en prenant la moitié de la somme* [1].

RÉCAPITULATION GÉNÉRALE.

PREMIÈRE SECTION.

PROBLÈMES DIVERS.

1551.—Un cabaretier a acheté les $\frac{5}{14}$ d'une pièce de vin pour 95 fr. 76, y compris les frais : On demande : 1° le nombre de litres ; 2° combien a coûté le litre ; 3° combien on devra vendre le litre pour gagner 22 fr. sur le marché, sachant que la pièce était de 462 litres.

1552.—Combien vaut un myriare de terrain dont l'are vaut 10 fr. 78 cent.?

1553.—Pour la construction d'une maison on a employé un tas de bois ayant 10 m. de longueur, 1 mètre de large et 1 mètre de haut : Dites quelle somme on a déboursée pour payer ce bois, à 5 fr. le décistère.

1554.—On a acheté 135 mètres de toile à 4 fr. 25 le mètre et on en a revendu la moitié pour 312 fr. 50 : Combien doit-on vendre le mètre du reste pour gagner 152 fr. sur le tout?

1555.—Trouvez le chemin que peut faire un navire en 2 jours 9 heures, s'il parcourt 3° 11' par jour : On sait que 1° vaut 20 lieues marines, et on suppose que la marche du navire est uniforme.

1556.—Combien y a-t-il de cuivre dans une somme de 15 000? — Combien y a-t-il d'argent pur?

1557.—Combien faut-il joindre d'argent pur à 4 kilog. de cuivre pour avoir de la monnaie au titre $\frac{9}{10}$? — Combien pèsera la masse de l'alliage? — Combien cela fera-t-il de pièces de 5 francs? — Quelle somme?

1558.—Combien faudrait-il joindre de cuivre à 27 hectog. d'or pur pour avoir de la monnaie au titre $\frac{9}{10}$? — Combien pèserait la masse

---

[1] Ce moyen n'est qu'approximatif, mais il est suffisamment juste dans la pratique.

du mélange ? — Combien en tirerait-on de pièces de 20 fr. ? — Quelle somme cela ferait-il ?

1559.—Trois associés se sont partagé un bénéfice de 25 fr., fait dans le premier mois de leur association : Combien chacun avait-il mis dans le fonds commun, sachant que le premier a eu 7 fr. du bénéfice, le deuxième 8 fr. et le troisième 10 fr.. et que chaque franc du fonds commun a eu pour sa part $\frac{1}{3}$ de franc du bénéfice ?

1560.—Combien y a-t-il de décilitres dans 253 854 mil. cubes d'un liquide quelconque ?

1561.—Un ouvrier fait les $\frac{5}{9}$ de m. carré d'un certain ouvrage en 25 minutes : Combien mettra-t-il de jours à faire 1245 m. carrés de cet ouvrage, s'il travaille 10 h. par jour ?

1562.—Si un ouvrier peut faire 12 m. en 4 jours et qu'un autre puisse les faire en 3 : Combien mettront-ils de temps à les faire à eux deux ?

1563.—Les physiciens nous disent que le son parcourt 340 m. par seconde. D'après cela, trouvez à quelle distance on se trouve d'un nuage orageux, lorsqu'on entend le tonnerre $\frac{2}{12}$ de minute après avoir vu l'éclair.

1564.—Le bon froment contient environ $\frac{1}{5}$ de son poids de son ; d'après cela, dites combien il y a de son dans 104 doubles décalitres, si chaque double pèse 16 kilog. ? — Combien de fleur ? — Combien cela donnera-t-il de pâte ferme, propre à faire de bon pain de ménage, si la fleur prend les $\frac{2}{3}$ de son poids d'eau ? Combien tirera-t-on de pains de 6 kilog. de cette masse de pâte, si l'évaporation est les $\frac{3}{25}$ du poids de la pâte ?

1565.—La pâte divisée en petits pains de 250 grammes perd au four les $\frac{6}{25}$ de son poids ; d'après cela, Dites combien on aura de kilog. de pain, en pains de 250 gr. d'un sac de blé, pesant 150 kilog.. sachant d'ailleurs que ce blé contient un cinquième de son poids de son, et que la fleur exige les $\frac{2}{3}$ de son poids d'eau pour être pétrie.

1566.—Si la pâte perd les $\frac{3}{25}$ de son poids à la cuisson, lorsqu'on fait des pains de 6 kilog., Combien faut-il mettre de pâte pour avoir un pain cuit pesant 6 kilog. ? (*Si la pâte perd $\frac{3}{25}$ de son poids, il est évident que le pain cuit n'est plus que les $\frac{22}{25}$ du poids de la pâte ; donc 6 : $\frac{22}{25}$ = R. Il suffit d'aller jusqu'aux grammes.*)

1567.— Si la pâte perd les $\frac{6}{25}$ de son poids à la cuisson, lorsqu'on fabrique des pains de 250 grammes, Combien faut-il mettre de pâte pour avoir un pain cuit pesant 250 grammes ?

1568.—Quel est l'intérêt composé de 1271 fr. placés pour 3 ans à 5 p. °/₀ par an ?

1569.—Dites quelle somme on retirerait au bout de 10 ans, intérêt composé et capital, si l'on plaçait 40 000 fr. au 4 p. °/₀ par an.

1570.—Si l'on achetait : 1° 125 m. de drap fin à 50 fr. le m.; 2° 200 m. de toile fine à 6 fr. le m.; 3° 120 m. de coutil à 7 fr. le m.; 4° 50

m. de percale à 3 fr. le m., et que l'on retînt 4 p. o/o d'escompte en dedans, Quelle somme aurait-on à verser?

1571.—Si l'on vendait : 1o 18 barriques de vin à 35 fr. l'une ; 2o 30 hectolitres de blé à 15 fr. l'hectolitre ; 3o 25 stères de bois de chauffage à 7 fr. le stère, et que l'acheteur de ces différents objets voulût retenir l'escompte en dehors, à 6 p. o/o, Quelle somme recevrait-on?

1572.—Combien vaut le fonds d'une pièce de terre affermée 72 fr., si elle est affermée au 5 p. o/o?

1573.—Combien y a-t-il de m. cubes de terre dans une levée de 100 m. de long sur 12 m. de large au haut et 15 au bas, la hauteur étant 2 m. 25? Combien a coûté cette levée si le mètre cube revient à 0 fr. 70? (*On conçoit qu'il s'agit de calculer la solidité d'un prisme ayant pour base un trapèze.*)

1574.—Quel sera le prix moyen de 12 doubles décal. de froment à 5 fr. le double, mêlés avec 15 doubles décal. de seigle à 4 fr. le double, et 6 doubles décal. d'orge à 3 fr. le double?

1575.—Un ouvrier travaille 13 heures par jour dans le printemps, 15 heures dans l'été, 14 heures dans l'automne et 12 heures dans l'hiver : Combien d'heures travaille-t-il par jour, terme moyen?

1576.—Une commune paye 55 000 fr. d'impôts et l'on vient de la dégrever de 5000 fr. : Voulez-vous nous faire connaître le dégrèvement des 15 contribuables les plus imposés, sachant que le premier paye 3224 fr., que le second paye 50 fr. de moins que le premier, et ainsi de suite, jusqu'au quinzième qui paye 2524 fr.

1577.—Combien valent 5235 fr. plus l'intérêt de 2 ans de ladite somme à 5 p. o/o par an?

1578.—Si l'on a fait faire 30 m. de toile pour 20 fr. : Combien en fera-t-on faire pour 602 fr.?

1579.—Combien valent 500 m. de calicot, si 0 m. 50 valent 0 fr. 375?

1580.—Combien valent 1500 kilog. de fer brut, si 15 kilog. valent 4 fr. 65?

1581.—Quelle est la longueur d'un rectangle dont la largeur est de 17 m. et la surface de 17 ares?

1582.—Quelle est la base d'un triangle dont la surface est 12 ares et la hauteur 36m.? (*Multipliez la surface par 2, puis par 100, et divisez par 36.*)

1583.—Quelle est la largeur d'un rectangle dont la surface est 15 ares et la longueur 77 m.?

1584.—Quelle est la hauteur d'un triangle dont la surface est 7 ares et la base 50 m.?

1585.—Quelle est la hauteur d'un trapèze dont la surface est 18 ares et la somme des 2 lignes parallèles 150 m.?

1586.—Quelle est la longueur de la plus courte des lignes parallèles d'un trapèze dont la surface est 25 ares et la hauteur 50 m., la plus longue des lignes susdites étant 65 m.? $\left(\dfrac{25 \times 2 \times 100}{50} - 65 = \text{R.}\right)$

1587.—Quelle est la longueur des deux lignes parallèles d'un trapèze dont la surface est 29 ares 70 centiares, et la hauteur 45 m., la plus courte des lignes parallèles n'étant que les $\frac{7}{8}$ de la plus longue. (*La somme des deux lignes parallèles* $= \frac{2970 \times 2}{45}$; *cette somme* $=$ *aussi* $\frac{7}{8} + \frac{8}{8} = \frac{15}{8}$ *de la plus longue : donc,* *la plus longue des deux lignes parallèles* $= \frac{2970 \times 2}{45} : \frac{15}{8}$.)

1588.—L'arche de Noé avait trois étages égaux en surface : Voudriez-vous nous dire quelle superficie formaient ces trois étages, sachant que l'arche avait 300 coudées de long et 50 de large. Nous supposerons que la coudée de ce temps-là valait 0 m. 55.

1589.—Quatre familles ont à se partager un héritage de 2385 fr. La première en a les $\frac{16}{45}$; la deuxième $\frac{1}{3}$; la troisième $\frac{1}{5}$; et la quatrième le reste : Dites la part de chacune.

1590.—Cinq familles se sont partagé un héritage de 723 fr. 75, ainsi qu'il suit : on a d'abord partagé la somme en trois parties égales ; puis une famille a eu les $\frac{2}{3}$ du 1er tiers, et une deuxième a eu le reste ; une troisième famille a eu les $\frac{2}{5}$ du 2e tiers, et la $\frac{1}{2}$ du 3e ; les deux dernières se sont partagé les 2 restes, moitié par moitié : Dites quelle a été la part de chaque famille.

1591.—Les meuniers prennent pour se payer, $\frac{1}{10}$ du blé qu'on leur donne à moudre ; d'après cela, dites ce que le mien doit retenir et ce qu'il doit rendre de farine brute, d'un sac de blé pesant 160 kilog.

1592.—Un homme porte 4 doubles décalitres de blé au moulin : Combien le meunier lui retiendra-t-il de litres pour la mouture, le salaire du meunier étant 0,1 du blé qu'on lui donne à moudre ?

1593.—Combien un père de famille doit-il payer à son meunier pour lui avoir moulu, dans le cours de l'année : 1o 6 doubles à 2 fr. 65 ; 2o 12 doubles à 3 fr. 20 ; 3o 15 doubles à 3 fr. ; 4o 20 doubles à 3 fr. 75 ; 5o 25 doubles à 4 fr., le salaire du meunier étant, comme on le sait, 0,1 du blé qui lui est confié ; mais notre père de famille paye en argent ?

1594.—Combien pèse un décilitre d'eau froide et bien pure ?

1595.—Combien y a-t-il de mètres dans un myriam. ? — De millimètres dans un hectomètre ?

1596.—Un billet, moins son escompte d'un an au 5 p. $^o/_o$, égale 499 fr. 70 : Dites la valeur nominale de ce billet ? 499,70 : $\frac{95}{100} = $ R.

1597.—Un billet, plus son escompte d'un an au 6 p. $^o/_o$, égale 227 fr. 90 : Dites la valeur primitive de ce billet ? 227,90 : $\frac{106}{100}$.

1598.—Un enfant dit : J'avais 504 billes, et une première fois j'en ai perdu les $\frac{2}{5}$; puis une seconde les $\frac{2}{7}$: Combien m'en reste-t-il ?

1599.—Un homme devait 639 fr. : une première fois, il en a payé $\frac{1}{9}$, et une seconde $\frac{1}{5}$: Combien devait-il encore après ces deux payements ?

1600.—La fortune de Paul égale les $\frac{3}{4}$ de celle de Jean, et celle de

Jean les $\frac{3}{4}$ de celle de Pierre, laquelle est de 129 fr. : Dites la fortune de chacun.

1601.—Trois frères ont à se partager 297 fr. : Combien chacun aura-t-il, si la part de Jean égale les $\frac{3}{4}$ de celle de Pierre, et celle de Paul, les $\frac{2}{3}$ de celle de Jean ? (*Si Pierre prend 4 fr., Jean en aura 3 et Paul 2 ; ils auront donc tous trois 4 + 3 + 2 = 9. Or, 9 représente les 297 fr.; donc Pierre aura les $\frac{4}{9}$ de ladite somme, Jean les $\frac{3}{9}$ et Paul les $\frac{2}{9}$.*)

1602.—René avait 0 fr. 75 que son parrain lui avait donnés : une première fois, il en perd les $\frac{2}{3}$, et une seconde les $\frac{3}{9}$: Combien lui reste-t-il ?

1603.—Dans une compagnie, il y avait $\frac{2}{3}$ de blancs, $\frac{1}{10}$ de mulâtres, $\frac{1}{6}$ de jaunes et 2 nègres : Dites de combien d'individus était formée la compagnie, et combien de chaque couleur.

1604.—Trois ouvriers ont travaillé ainsi qu'il suit : le premier les $\frac{3}{4}$ du temps demandé ; le deuxième $\frac{1}{6}$, et le troisième 1 jour : Dites le temps qu'ils ont travaillé tous trois, et combien chacun.

1605.—Quelqu'un a hérité d'une somme dont la $\frac{1}{2}$ et le tiers font 3168 fr. : Quelle est cette somme ?

1606.—Une somme moins ses $\frac{2}{3}$ égale 3498 fr. : Quelle est cette somme ?

1607.—Une somme, plus son $\frac{1}{20}$, égale 642 fr. : Quelle est-elle ?

1608.—L'âge de mon âne et celui de mon cheval, plus celui de mon chien égalent 80 ans : Dites l'âge de chacun de ces êtres intéressants, l'âge de l'âne pouvant être représenté par 7, celui du cheval par 6, et celui du chien par 3.

($7 + 6 + 3 = 16$. *Les $\frac{7}{16}$ de 80 = l'âge de l'âne, etc.*)

1609.—Deux bateaux à vapeur font le service entre deux villes ; l'un fait le trajet en 6 heures et l'autre en 8 : Combien le premier mettrait-il de temps, si la force locomotrice du second était réunie à la sienne ? ($\frac{1}{6} + \frac{1}{8} = \frac{14}{48}$); $48 : 14 = \mathbf{R}$.

1610.—Trois ouvriers ont gagné ensemble, dans 7 mois, une somme de 322 fr.; mais l'un n'a travaillé que 2 mois, l'autre 4 mois, et le troisième 1 mois : Dites quelle est la part de chacun.

1611.—Combien doit-on à un homme qui a travaillé 5 jours 8 heures 17 minutes, si l'on paye 2 fr. 60 par journée de 14 heures ?

1612.—Combien gagne par jour quelqu'un qui se fait payer 1 fr. 74 un travail de 2 heures 27 minutes, en admettant que la journée de cet ouvrier soit de 8 heures ?

1613.—Lorsque 0 kil. 535 se vendent 0 fr. 45 : Combien vaut un kilog ?

1614.—Lorsqu'un kilog. vaut 0 fr. 35 : Combien valent 687 gr. ?

1615.—Combien valent 1000 chapeaux, à 10 fr. l'un ?

1616.—Combien y a-t-il de centimètres cubes dans 1174 m. cub. ? — Combien de mil. cub. ? — Combien de d. cub. ?

1617.—Dites combien un décamètre cube contient de décastères, de stères, de décistères.

1618.—Si l'on avait un décam. cube d'eau, combien cela ferait-il de litres ?

1619.—Quels sont les $\frac{7}{8}$ de de 1279? les $\frac{3}{4}$ de $\frac{6}{7}$? les $\frac{5}{6}$ de $\frac{2}{9}$? les $\frac{12}{13}$ de $\frac{1}{3}$?

1620.—De quel nombre 9 est-il les $\frac{3}{4}$?... 8, les $\frac{2}{3}$?... 6, la $\frac{1}{2}$?... 12, les $\frac{4}{9}$?

1621.—Ecrivez en chiffres : 1o onze cent quatre cent-millièmes ; 2o deux cent-millièmes ; 3o deux cents millièmes.

1622.—On a payé 0 fr. 11 pour 0 lit. 04 d'eau-de-vie : A combien revient le litre ?

1623.—Quand on paye 10 cent. pour 2 centil. d'eau-de-vie, Combien paye-t-on le litre ?

1624.—Si les $\frac{2}{3}$ d'un mètre de drap coûtent 5 fr., Combien coûtera un mètre ?

1625.—Si le kilog. de pain coûte 15 cent., Combien coûteront 13 pains de 6 kilog. chacun ?

1626.—Combien y a-t-il de litres d'eau dans un bassin, dont la base supérieure est un rectangle de 3 m. de long sur 1 m. 20 de large, et la base du fond, un rectangle de 2 m. de long sur 0 m. 75 de large, la profondeur étant 0 m. 39 ?

1627.—Quelle est la capacité d'une cuve cylindrique dont le diamètre est 0 m. 45, et la hauteur 0 m. 40 ?

1628.—Dites quelle est la capacité d'un vase cylindrique, ayant 2 m. 20 de diamètre et 0 m. 3 de hauteur ?

1629.—De combien faut-il baisser un boisseau qui a 20 centimètres de diamètre et 0 m. 35 de hauteur, pour qu'il ne contienne qu'un décalitre ?

1630.—Réglez le compte suivant [1] :

Doit RICHARD, boucher en cette ville.

1858.			fr.	c.
Janvier	15	125 kilog. de pain de ménage, à fr. 0,21 le kilog.	26	25
dudit	25	15 doubles décal. de son, à fr. 1,10 le double.	16	50
Février	10	12 kilog. de pain blanc, à fr. 0,30 le kilog. .	3	60
dudit	15	125 kilog. pain de ménage, à fr. 0,22 le kilog.	27	50
Mars	1er	4 doubles décalit. de son, à fr. 1,12 le double.	4	48
dudit	12	9 kilog. pain blanc, à fr. 0,30 le kilog. . .	2	70
dudit	15	125 kilog. pain de ménage, à fr. 0,20 le kilog.	25	» »
dudit	25	Un veau gras.	50	» »
Avril	13	125 kilog. pain de ménage , à fr. 0,21 le kilog.	26	25
dudit	25	20 doubles décal. de son, à fr. 1,12 le double.	22	40

[1] Au côté, à gauche, se trouve enregistré tout ce que le maître du livre fournit à celui à qui le compte est ouvert, et au côté, à droite, tout ce qu'il en reçoit. C'est ainsi que chacun peut tenir ses affaires courantes en règle. On se procure un registre, et l'on prend un certain nombre de pages pour chaque chef de maison avec lesquelles on fait des affaires; on écrit au commencement de chaque compte : DOIT, un tel, à gauche, et AVOIR, à droite.

Quand on veut régler un compte, il n'y a qu'à additionner le DOIT d'une

1631.—Un marchand ayant acheté 29 pièces de calicot, de chacune 52 mètres, on demande combien il doit revendre le mètre pour gagner 461 fr. 10 sur cet achat, le mètre lui coûtant 0 fr. 85 ?

1632.—On a acheté 25 m. de drap, à 9 fr. le mètre : Combien doit-on le revendre pour gagner 17 fr. 50 sur ce marché ?

1633.—J'ai 15 pièces d'étoffe dont chacune a 26 mètres, et je désire savoir combien il faut que je revende le mètre pour avoir 234 fr. de profit, le mètre me revenant à 7 fr.

1634.—Un marchand de vin, en ayant acheté 15 barriques, à 42 fr. la pièce, en a perdu une : Combien doit-il revendre celles qui lui restent pour gagner 135 fr. ?

1635.—Un aubergiste a acheté 6 barriques de vin, à 42 fr. la barrique : On demande combien il faut qu'il le vende le litre, pour gagner 324 fr., sachant que chaque barrique contient 24 décalitres.

1636.—On demande le bénéfice fait sur 14 pièces de vinaigre, payé 50 fr. la pièce, et revendu 0 fr. 45 le litre, chaque pièce contenant 240 litres.

1637.—Un fabricant de casquettes a acheté 7 pièces de drap de 23 m. chacune, et coûtant 115 fr. la pièce ; on demande : 1o Combien cela lui donnera de casquettes, s'il lui faut 0 m. 20 de drap pour en faire une ; 2o Quel sera son bénéfice, s'il paye 1 fr. 60, tant pour la façon que pour le fil et la doublure de chaque casquette, et s'il les vend 3 fr. l'une.

1638.—Un tailleur ayant acheté 8 pièces de drap de chacune 25 m., à 9 fr. le m. : On demande quel bénéfice il a fait sur cet achat, sachant : 1o Qu'il a employé ce drap à faire des devants de gilets, et que, pour chaque gilet, il a fallu 0 m. 8 de drap ; 2o Que la façon du gilet est 0 fr. 60 ; 3o Qu'il a mis pour 15 fr. de boutons, pour 9 fr.

Avoir :

1858.			fr.	c.
Janvier	1er	6 kilog. de viande, à fr. 0,80 le kilog. . . .	4	80
dudit	8	4 kilog. de viande, à fr. 0,80 le kilog. . . .	3	20
dudit	25	10 kilog. de viande, à fr. 0,80 le kilog. . .	8	» »
Février	15	200 fagots, bois à four, à fr. 25 le cent. . .	50	» »
dudit	25	Pendant le mois, 18 kilog. de viande à fr. 0,80.	14	40
Mars	30	Pendant le mois, 6 kilog. de viande, à fr. 0,80.	4	80
Avril	1er	Reçu un à-compte de fr. 30.	30	» »
		Reçu, pour solde.		

part et l'Avoir de l'autre, et à soustraire le plus faible du plus fort, la différence est ce qui est dû à l'un ou à l'autre. On écrit cette différence au côté le plus faible, quand on en touche ou quand on en paye le montant, c'est ce qu'on appelle solder un compte.

Quand quelqu'un demande son mémoire, il suffit de copier son compte et de le lui envoyer.

11

E.

de fil, et pour 250 fr. de doublure ; 4o Qu'il a vendu ses gilets 12 fr. l'un.

1639.—Un marchand de moutons en a acheté 4 troupeaux, de chacun 198 pièces, à 4554 fr. le troupeau ; et il voudrait gagner 3960 fr. sur le tout : Veuillez lui dire combien il doit les revendre la pièce.

1640.—Si l'on employait 9 pièces de calicot de chacune 85 m., à 0 fr. 80 le mètre à faire des chemises, et que l'on mît 1 m. $\frac{1}{2}$ pour chacune : Quel profit aurait-on après les avoir toutes vendues, si la façon d'une coûtait 0 fr. 75, et qu'on les vendît 3 fr. la pièce?

1641.—Un épicier ayant acheté 6 caisses de savon, dont chacune pèse 67 kilog., y compris le poids de chaque boîte qui est de 45 décagrammes : On demande à combien lui revient le kilog. de savon, sachant qu'en le revendant 0 fr. 85 le demi-kilog., il a gagné 260 fr. sur le tout.

SECONDE SECTION.

GÉOMÉTRIE, INTÉRÊTS COMPOSÉS, RENTES SUR L'ÉTAT, CAISSES D'ÉPARGNE.

1642.—En admettant que le volume d'un grain de froment soit $\frac{4 \text{ milli.} \times 4 \text{ milli.} \times 7 \text{ milli.} \times 11}{21}$, combien y en aurait-il dans un double décalitre?

1643.—Trouvez la solidité d'une boule de 7 décimètres de haut.

1644.—*Trouvez la capacité d'une petite boîte en forme de boule, sachant que son diamètre intérieur est 0 m. 125.*

1645.—*Si nous admettons que le mètre cube de chêne, non équarri, vaille 60 fr., dites ce que vaut le mètre courant d'un chêne dont la circonférence, prise vers le milieu est 2 m. 49.*

1646.—*Dites ce que vaut le mètre cube d'une pièce de sapin, dont l'équarrissage est 0 m. 4, cette pièce ayant été payée 12 fr. le mètre courant.*

1647.—Dites à combien revient le mètre cube d'une solive, dont on a payé le mètre courant 2 fr. 90, l'équarrissage étant 0 m. 21 sur 0 m. 15.

1648.—Quel est le prix du mètre cube d'un arbre non équarri, ayant vers son milieu 1 m. 25 de tour, le prix du mètre courant étant 7 fr. 50?

1649.—Quel est le prix du mètre courant d'une poutre ayant 6 d. d'équarrissage sur un sens et 4 sur l'autre, le mètre cube ayant coûté 85 fr.?

1650.—Calculez la surface d'une boule de 0 m. 75 de diamètre.

1651.—On a fait dorer une sphère de 0 m. 24 de diamètre : Combien a-t-on payé pour ce travail, à 2 fr. le décimètre carré?

1652.—Quelle est la surface d'une table elliptique, dont le grand diamètre est 1 m. 80 et le petit 1 m. 40?

1653.—Quelle est la surface d'une toiture conique de moulin, le diamètre étant de 4 mètres et la hauteur oblique 8 mètres?

1654.—Quelle profondeur faut-il donner à une citerne de 5 mèt. $\frac{1}{2}$ de diamètre, pour qu'elle contienne 600 barriques d'eau, la barrique étant de 2 hectolitres $\frac{1}{2}$?

1655.—Quelle est la profondeur d'un puits dont le diamètre est 2 mètres et la contenance 20 kilolitres?

1656.—Quelle est la capacité d'une assiette formée par l'enveloppe de deux cônes tronqués, les diamètres du cône inférieur étant de 120 et 150 milli., et la profondeur de 25 millimètres et ceux du cône supérieur de 150 et 175 milli., la hauteur étant de 15 milli.?

1657.—Trouvez la capacité d'une cuve elliptique, les diamètres de la grande base étant 6 et 4 d.; ceux de la petite, 3 et 2 d., et la profondeur verticale, 6 d.

1658.—Calculez l'intérêt composé, pour 3 années, du capital 1220 fr. placé au taux de 5 p. $^o/_o$.

1659.—Quelle somme ai-je à compter pour avoir 1200 fr. de rente sur l'État, si 135 fr. produisent 5 fr.?

1660.—Combien payera-t-on une rente de 600 fr., le 5 p. $^o/_o$ étant au cours 92?

1661.—Quel est le cours du 5 p. $^o/_o$, lorsque la rente est 84 fr., et le capital 840 fr.?

1662.—Quel est le taux, lorsque la rente est 100 fr., le cours 45 fr. et le capital 900 fr.?

1663.—On veut faire un parterre de forme elliptique renfermant 1 are de terrain : Quelle largeur lui donnera-t-on, si la longueur est 14 mètres?

Solution : Pour trouver la surface d'une ellipse, on multiplie, par $\frac{11}{14}$, le produit des deux diamètres; donc, en divisant la surface d'une ellipse par $\frac{11}{14}$, on a le produit des deux diamètres de cette ellipse; on a, d'après cela, surface $\frac{100 \times 14}{11}$ ou $\frac{1400}{11}$ qu'il suffit de diviser par le grand diamètre 14 mètres, ce qui donne $\frac{1400}{11 \times 14}$ ou $\frac{100}{11}$.

1664.—Quelle longueur faudrait-il donner à un plan elliptique, pour qu'il renfermât 1 hectare 2 ares 25 centiares, si l'on voulait que la largeur fût 92 mètres?

1665.—On paye 10 fr. par mètre cube pour l'excavation d'un puits de 15 mètres de profondeur : Combien payera-t-on pour ce travail, le diamètre de l'ouverture étant de 3 mètres et celui du fond de 2 m. 30?

1666.—Quelle est la solidité du revêtement, en maçonnerie, du puits dont il est question au problème précédent, sachant que ce revêtement a 0 m. 50 d'épaisseur?

Solution : Il faut calculer le volume d'un cône tronqué dont les diamètres soient les mêmes que dans le problème précédent, moins deux fois l'épaisseur du revêtement, c'est-à-dire moins 1 m., puis retrancher ce volume de celui du N° précédent, ce qui donnera la solidité demandée.

1667.—Quelle profondeur donnera-t-on à un vase cylindrique pour qu'il contienne 21 litres, sachant que son diamètre est 3 d. $\frac{1}{2}$?

1668.—Combien 200 fr., placés au 4 p. °/o, rapporteront-ils dans 5 ans, intérêts composés?

1669.—Combien placerai-je sur l'État pour avoir 500 fr. de rente, le cours, à 5 p. °/o étant 95 fr.?

1670.—Un jeune homme qui peut faire 40 fr. d'économie chaque mois, les porte pendant 2 ans à la caisse d'épargne : Combien touchera-t-il au bout de 2 ans? — Il faut savoir que le taux p. °/o est 4 fr.

Pour résoudre cette question, calculez d'abord l'intérêt de janvier, selon la règle ordinaire, N° 266, page 95, puis successivement ceux de février, mars, avril... en multipliant celui de janvier successivement par les nombres 2, 3, 4... Calculez seulement trois décimales. Lorsque vous aurez calculé les 12 intérêts, vous les additionnerez. Alors vous multiplierez par 12 le noyau 40 fr. et joindrez au produit la somme des intérêts : ce sera le noyau de la seconde année.

Au noyau 12 fois 40 fr., plus les intérêts, ajoutez 40 fr. ; puis calculez l'intérêt de janvier de la seconde année ; l'intérêt de février se composera de ce premier, plus celui de 40 fr.; l'intérêt de mars, de ce premier, plus 2 fois celui de 40 fr...; l'intérêt de décembre, de ce premier, plus 11 fois celui de 40 fr...

1671.—Trouvez les litres de miel contenus dans un rayon de 8 décimètres carrés, le périmètre d'une alvéole étant de 18 milli., l'épaisseur des cloisons, lesquelles sont communes à deux alvéoles, étant de $\frac{1}{8}$ de milli. et la profondeur des alvéoles de 10 milli. Un décimètre carré de rayon renferme 400 alvéoles sur chacune de ses faces. On demande en outre le volume et le poids de la cire du même rayon, sachant que le d. cub. pèse 960 gram.

1672.—Les cellules ou alvéoles des abeilles sont au nombre de 4 par centimètre carré de rayon : d'après cela, trouvez la capacité d'une de ces cellules, et prouvez, au moyen de la réponse, que la première du N° précédent est exacte. Vous connaissez le périmètre et la profondeur des alvéoles.

1673.—On demande quel poids de cuivre il faudrait ajouter à 291 gram. d'or au titre 916 millièmes, pour le ramener au titre légal des monnaies françaises.

SOLUTION : L'or contenu dans le lingot $= 291 \times 0,916$. Le poids de cet or allié au titre $0,900 = \frac{291 \times 0,916 \times 10}{9}$ ou 296 gr. 173. Donc le cuivre à ajouter $=$

1674.—Un lingot d'argent, au titre 805, pèse 978 gr. : Combien pèsera-t-il s'il est ramené au titre légal, en y ajoutant la quantité voulue d'argent pur? Dire quelle est cette quantité.

SOLUTION : Il faut dégager le cuivre et l'allier...

1675.—Un orfèvre veut réduire au titre 800 la masse de 20 pièces de 40 fr. : Quel sera le poids du lingot, après réduction du titre, et combien devra-t-il y ajouter de cuivre?

SOLUTION : Les 20 pièces pèsent $12,9032 \times 20$ ou 258 gr. 064. L'or fin qui est contenu dans cette masse $= 258,064 \times 0,9 = \dots$

1676.—Un lingot d'or pèse 95 gr. ; il est au titre 906 : Combien faudrait-il en ôter de métal fin pour qu'il fût au titre 900?

1677.—On a fabriqué une somme de 9500 fr. avec un lingot d'or, au titre 906 : Dire combien pesait le lingot avant la réduction du titre.

1678.—Un lingot d'argent pesait primitivement 978 gr., mais après y avoir ajouté une quantité suffisante de métal fin pour l'amener au titre 9, il pesait 1907 gr. 10 : Quel était le titre primitif?

SOLUTION ANALYTIQUE : Voyons 1° combien on a ajouté de fin au lingot primitif, par $1907,10 - 978 = 929$ gr. 10. Voyons 2° ce qu'il en contient maintenant par $1907,10 \times 0,9 = 1716$ gr. 39. Il y en avait donc primitivement $1716,39 - 929,10 = 787$ gr. 29. Pour allier cette quantité, et obtenir 978, on a eu $\frac{787,29 \times 1000}{x} = 978$; donc x ou le titre demandé $=$

1679.—La livre monnaie, autrefois en usage en France, ne valait que 0 fr. 99 de notre monnaie actuelle. D'après cela trouvez le poids d'une somme de 1835 livres, en pièces d'argent au titre 906 millièmes.

SOLUTION : Cette somme vaudrait en francs $0,99 \times 1835 = 1816$ fr. 65 cent.

Donc, au titre 900, elle pèserait $5 \times 1816,65 = 9083$ gr. 25. Elle contiendrait d'argent fin $\frac{9083,25 \times 9}{10} = 908,325 \times 9 = 8174$ gr. 925…

1680.—Un lingot d'or, au titre 901, pèse 296 gr. 163, après avoir été amené au titre 900 par l'addition d'une certaine quantité de cuivre : Dire quel était son poids primitif.

SOLUTION ANALYTIQUE : Cherchons le fin contenu dans le lingot actuel ; nous avons $296,163 \times 0,9 = 266$ gr. 5487. Allions-le au titre 901, il viendra…

1681.—Trouvez le poids relatif à nos monnaies actuelles, des anciennes pièces de 6 livres, sachant qu'elles étaient au titre 906, et que 1 livre ne valait que 0 fr. 99.

1682.—Un étang contient 15 000 kilolitres d'eau; la bonde étant levée en laisse passer 1100 mètres cubes à l'heure, tandis qu'un ruisseau en amène 50 : Dans combien de temps l'étang sera-t-il réduit au simple courant du ruisseau?

1683.—Un bassin, dont les dimensions sont 32 m., 27 m et $\frac{1}{2}$ m., doit être rempli par un filet d'eau donnant 5 hectol. à l'heure : Dans combien de jours sera-t-il plein, sachant qu'il en laisse couler 5 centilitres à la minute?

1684.—Un homme achète un cheval et le revend à 80 fr. de profit; il gagne $10 \frac{1}{2}$ p. % à ce marché : On vous demande combien lui a coûté la bête.

1685.—On voudrait former la somme 430 fr. avec des pièces de

20 fr. et des pièces de 10 fr. : Combien faudra-t-il en prendre de chaque espèce, sachant qu'il n'en faut que 30 en tout?

SOLUTION : 30 pièces de 20 fr. font 600 fr., ce qui donne 170 fr. de trop. Ce trop est évidemment le produit de 10 fr. par le nombre des pièces de cette valeur...

1686.—On veut payer 1725 fr. avec 33 pièces de monnaie d'or, pièces de 100, de 50, de 20 et de 5 fr. : Combien en donnera-t-on de chaque espèce, si les trois dernières sont en nombre égal?

1687.—Un ouvrier gagne 30 fr., en travaillant 12 jours sur 14. Pendant ces 14 jours, il dépense 1 fr. 25 par jour et donne 10 centimes aux pauvres ; mais le dimanche il triple son aumône. On vous demande combien il lui faut de temps pour amasser de quoi payer le loyer de son logement qui est de 75 fr. et une somme de 50 fr. dont il a besoin par ailleurs.

1688.—Un ouvrier peut mettre 3 francs par semaine à la caisse d'épargne : Quelle somme recueillera-t-il au bout de 161 jours, le taux étant $3\frac{5}{4}$ p. %?

SOLUTION : Pour résoudre ce problème, on cherche d'abord combien il y a de semaines dans 161 jours. Cela fait, on calcule l'intérêt de 3 fr. pour une semaine ; ce que l'on trouve est l'intérêt du premier dépôt à la fin de la première semaine. On multiplie ce premier intérêt par 2 et l'on a l'intérêt des deux premiers dépôts à la fin de la deuxième semaine et ainsi, autant de fois qu'il y a de semaines. On additionne et, au résultat, on joint la somme des dépôts.

Note sur les Caisses d'Épargnes.

Les caisses d'épargnes sont des établissements publics, autorisés par la loi, et créés en faveur des ouvriers qui font des économies. La principale raison qui doit en faire apprécier les avantages, c'est que ces économies ne produiraient rien en restant chez leurs possesseurs, tandis qu'en caisse d'épargnes, elles produisent un intérêt composé, calculé au taux de 3 1/2 ou de $3\frac{5}{4}$ p. %.

En effet, chaque année, fin de décembre, les intérêts échus se capitalisent pour porter intérêt l'année suivante ; mais les fractions de franc n'entrent pour rien dans le calcul de cet intérêt ; on ne doit donc y déposer que des sommes rondes.

On y reçoit toutes sommes depuis 1 franc jusqu'à 300 fr., ce qui permet d'y verser les économies de chaque semaine, quelques minimes qu'elles soient au-dessus d'un franc. Notons bien qu'on ne peut y faire plusieurs versements par semaine.

On y délivre à chaque déposant un livret en son nom, sur lequel sont enregistrés tous les versements et remboursements qui le concernent. Nul ne peut avoir plusieurs livrets à la même caisse ni suivre plusieurs caisses à la fois. On n'y reçoit plus les dépôts de ceux dont les capitaux seraient montés à 1000 fr. ; et tout déposant qui y aurait une somme suffisante pour acheter au moins 10 fr. de rente, peut obtenir, sans frais, une inscription de rente, sur le grand livre de la dette publique.

Chacun est libre de retirer, quand il veut, les fonds qu'il peut avoir en caisse d'épargne; si donc on en faisait la demande l'un des jours de la semaine, ils seraient rendus le dimanche suivant, ou au plus tard, dans la quinzaine. Les intérêts datent du dimanche qui suit immédiatement le jour du dépôt. (Extrait des lois sur les caisses d'épargnes.)

Pour suivre exactement un compte d'intérêt à la caisse d'épargne, on peut s'y prendre de la manière suivante :

Ouvrir à chaque année que durent les dépôts, un compte courant sur un petit registre à ce destiné, puis y inscrire chaque placement par ordre de dates, ayant soin lorsqu'on en fait un nouveau, de calculer l'intérêt de la somme de ceux qui l'ont précédé. Les divers intérêts se trouvant ainsi en colonnes, il est facile d'en faire l'addition. Donnons un exemple : *Je place d'abord* 100 fr., *le* 15 *décembre, et* 120 fr., *le* 10 *mai; puis, enfin,* 146 fr., *le* 1er *septembre : Quel sera le noyau au* 1er *janvier suivant.*

1857.			fr.	c.	1857.			fr.	c.
Déc.	15	déposé	100	»	Mai.	25	Intérêt du 1er dépôt pour 145 jours.	1	58
Mai.	10	déposé	120	»	Sept.	15	Intérêt des deux 1ers dépôts pour 113 jours.	2	72
Sept.	1	déposé	146	»	Déc.	31	Intérêt des trois dépôts pour 107 j.	4	29
							Sommes des intérêts.	8	59
1858.					1858.				
Janv.	1	déposé	374	59					

Calcul du 1er intérêt
$$\frac{4 \times 100 \times 145}{100 \times 365} = \frac{4 \times 154}{365} \text{ ou.} \quad . \quad . \quad . \quad . \quad .$$

— du 2e —
$$\frac{4 \times (100 + 120) \times 113}{100 \times 365} = \frac{4 \times 220 \times 113}{100 \times 365} \text{ ou.} \quad . \quad .$$

— du 3e —
$$\frac{4 \times (100 + 120 + 146) \times 107}{100 \times 365} = \frac{4 \times 366 \times 107}{100 \times 365} = \text{ ou}$$

Note sur les Annuités.

On appelle *annuité* la somme qu'il faut payer annuellement, pour éteindre, durant un temps donné, une dette qu'on devrait payer au bout de ce même temps, avec les intérêts des intérêts. Les conventions peuvent aussi être telles que le débiteur, tout en payant les intérêts annuels du capital, se libère chaque année d'une partie de sa dette; mais au fond c'est absolument la même chose.

Les annuités sont encore peu connues et surtout peu pratiquées en France par les particuliers; cependant elles sont tout en faveur du débiteur, en ce qu'elles lui permettent de se libérer par parties et sans se voir obligé d'entasser des capitaux, exposés à rester longtemps improductifs. Dans tous les cas, il ne paye ni plus ni moins qu'il ne ferait en s'acquittant autrement. Il est vrai qu'il paye à l'avance la plus grande partie de sa dette, mais d'un autre côté le créancier, qui est à même de bénéficier sur les avances que lui fait son débiteur, lui tient à son tour compte des intérêts composés de ses avances, ce qui les remet l'un et l'autre dans les conditions ordinaires.

Le cas échéant où un créancier refuserait de consentir une annuité, le débiteur pourrait toutefois la pratiquer, en plaçant chaque année à intérêt la partie remboursable du capital.

Les étroites limites d'une note ne nous permettant pas de nous étendre sur ce mode de remboursement, nous allons donner immédiatement les principales règles qui y ont rapport, sans nous occuper des analyses qui les font découvrir, puis nous donnerons quelques exemples.

I. *Le moyen le plus simple pour calculer une annuité est de calculer l'intérêt annuel du capital, et de diviser cet intérêt par la valeur de 1 franc, plus ses intérêts composés pour le temps convenu, après avoir diminué de 1 cette même valeur, c'est-à-dire, par l'intérêt composé de 1 fr. pour le temps désigné; le quotient exprime la partie remboursable du capital; à quoi on ajoute l'intérêt annuel du capital, ce qui forme l'annuité à payer.*

On trouve la valeur de 1 fr. plus ses intérêts composés, pour le temps donné, par une suite de multiplications, dans l'opération desquelles 1 fr. plus son intérêt pour l'unité de temps, est autant de fois facteur qu'il y a de ces unités dans le temps convenu. En faisant ces calculs, on trouve que chaque multiplication donne plusieurs nouveaux chiffres décimaux, ce qui fait que le nombre en devient de plus en plus grand; mais dans la pratique, il suffit qu'on en conserve 6 ; et, pour qu'il y ait une sorte de compensation, on peut augmenter de 1 le 6e, lorsque le 7e est 5 ou au-dessus, et le laisser tel lorsque le 7e est moindre que 5.

Tableau des valeurs de 1 fr. plus ses intérêts composés après 7 ans, et au-dessus, aux taux 4, 4 1/2 et 5 p. %.

ANS.	4 P. %.	4 1/2 P. %.	5 P. %.
7	1,315 932	1,360 862	1,407 100
8	1,368 569	1,422 101	1,477 455
9	1,423 312	1,486 095	1,551 328
10	1,480 244	1,552 969	1,628 895
11	1,539 454	1,622 853	1,710 339
12	1,601 032	1,695 881	1,795 856
13	1,665 074	1,772 196	1,885 649
14	1,731 676	1,851 945	1,979 932
15	1,809 944	1,935 282	2 078 928
16	1,872 981	2,022 370	2,182 875
17	1,947 901	2,113 377	2,292 018
18	2,025 817	2,208 479	2,406 619
19	2,106 849	2,307 860	2,526 950
20	2,191 123	2,411 714	2,653 298

NOTA. Les élèves pourront compléter cette Table en calculant par le procédé indiqué ci-dessus, les valeurs de 1 fr. pour les différents taux indiqués, depuis 1 an jusqu'à 7 ans, et même l'étendre au 5 1/2 et au 6 p. %.

1er EXEMPLE. — On doit 8000 fr. que l'on est convenu de rembourser en 4 annuités : De combien sera chacune, si le taux p. % est 4 francs.

SOLUTION : L'intérêt annuel du capital $= 0,04 \times 8000 = 320$ fr. La valeur moins 1 du capital 1 fr., joint à ses intérêts composés $= 1,04 \times 1,04 \times 1,04 \times 1,04 - 1 = 1,16 985 856 - 1 = 0,16 985 856.$

L'annuité demandée est donc $\dfrac{320}{0,16\ 985\ 856} + 320 = 1883,92 +$ 320 ou R. 2203 fr. 92.

II. *Un moyen qui paraît plus conforme à la définition donnée plus haut, mais qui ne donne pas un autre résultat, c'est de chercher à combien s'élève le capital avec ses intérêts cumulés pour le temps marqué, puis on multiplie le résultat par le taux pour 1 fr., et l'on divise par le même diviseur que précédemment. Ce procédé donne directement l'annuité.*

2e EXEMPLE. — Soit encore à trouver l'annuité à payer pour éteindre en 4 ans une dette de 8000 fr., le taux étant 4 p. %?

SOLUTION : Après les 4 ans, le capital vaudra $8000 \times 1,04 \times 1,04 \times 1,04 \times 1,04$ ou 9358 fr. 86 848 ; or, $9358,86848 \times 0,04 = 374$ fr. 3 547 392. D'où R. $= \dfrac{374,3\ 547\ 392}{0,16\ 985\ 856} = 2203$ fr. 92, somme déjà trouvée.

III. *Pour trouver la somme qu'on devrait rembourser dans un temps connu, au moyen d'une annuité et d'un taux donnés, c'est-à-dire, pour revenir de l'annuité au capital, on peut s'y prendre ainsi qu'il suit : On divise le taux pour 1 fr. par la valeur de 1 fr. augmentée de ses intérêts cumulés pour le temps convenu, et diminué de l'unité ; on ajoute le taux pour 1 fr. au quotient, et par cette somme, on divise l'annuité donnée ; le quotient exprime la valeur du capital.*

3e EXEMPLE. — Quelqu'un peut disposer de 200 fr. par an, pendant 4 ans : Quelle somme peut-il emprunter et rembourser avec cette annuité, dans le temps susdit, le taux étant 4 p. %?

SOLUTION : Dans les problèmes précédents, nous avons vu que 1 fr. placé au 4 p. % vaut après 4 ans 1,16985956 ; prenant donc la partie décimale de cette valeur, nous avons $\dfrac{0,04}{0,16985856} = \dfrac{4\ 000\ 000}{16\ 985\ 856}$ ou 0,235 589. Ajoutant 0,04 à cette quantité, on a 0,275 489 pour diviseur de 200 ; et, effectuant la division, il vient $\dfrac{200}{0,275\ 489} = \dfrac{200\ 000\ 000}{275\ 489}$ ou R. 725 fr. 98, ce qui veut dire 726 fr, somme que l'on pourra emprunter pour les 200 fr. d'annuité.

1689.—On a acheté un terrain pour 12 000 fr. remboursables dans 12 ans avec les intérêts composés : Quelle annuité aura-t-on à verser pendant ces 12 ans, le taux étant 5 francs pour cent ? (*Voir* la table.)

1690.—Un ouvrier qui a un revenu de 172 fr., en rentes diverses, ayant besoin d'argent pour réparations urgentes à sa maison, voudrait emprunter une somme telle qu'il puisse la rembourser en deux annuités de chacune 172 fr. : Quelle somme recevra-t-il, au taux 5 p. %?

1691.—Une commune emprunte pour 20 ans au taux de 5 p. %, le capital 20 000 fr. : Quelle annuité aura-t-elle à payer, sachant que les intérêts cumulés de 1 fr. pour 20 ans au 5 p. % valent 1 fr. 653 298 ?

1692.—Quelle somme peut-on emprunter moyennant 10 annuités de 500 fr. chacune, le taux étant 4 1/2 p. %?

1693.—Quelle annuité ronde faut-il payer pour s'acquitter en 7 ans, au taux 4 p. %, d'une dette de 10 000 fr., qu'on devrait payer au bout du temps susdit, avec les intérêts des intérêts?

1694.—Un pauvre homme a un pressant besoin de 300 fr. ; son

voisin veut bien lui prêter cette somme, à condition qu'il la rendra dans l'intervalle d'un an, c'est-à-dire en 12 remboursements, de mois en mois, au 6 p. %, ce qui fait 0 fr. 50 p. % par mois : De combien sera chaque payement, les intérêts cumulés de 1 fr. pour les 12 mois étant 0 fr. 0618?

SOLUTION : L'intérêt mensuel de 1 fr. étant 0 fr. 005, l'intérêt mensuel du capital est $0,005 \times 300 = 1$ fr. 50.

L'annuité demandée ou la somme à payer chaque mois est donc $\frac{1,50}{0,0618} + 1,50$ ou...

NOTA. Il peut arriver que le créancier, en raison de la perte de temps qu'il est exposé à éprouver dans le placement des remises périodiques que lui fait son débiteur, exige que le taux p. % de l'intérêt soit plus fort que celui du remboursement. Alors on fait entrer dans les conventions qu'il y aura deux taux, et voici la manière d'opérer dans ces cas.

On opère comme il est dit 1 sur l'intérêt annuel, calculé au taux du remboursement, puis, au résultat, on ajoute l'intérêt annuel calculé d'après le taux de l'intérêt.

1695.—Quelle annuité faudrait-il payer pour rembourser 12 000 fr. en 6 ans, si le taux du remboursement était 4 p. % et celui de la rente 5 fr.?

SOLUTION : L'intérêt annuel du capital au taux du remboursement $= 0,04 \times 12\,000 = 480$ fr.

L'intérêt annuel de ce même capital au taux du prêt $= 0,05 \times 12\,000 = 600$ fr.

La partie du capital à rembourser annuellement $= \frac{480}{0,265\,319}$ ou 1809 fr. 14. Donc, annuité cherchée $= 1809,14 + 600$ ou R...

1696.—Quelle annuité payera-t-on pour rembourser 11 000 fr. dans 17 ans, si le taux du prêt est 5 fr. et celui du remboursement 4 fr. 50 c.?

1697.—Quelle somme pourra-t-on emprunter au moyen d'une annuité de 2000 fr., si l'on est convenu que le taux du remboursement sera 4 fr., celui de la rente 5 fr., et le temps 9 ans?

SOLUTION : Le diviseur des 2000 fr. est $\frac{0,04}{0,425\,312} + 0,05 =$

Note sur la vente des eaux-de-vie.

I. Les eaux-de-vie se vendent à l'hectolitre, et le prix en est d'autant plus élevé que la force en est plus grande. Cette force, qui consiste dans le plus ou le moins d'*alcool* ou *esprit-de-vin* qu'elles contiennent, s'observe au moyen d'un instrument appelé *aréomètre* ou *pèse-liqueur* et se marque par *degrés*.

On appelle *titre* d'une eau-de-vie le nombre de degrés qu'elle porte.

II. Deux choses servent de bases aux calculs relatifs à la vente des eaux-de-vie : le *titre marchand*, c'est-à-dire le nombre de degrés auquel elles doivent atteindre pour que l'hectolitre vaille un certain prix, variable selon les occurrences ; et le *cours*, c'est-à-dire le prix dont il vient d'être parlé. Le nombre de degrés que marque une eau-de-vie au-dessus du titre marchand s'appelle la *surforce*, et le nombre de degrés au-dessous du même titre s'appelle la *faiblesse*. Or, dans le cas où il y a surforce, l'acheteur paye au vendeur une augmentation calculée sur la valeur totale de la vente, à un *taux pour cent* déterminé pour chaque degré de surforce. Dans le cas où il y a faiblesse, le vendeur supporte une diminution calculée de la même manière.

III. Il existe plusieurs sortes de pèse-liqueur ; mais nous ne mentionnerons ici que ceux de Cartier et de Tessac, dont les degrés se subdivisent en *huitièmes*, et celui de Gay-Lussac, connu sous le nom d'*alcoomètre centésimal*, lequel porte 100 degrés, subdivisés en *dixièmes*.

Les deux premiers ne donnent la *force* réelle d'une eau-de-vie que quand cette eau-de-vie est à la température de 10° Réaumur ; l'alcoomètre centésimal ne la donne qu'à la température de 15° centigrades.

Ils exigent donc tous trois l'immersion simultanée d'un thermomètre. La force observée à une température plus ou moins élevée s'appelle la *force apparente* ; on a des moyens d'en déduire la force réelle.

Nous ferons remarquer que l'alcoomètre doit, pour les raisons qui suivent, être préféré à tout autre pèse-liqueur : 1° il est *décimal* et conséquemment plus simple ; 2° il est *légal* et le seul dont se serve l'administration ; 3° il donne immédiatement les centièmes en volume de l'alcool contenu dans l'eau-de-vie : *Exemple, que la force observée, à 15° centig., soit 58° : un hectolitre contiendra 58 litres d'alcool et 42 lit. d'eau* ; 4° lorsqu'on en fait usage, les calculs pour surforce ou pour faiblesse sont beaucoup plus simples ; 5° on l'achète chez les opticiens accompagné d'une instruction qui en enseigne les usages.

IV. A Bordeaux, à Cognac et dans les départements circonvoisins, les particuliers se servent de l'aréomètre de Tessac ; le titre marchand des eaux-de-vie est 4° et le taux p. % par degré de surforce ou de faiblesse est 5 fr. Le titre 4° Tessac correspond, à peu de chose près, au titre $22°\frac{3}{8}$ Cartier, et au titre 60° de l'alcoomètre centésimal.

Les taux pour cent correspondants au 5 p. % de Cognac et des environs, sont, à moins d'un $\frac{1}{2}$ millime, 4 fr. 444 pour Cartier et 4 fr. 666 pour Gay-Lussac [1].

V. D'après les notions qui précèdent, il suffira toujours, dans quelque pays qu'on se trouve, pour calculer l'augmentation ou la diminution dont il est parlé n° II, de savoir trouver le *titre réel* de l'eau-de-vie, au moyen de l'aréomètre de la contrée, de connaître le *titre marchand*, le *cours*, ainsi que le *taux pour cent*, et de faire usage de la règle suivante, laquelle n'a toutefois pas lieu pour l'alcoomètre centésimal, ainsi qu'il sera dit.

VI. RÈGLE I. *Multipliez le taux p. % par le nombre de degrés au-dessus ou au-dessous du titre marchand, multipliez ce produit par le cours et par la quantité vendue, et divisez le résultat par 100. Ces opérations vous donneront la valeur de la surforce ou de la faiblesse, et il n'y aura plus qu'à l'ajouter à la valeur de la quantité vendue, s'il s'agit de surforce, ou à l'en retrancher, s'il s'agit de faiblesse : la somme ou la différence sera la valeur rectifiée de la quantité vendue.*

EXEMPLE I. Je suis à Cognac et j'y achète 8 hectol. d'eau-de-vie, à 92 fr. l'hectol. Quelle somme ai-je à payer, le taux p. % par degré de surforce étant 5 fr, le titre marchand 4° Tessac et la force réelle de l'eau-de-vie 6°?

SOLUTION : J'ai à payer 5 p. % pour chaque degré de surforce, et il y en a 2; j'ai donc 5×2 ou 10 fr p. % Mais si j'ai 10 fr. à payer sur 100 fr., sur 1 fr. j'aurai $\frac{10}{100}$, sur 92 fr. ou sur 1 hectol., j'aurai $\frac{10 \times 92}{100}$ et enfin sur 8 hectol., j'aurai $\frac{10 \times 92 \times 8}{100}$, ce qui démontre la règle n° VI; le résultat est 73 fr. 60 qu'il faut ajouter à $92 \times 8 = 736$ fr.

D'où, la facture suivante :

Pour 8 hectol. eau-de-vie, à 4° Tessac, et à 92 fr. l'hectol . . . . 736 fr.

Pour 2° de surforce à 5 p. % par degré. . . . . 73 fr. 60

Total à payer. . . . . 809 fr. 60

EXEMPLE II. Je suis à Montpellier et j'y achète 8 hectolitres d'eau-de-vie, à 22° 3/8 Cartier : Combien ai-je à payer, si le prix de l'hec-

[1] *Tableau abrégé des correspondances approximatives des trois pèse-liqueurs sus-mentionnés.*

GAY-LUSSAC	CARTIER		TESSAC.		GAY-LUSSAC	CARTIER		TESSAC.		GAY-LUSSAC	CARTIER		TESSAC.	
49°	19°		1°		58°	21	6/8	3	2/8	67°	25	3/8	6	4/8
50	19	2/8	1	2/8	59	22	2/8	3	6/8	68	25	4/8	6	6/8
51	19	4/8	1	4/8	60	22	3/8	4	—	69	25	7/8	7	2/8
52	19	6/8	1	6/8	61	22	6/8	4	4/8	70	26	3/8	7	6/8
53	20	2/8	2	2/8	62	23	2/8	4	6/8	71	26	6/8	8	—
54	20	4/8	2	4/8	63	23	4/8	5	—	72	27	2/8	8	4/8
55	20	6/8	2	5/8	64	23	6/8	5	3/8	73	27	4/8	8	6/8
56	21	2/8	2	6/8	65	24	3/8	5	6/8	74	28	—	9	—
57	21	4/8	3	2/8	66	24	5/8	6	2/8	75	28	4/8	9	4/8

tolitre est 92 fr., le taux p. °/o par degré , 4 fr. 444, et la force réelle de l'eau-de-vie 24° $\frac{5}{8}$?

SOLUTION.

Pour 8 hectol. eau-de-vie au titre 22° $\frac{3}{8}$, à 92 fr.
l'hectol., $92 \times 8 =$ 736 fr.

Pour 2° $\frac{1}{4}$ de surforce, à 4 fr. 444 p. °/o par degré, $0.04444 \times 2,25 \times 736 =$ 73 fr. 59

Somme que j'ai à payer. . . .   809 fr. 59

EXEMPLE III. J'achète 8 hectolitres eau-de-vie de Cognac, au titre 4° Tessac : Quelle somme ai-je à payer, la force réelle n'étant que 3° 1/4, et le cours 92 fr. ?

SOLUTION.

Pour 8 hectol. eau-de-vie, au titre 4° Tessac, et à
92 fr. l'hectol., $92 \times 8 =$ 736 fr.

A défalquer pour 6/8 de degré de faiblesse, $0,05 \times$
$6/8 \times 736 = \frac{0.05 \times 6 \times 736}{8} =$ 27 fr. 60

Somme à payer. . . . .   708 fr. 40

VII. RÈGLE II. *Quand on fait usage de l'alcoomètre centésimal, une simple règle de trois donne immédiatement le prix rectifié de l'unité; et l'on n'a plus qu'à le multiplier par le nombre de ces unités, pour avoir la valeur totale de la vente.*

EXEMPLE IV. Quelle somme ai-je à payer pour 8 hectol. eau-de-vie au titre 60° centésimaux, la force réelle étant 66° et le cours 92 fr. ?

SOLUTION : L'hectolitre, au titre 60, donnant 92 fr., ne donne, au titre 1 , que $\frac{92}{60}$, mais, au titre 66°, il donne $\frac{92 \times 66}{60}$; et 8 hectol. donnent $\frac{92 \times 66 \times 8}{60}$, ce qui donne, valeur de la vente 809 fr. 60.

EXEMPLE V. Une eau-de-vie a été vendue au titre 60° ; mais son titre réel n'étant que 52° 7 , Quel est le prix rectifié de l'hectol.. le cours étant 92 fr. ?

SOLUTION indiquée : $\frac{92 \times 52/7}{60}$. R. 80 fr. 80.

NOTA. Au moyen du tableau des correspondances annexé au n° IV, on pourra résoudre, par ces procédés, toute question de surforce ou de faiblesse, et pour cela, il suffira de prendre dans la colonne Gay-Lussac, le titre correspondant au titre donné.

VIII. RÈGLE III. *Pour changer la force apparente d'une eau-de-vie en sa force réelle, quand on se sert de l'aréomètre Cartier, on ajoute autant de fois 1/5°, aux degrés marqués par l'aréomètre, que le thermomètre Réaumur, immergé en même temps dans la liqueur, marque de degrés au-dessous de 10° degrés. On en retranche, au contraire, autant de fois 1/5° que le thermomètre marque de degrés, au-dessus de 10 degrés. Quand on se sert de l'aréomètre Tessac, on ajoute ou l'on retranche 1/8° par degré du même thermomètre.*

EXEMPLE I. On trouve qu'une eau-de-vie, à la température de 14° Réaumur, porte 22° 1/2 Cartier : Quel est son titre réel, la température voulue étant 10°?

SOLUTION : La température de l'eau-de-vie surpasse de 4° la température voulue, il faut donc retrancher de 22° 1/2 la fraction 1/5 $\times$ 4, ce qui donne $22 \ 1/2 — \frac{4}{5} = 22,5 — 0,8$ ou R. 21° $\frac{7}{10}$.

IX. Pour corriger la force apparente des eaux-de-vie éprouvées par l'alcoomètre, on se sert de la table ci-contre ·

TABLE
DE CORRECTION.

1°	0,14	55°	0,35
5	0,16	60	0,34
10	0,21	65	0,33
15	0,29	70	0,32
20	0,34	75	0,31
25	0,34	80	0,29
30	0,41	85	0,27
35	0,41	90	0,24
40	0,39	95	0,20
45	0,37	100	0,18
50	0,36		

Dans la 1re et la 3e colonnes sont marqués de 5 en 5 les degrés de l'alcoomètre et dans la 2e et la 4e sont marquées les *centièmes* de degré dont chaque degré de température fait varier la force réelle de l'eau-de-vie.

Pour se servir de cette Table, on cherche dans les colonnes des degrés, le nombre marqué par l'alcoomètre, ou le plus approchant, on prend la quantité qui y correspond, dans la colonne à droite, ou une quantité intermédiaire entre les deux qui se suivent, et on la multiplie par le nombre de degrés de température au-dessus ou au dessous de 15° centigrades. On prend le résultat et on le retranche de la force observée, si la température est au-dessus de 15° et on l'y ajoute si elle est au-dessous.

Exemple I. Une eau-de-vie, pesée à la température de 18°, offre une force apparente de 70° : Quelle est sa force réelle ?

Solution : La température étant 18°, on a 3° au dessus de la température voulue. Je cherche 70° dans la table et à côté je vois 0,32 de variation. Je multiplie 0,32 par 3, ce qui donne 0,96 à retrancher de 70°; d'où la force réelle demandée = 70 — 0,96 ou R. 69°, 04.

Exemple II. Un eau-de-vie, pesée à la température de 9°, marque 55° : Quelle est sa force réelle ?

Solution : On a 55 + 0,35 × 6 = 55 + 2,10 ou R. 57°, 10.

PROBLÈMES RELATIFS A LA SURFORCE ET A LA FAIBLESSE DES EAUX-DE-VIE.

1698 —On a vendu 4 hectol. d'eau-de-vie portant 7° Tessac : Combien recevra le vendeur, le cours étant 95 fr., le titre marchand 4° et le taux p. % 5 fr. ?

1699.—On a vendu, à 105 fr. l'un, 6 hectol. eau-de-vie, à 5° $\frac{3}{4}$ Tessac : Que recevra le vendeur si l'acheteur paye 5 p. % par degré de surforce, le titre marchand étant 4°?

1700.—On achète à 1 fr. 40 l'un 250 litres d'eau-de-vie portant 2° $\frac{6}{8}$ Tessac : Combien le vendeur touchera-t-il ? On sait les autres conditions.

1701.—Quatre hectol. eau-de-vie, à 25° $\frac{5}{4}$ Cartier, ont été vendus à 110 fr. l'hectol. : Quelle somme recevra le vendeur, si le titre marchand est 22° $\frac{5}{8}$ et le taux p. % 4 fr. 45?

1702 —Six hectol. d'eau-de-vie, portant 20° $\frac{1}{2}$ Cartier, ont été vendus à 115 fr. l'hectol. : Combien payera l'acheteur, le titre marchand étant 22° $\frac{3}{8}$ et le taux p. % 4,45?

1703.—Combien payerait-on pour 250 litres d'eau-de-vie portant

30°, si on l'achetait 1 fr. 75 le litre et au titre 22° $\frac{3}{8}$, le taux p. °/₀ étant 4 fr. 45 ?

1704.—Une eau-de-vie a pour titre 64° centésimaux : Combien la paye-t-on l'hectolitre, si le titre marchand est 60°, et le cours 125 fr. ?

1705.—Combien valent 17 hectol. d'une eau-de-vie qui ne porte que 58° 5, lorsqu'elle devrait en porter 60, pour valoir 100 fr. l'hectolitre ?

1705.—Une eau-de-vie qui ne porte que 45° a été vendue au titre 60° et à raison de 118 fr. l'hectol. : Quelle somme a-t-on donnée pour 20 hectol. ?

NOTA. *On trouve ce qu'on ajoute à la valeur de la vente selon le cours, ou ce qu'on en retranche, c'est-à-dire la valeur de la surforce ou celle de la faiblesse, en retranchant cette valeur selon le cours de la valeur obtenue, ou en retranchant la valeur obtenue de la valeur selon le cours.*

1706.—Un marchand a acheté pour 910 fr. 4 hectolitres d'eau-de-vie, à 200 fr. l'un : A quel degré Tessac était-elle ?

SOLUTION : Ce qu'on a payé pour surforce $= 910 — 200 \times 4$ hect. $= 910 — 800$, ou 110 fr.

Si l'on a payé 110 fr. sur 800 fr., sur 1 fr., on a payé $\frac{110}{800}$ et sur 100 fr. $\frac{110 \times 100}{800}$ ou $\frac{110}{8} = 13$ fr. 75.

Or, 13 fr. 75 est le produit du 5 p. °/₀, multiplié par le nombre de degrés de surforce ; ce nombre de degrés est donc $\frac{13,75}{5} = 2°,75$ ou $2° \frac{3}{4}$. Donc le titre demandé est $4 + 2 \frac{3}{4}$ ou R.

1707.—On a payé 1112 fr. 50 un certain nombre d'hectol. d'eau-de-vie à 100 fr. l'un ; son titre réel était 6° $\frac{1}{4}$ Tessac : Quel est ce nombre d'hectol. ?

SOLUTION : Le nombre de degrés en surforce est $6 \frac{1}{4} — 4 = 2° \frac{1}{4}$. Or le prix rectifié d'un hectol. $= \frac{100 + 5 \times 2,25 \times 100}{100} = 100 + 11,25$ ou 111 fr. 25. Le nombre d'hectol. est donc $\frac{1112,50}{111,25}$ ou R.

1708.—On a acheté 15 hectol. d'eau-de-vie à 7° $\frac{1}{4}$ Tessac, pour 3138 fr. : A quel cours a-t-elle été vendue ?

SOLUTION : Nous avons en surforce $7 \frac{1}{4} — 4 = 3 \frac{1}{4} = 3° 25$.
100 fr. $+$ la surforce sur 100 fr. $= 100 + 5 \times 3,25 = 100 + 16,25 = 116$ fr. 25.

Or, la quantité achetée 100 fr. ayant été payée 116 fr. 25, il en résulte que la quantité payée 1 fr. n'a coûté que $\frac{100}{116,25}$ et la quantité payée 3138 fr. n'a coûté que $\frac{3138 \times 100}{116,25} = 2700$. C'est le prix des 15 hectol. ; donc le prix d'un hectol. $=$

X. A Cognac et dans les environs, au lieu d'opérer comme il est enseigné N° 6, on calcule d'abord la valeur de la vente selon le cours, puis on prend le 20ᵉ de cette valeur, autant de fois qu'il y a de degrés en surforce ou en faiblesse, et l'on additionne la somme de ces 20ᵉˢ avec la valeur selon le cours ou on l'en retranche. On

sait que 5 est le 20e de 100 : or, si 100 fr. placés à de certaines conditions, donnent leur 20e, un certain nombre de fois en bénéfice ou
en perte, il est clair que toute autre somme, placée dans les mêmes
conditions, donnera aussi son 20e, le même nombre de fois.

Pour prendre le 20e d'un nombre, on peut en prendre la moitié et
avancer les chiffres du résultat d'un rang vers la droite; car prendre
le 20e d'un nombre, c'est en prendre la moitié, puis le dixième de
cette moitié; or, dans tous les cas où l'on doit additionner un nombre avec son 20e on a le dixième de la moitié en avançant cette moitié
d'une figure vers la droite, et l'addition qui doit s'en suivre est toute
préparée. Soit à effectuer par cette méthode le no 1698.

On a pour valeur des 4 hectolitres, selon le cours, 380 fr., et 3o de
surforce.

Je dispose ainsi l'opération :

Valeur au cours	380 fr.
Pour le 1er degré de surforce	19
Pour le 2e id.	19
Pour le 3e id.	19
D'où la valeur rectifiée =	437 fr.

Soit le no 1699.—La valeur de la vente selon le cours est 630 fr.
et l'on a 1o $\frac{3}{4}$ de surforce.

Disposition du calcul :

Valeur de la vente, au cours	630 fr.
Pour le 1o, le 20e	31 fr. 5
Pour le 1er quart de degré, $\frac{1}{4}$ du 20e	7 fr. 875
Pour le 2e id.	7 fr. 875
Pour le 3e id.	7 fr. 875
D'où, valeur rectifiée =	685 fr. 125

Soit le no 1700.—La valeur de la vente selon le cours est 350 fr. et
il y a 1o $\frac{2}{8}$ de faiblesse. Il faut donc prendre le 20e, plus le $\frac{1}{4}$ du 20e
de 350 et retrancher la somme de ce même nombre 350.

Je dispose ainsi les calculs :

	350 fr.
Pour 1o, le 20e	17 fr. 5
Pour $\frac{1}{4}$ de degré, le $\frac{1}{4}$ du 20e	4 fr. 375
Somme à retrancher	21 fr. 88
Valeur rectifiée	328 fr. 12

XI. Les expressions *trois-six... cinq-six... trois-cinq... six-onze*, etc.,
qui se représentent par $\frac{3}{6}$... $\frac{5}{6}$... $\frac{3}{5}$... $\frac{6}{11}$... indiquent à quel poids,
en esprit, a été réduite par la distillation une eau-de-vie faible, par
exemple, à 18o Cartier, ou à $\frac{1}{8}$o Tessac ou à 45o, 5 centésimaux. Ainsi
soient 6 kilog. d'une eau-de-vie à 18o Cartier, réduits à 3 kilog.,
on aura du $\frac{3}{6}$ [1]. Soient 11 kilog. d'une eau-de-vie à 45o 5 centés.,
réduits à 6 kilog., on aura du $\frac{6}{11}$... Réciproquement pour obtenir
6 kilog. d'eau-de-vie à 18o Cartier, avec 3 kilog. de 3/6, il suffirait
d'y ajouter le même poids d'eau bien pure...

PROBLÈMES : 1o On a 500 kilog. eau-de-vie à 18o qu'on veut ré-

---

[1] L'esprit $\frac{3}{4}$ porte 33o Cartier, 85o centési. et 13o $\frac{1}{2}$ Tessac. Le $\frac{3}{6}$ porte 29 $\frac{1}{2}$,
78o et 10o $\frac{1}{2}$. L'alcool absolu (sans eau) porte 44o 2/8 Cartier et 100o centésimaux.

duire en esprit $\frac{5}{7}$: Combien en aura-t-on de kilog. ? R. Les $\frac{5}{7}$ de 500 kilog. ou $\frac{500 \times 5}{7}$ ou 214 kilog. 285 $\frac{5}{7}$.

2° Quel poids d'eau-de-vie à 18° obtiendra-t-on avec 450 kilog. esprit $\frac{5}{3}$? Quelle est la quantité d'eau bien pure à y ajouter? 1re R. Les $\frac{5}{3}$ ou $\frac{450 \times 5}{3}$ ou 750 kilog. 2e R. L'eau à ajouter $= 750 - 450 = 300$ kilog.

Tableau du poids spécifique d'un litre d'eau-de-vie, et du poids d'alcool que contient 1 litre, aux différents degrés centésimaux, à la température de 15 degrés centigrades.

(Approximations suffisantes dans la pratique.)

DEGRÉS.	POIDS DU LIT.	POIDS ALCOOL	DEGRÉS.	POIDS DU LIT.	POIDS ALCOOL
1	998g.6	7g.9	53	928g.9	421g.2
5	992,9	39,7	57	920,6	453,0
9	987,8	71,5	61	911,8	484,8
13	983,3	103,3	65	902,7	516,5
17	979,2	135,1	69	893,1	548,3
21	975,3	166,9	73	883,1	580,1
25	971,0	198,7	77	872,6	611,9
29	966,9	230,5	81	861,7	643,7
33	962,1	262,3	85	850,2	675,5
37	956,7	294,0	89	837,9	707,4
41	950,8	325,8	93	824.2	739,1
45	944,0	357,6	97	808,6	770,9
49	936,7	389,4	100	794,7	794,7

Pour trouver les poids, aux degrés intermédiaires, on prend, dans le tableau, deux poids consécutifs, on les additionne et l'on prend la moitié de la somme, ce qui donne le poids qui tient le milieu entre les deux que l'on a pris. Par exemple, soit à trouver le poids du litre à 3°, je prends $\frac{998,6 + 992,9}{2}$ et j'ai 995 gr. 7, poids du litre à 3°. Pour 4°, je prendrais pour 5 et pour 3 et je diviserais par 2 et j'aurais $\frac{995,7 + 992,9}{2} = 994$ g. 3. Pour 2°, je prendrais pour 3 et pour 1, etc.

Problèmes : On a 152 litres d'esprit à 83° : Combien a-t-on pesant d'alcool pur?

Solution : Le poids d'alcool contenu dans un litre à 83° $= \frac{643.7 + 675.5}{2}$ ou 659 gr. 6. Le poids d'alcool contenu dans les 152 lit. est donc 659,6 $\times$ 152 ou R. 100 kilog. 259.

Quel est le poids d'un chargement de 10 pièces d'eau-de-vie contenant chacune 2 hectol., le titre étant 55° $\frac{1}{2}$?

Solution : Le poids d'un litre au titre 55° 5 est entre le poids d'nn litre à 55° et celui d'un litre à 56°; or le poids à 55 $=$ le poids à 53 $+$ celui à 57 sur $\frac{}{2}$, c'est-à-dire $\frac{928.9 + 920.6}{2}$ ou 924 gr. 7, celui à 56° $= \frac{924.7 + 920.6}{2} = 922$ gr. 7; enfin celui à 55° $\frac{1}{2} = \frac{922.7 + 924.6}{2} = 923$ gr. 6. On a donc, poids demandé 92,36 $\times$ 2 $\times$ 10 $=$ R. 1847 kilog. 200.

1709.—Combien valent 35 litres d'eau-de-vie portant 49° centési., si le titre marchand est 57°,5 et le cours 103 fr. l'hectol. ?

1710.—Une eau-de-vie porte 27° Cartier ; elle est à la température 15° Réaumur : Quelle est sa force réelle, et combien payera-t-on une pièce qui en contient 90 litres, le titre marchand étant 22° 3/8, le taux p. % de la surface 4 fr. 45, et le cours 109 fr. ?

1711.—Une eau-de-vie porté 3° $\frac{1}{2}$ Tessac, à la température de 8° Réaumur : Dire : 1° quelle est sa force réelle ; 2° quelle est la somme à débourser pour en acheter 120 litres, le titre marchand étant 4°, le taux p. % de faiblesse 5 fr., et le cours 102 fr.

1712.—Une eau-de-vie qui a été vendue 95 fr. l'hectol. au titre 60° centési. et pesée à la température 11 degrés centig. ne porte que 50° : Dites ce que doit débourser le marchand qui en a acheté 13 hectol. ?

1713.—Combien payera-t-on 7 hectolitres d'une eau-de-vie, dont la force apparente est 67 degrés, lorsque le cours, à 60 degrés, est 99 fr., sa température étant 12° centig.?

1714.—Quelle est la force réelle d'une eau-de-vie, qui, à 17° centig. porte 58°,5 ; et combien vaut l'hectol., le titre marchand étant 60° et le cours 98 fr. ?

1715.—Combien fera-t-on de kilog. esprit $\frac{3}{6}$ avec 108 kilog. d'eau-de-vie à 45° centési. ?

1716.—Combien devrait-on ajouter d'eau pure à 54 kilog. esprit $\frac{3}{6}$ pour avoir de l'eau-de-vie à 45° $\frac{1}{2}$?

1717.—Quel est le poids de 18 litres d'alcool pur ?

1718.—On a 4 hectol. eau-de-vie qui porte 50° centésimaux : Combien a-t-on de litres d'alcool et combien les 4 hectol. pèsent-ils ?

1719.—Combien se trouve-t-il d'alcool dans une fiole qui contient 5 décilitres d'eau-de-vie à 41 deg. centési. ; et quel est le poids du contenu ?

1720.—Combien y a-t-il pesant d'alcool dans la fiole du numéro précédent ?

1721.—Quelle est la quantité d'alcool contenu dans 1 hectol. d'eau-de-vie, au titre réel 85° ; quel est le poids de cet alcool ; quel est celui du tout ?

1722.—On a de l'eau-de-vie à 49° centési. : Quel est le titre réel de cette eau-de-vie, si le titre marchand est 58° centési. : Combien en vendra-t-on 15 hectol. si le cours est 110 fr. et la température 13° centig. ? Quel est le nombre de litres d'alcool contenu dans cette vente ? Quel est le poids spécifique de cette même vente ?

TABLE DES MATIÈRES.

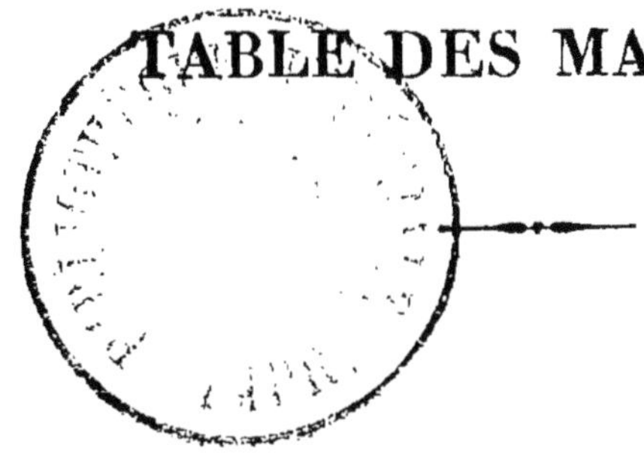

FIN DE LA TABLE DES MATIÈRES.

POITIERS. — TYPOGRAPHIE ET STÉRÉOTYPIE OUDIN.

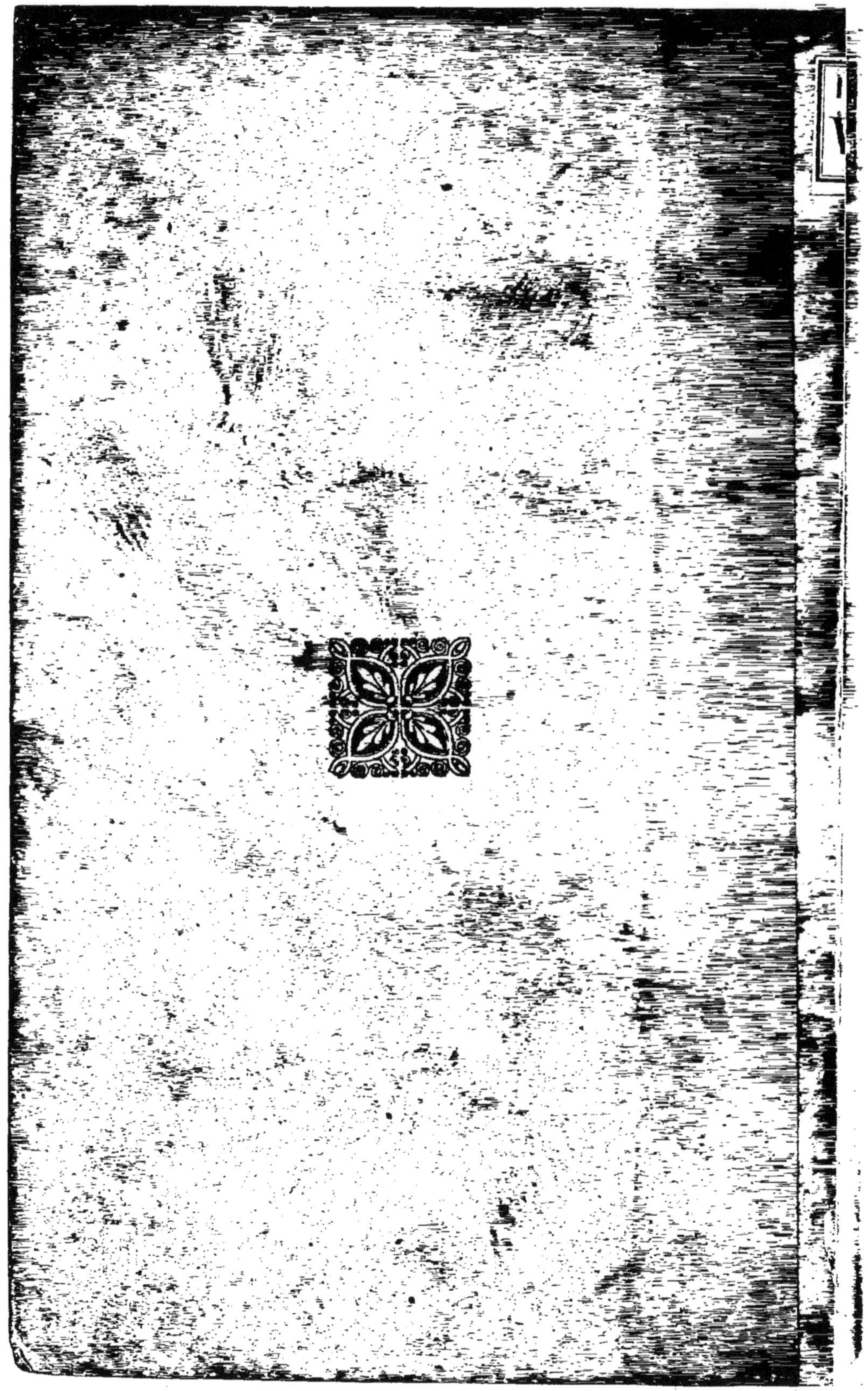